水产品生产安全控制技术

张　宾　主编

海洋出版社

2016年·北京

内容简介

主要内容：随着我国水产品加工业的迅速发展和人们生活水平的提高，人们对水产品安全要求越来越高，对水产品的药物残留、重金属污染、生物毒素、生物胺中毒、致病微生物、非法添加物等问题也日益关心。对水产品的安全控制，目前也从对终产品的检测扩展到养殖水域、养殖过程、捕捞环节、产品加工过程、物流与贮藏、市场销售等全过程。本书主要介绍了水产品质量与安全控制体系，水产品生产过程中存在的危害与控制，冰鲜水产品、干制水产品、腌制水产品、发酵水产品、熏制水产品、冷冻水产品及罐藏水产品的生产安全控制技术等。

本书特色：本书既包含经典水产品生产加工安全的基本理论和技术，又与现代食品安全理论、规章制度和现代社会需求紧密结合，有较强的时代性。由全国7所院校水产品质量与安全方面一线教师共同编写而成，有较强的适用性和针对性。

读者对象：本书可作为高等学校水产品加工与贮藏、食品科学与工程、食品质量与安全等相关专业的教材或参考书，也可作为从事水产品工作以及水产品生产安全管理从业者的参考用书。

图书在版编目（CIP）数据

水产品生产安全控制技术/ 张宾主编. —北京：海洋出版社，2016.5

ISBN 978 – 7 – 5027 – 9406 – 4

Ⅰ. ①水…　Ⅱ. ①张…　Ⅲ. ①水产品 – 安全生产 – 安全控制技术　Ⅳ. ①S96

中国版本图书馆 CIP 数据核字（2016）第 065734 号

责任编辑：郑跟娣

责任印制：赵麟苏

海洋出版社　出版发行

http://www.oceanpress.com.cn

北京市海淀区大慧寺路 8 号　邮编：100081

北京朝阳印刷厂有限责任公司印刷　新华书店发行所经销

2016 年 5 月第 1 版　2016 年 5 月北京第 1 次印刷

开本：787mm×1092mm　1/16　印张：17.75

字数：369 千字　定价：49.00 元

发行部：62132549　邮购部：68038093　总编室：62114335

海洋版图书印、装错误可随时退换

浙江海洋大学特色教材编委会

序　言

我国水产资源丰富，种类繁多，其中鱼类3 000多种、虾蟹类900多种、贝类800多种、藻类1 000多种，此外还有各种棘皮动物、腔肠动物和软体动物等。我国是全球水产业大国，2014年水产品产量达6 450万吨，占全球总量的40%左右。随着现代水产品加工技术的不断提高，水产品加工不仅在水产业中占有越来越重要的地位，在我国国民经济中的地位也日益提升。

近年来，随着我国水产品加工业的迅速发展和人们生活水平的提高，人们对水产品安全要求越来越高，对水产品的药物残留、重金属污染、生物毒素、生物胺中毒、致病微生物、非法添加物等问题也日益关心，在越来越丰富、越来越精美的水产制品面前，消费者常常关心上述安全问题。因此，水产品安全问题不仅与消费者安全息息相关，而且对水产品加工业也有重要影响。

对于水产品的安全控制，目前已从对终产品的检测扩展到养殖水域、养殖过程、捕捞环节、产品加工过程、物流与贮藏、市场销售等全过程。其中，水产品的生产安全控制作为从"农田到餐桌"整个过程中的重要环节，对生产过程中可能涉及的各种危害因素进行分析、检测与控制，可有效消除水产品存在的潜在危害，使其产品安全符合国际、国内法规和检验标准要求，保障消费者的食用安全。

目前，国内水产品生产安全控制方面的著作及教材较少，相关教材或参考书内容也较陈旧。相关高校多使用一些参考资料作为本科生教材，如《中国海洋水产品现代加工技术与质量安全》《水产品加工质量安全与HACCP》《水产品安全生产与品质控制》等。近几年国家提倡大力开发海洋，以海洋食品为代表的水产品学科发展迅速，不少高校增设了水产品或者海洋食品加工生产与安全控制的相关课程，相关教材的需求十分迫切。国外一些发达国家水产品生产安全控制科学的发展已走在我国前面，他们的相关材料也较多，且内容更加全面、细致和系统。如美国食品与药品监督管理局（U. S. Food and Drug Administration，FDA）的《Handbook of Seafood Quality，Safety and Health Applications》《The Seafood Industry：Species，Products，Processing and Safety》等。对于国内来说，高校本科生外语水平整体还较低，特别是对于没有专业背景的学生来说，要阅读非汉语的专业教材难度较大，直接使用国外教材，不利于学生对专业的了解和知识掌握，因此直接引进外国教材不适合。

鉴于目前我国高校本专业教材建设现状，编写一本既包含经典水产品生产加工安全的基本理论和技术，又与现代食品安全理论、规章制度和现代社会需求紧密结合的教材，是非常必要的。本教材正是在上述背景和需求的前提下，在海洋出版社及有关高校领导的关心下，通过全国7所院校水产品质量与安全教育方面的一线教师和工作者共同努力编写而成。

本教材不仅系统性强，也有较好的先进性和可读性。全书分别介绍了水产品质量与安全控制体系，水产品生产过程存在的危害与控制，冰鲜水产品、干制水产品、腌制水产品、发酵水产品、熏制水产品、冷冻水产品及罐藏水产品的生产安全控制技术。另外，本书还介绍了水产品生产安全控制的一些新技术和新进展。

我对本书作者们比较熟悉，他们多年从事水产品贮藏与加工学科的研究与教学，学科基础扎实，学术思想先进，积累有丰富的经验和资料。我有幸为本书作序感到十分荣幸。我相信该教材的出版不仅满足了教学及水产食品工业的急需，也对提高和普及我国广大群众的食品质量与安全知识有积极作用。特此作序以致贺。

中国海洋大学

2015 年 9 月

前　言

水产品营养丰富，味道鲜美，并具有高蛋白质、低脂肪酸及富含功能性活性物质等特点，因而深受广大消费者的喜爱。水产食品也是我们摄取动物性蛋白质和功能性物质的重要来源，是人们合理膳食结构中不可缺少的重要组成部分。我国作为水产品养殖和生产大国，水产品产量多年来占世界总产量的1/3左右。近年来，我国水产品加工业发展迅速，水产品加工业发展中暴露出的安全问题也日益增多。

编写背景

水产品安全是一个复杂的系统工程，涉及从"农田到餐桌"的整个过程，其中水产品的生产过程是安全链条中的重要组成部分。我国水产品生产安全与质量控制工作，随着我国水产品及加工业和社会生产发展与技术的进步，正在逐步健全，已颁布实施了多项国家和行业标准。对于水产品生产过程的安全水平，具体可通过危害因素分析、过程优化控制、控制体系及技术应用及安全管理法规等途径加以改善，最终使其符合国际、国内法规和检验标准的各项要求，从而达到保障消费者食用安全的目的。

目前，国内水产品生产安全控制方面的教材比较少。编者长期从事水产品加工实践和教学科研工作，结合多年教学经验，联合其他高校从事水产专业教学的相关老师，根据当今水产品生产加工现状和专业教学大纲的要求，结合水产品加工业相关行业标准要求，编写了本书。

主要内容

全书共分为11章，各章主要内容介绍如下。

第1章　绪论。本章主要介绍我国水产品的生产现状、影响我国水产品生产安全的重要因素及水产品安全检测体系和技术、安全控制和管理技术的发展趋势等内容。

第2章　水产品质量与安全控制体系。本章重点讲述了GMP实施的

1

基本内容及在水产品生产过程中的应用、SSOP 实施的基本内容及在水产品生产过程中的应用、HACCP 的基本原理及在水产品生产过程中的应用等内容。

第 3 章 水产品生产过程中存在的危害与控制。本章讲述了水产品生产过程中存在的典型化学性危害、物理性危害及生物性危害的种类、基本性质及危害特性，并介绍了针对不同种类危害提出了对应的控制方法和技术等内容。

第 4 章 冰鲜水产品生产安全控制技术。本章重点介绍了冰鲜水产品在生产过程中存在的危害种类及特性，并针对冰鲜水产品生产过程中的典型危害，详细介绍了其控制方法、技术特点及应用情况等。

第 5 章 干制水产品生产安全控制技术。本章详细介绍了水产品的干制原理、影响因素及干制方法、干制水产品品质变化规律等内容；重点分析了干制水产品生产过程中存在的危害因素种类及基本特点等内容。

第 6 章 腌制水产品生产安全控制技术。本章主要介绍了水产品腌制剂作用原理、微生物耐受性以及腌制过程中的品质变化规律；讲述了腌制方法及腌制水产品种类及工艺；最后在分析腌制水产品生产过程中存在危害因素的基础上，重点介绍了腌制水产品生产过程质量与安全控制方法等内容。

第 7 章 发酵水产品生产安全控制技术。本章介绍了水产品发酵过程中微生物、营养成分及风味变化规律；讲述了典型发酵水产品加工工艺、技术方法及生产过程质量与安全控制方法等内容。

第 8 章 熏制水产品生产安全控制技术。本章主要介绍熏制水产品生产过程中存在的危害种类及基本特点；详细介绍了安全控制体系在典型熏制水产品的应用过程及效果等内容。

第 9 章 冷冻水产品生产安全控制技术。本章详细介绍了冷冻水产品生产过程中的品质、微生物种类及变化规律；着重分析了冷冻生产过程中存在的危害种类及其特点；针对冷冻水产品生产过程中存在的危害，提出了控制技术、应用方法及管理体系。

第 10 章 罐藏水产品生产安全控制技术。本章介绍了罐藏水产品加工过程中存在微生物特性、加热杀菌及其他工艺条件对微生物的影响；

讲述了罐藏水产品生产的基本过程、腐败变质、药物残留及重金属污染等危害种类和特点，并结合罐藏水产品中存在的常见质量问题，提出了控制技术和管理措施。

第 11 章　水产品生产安全控制新技术。本章详细讲述了水产品的热力杀菌和非热力杀菌、生产栅栏、气调包装、冷链贮运及货架期控制技术的基本原理、作用特点以及在水产品加工中的应用情况等内容。

教学建议

本教材建议学时为 32 学时，理论教学 26 学时，实习教学 6 学时，各章学时分配如下。

第 1 章　理论教学 2 学时。

第 2 章　理论教学 4 学时。

第 3 章　理论教学 4 学时。

第 4 章　理论教学 2 学时。

第 5 章　理论教学 2 学时，实习教学 1 学时。本章理论教学结束，选定一家干制水产品加工企业，参观学习典型干制水产品加工过程及工艺，分析找出加工过程中存在的危害因素，进而提出控制技术方法及管理措施。

第 6 章　理论教学 2 学时，实习教学 1 学时。本章理论教学结束，选定一家腌制水产品加工企业，参观学习典型腌制水产品加工过程及工艺，分析找出加工过程中存在的危害因素，进而提出控制技术方法及管理措施。

第 7 章　理论教学 2 学时，实习教学 1 学时。本章理论教学结束，选定一家发酵水产品加工企业，参观学习典型发酵水产品加工过程及工艺，分析找出加工过程中存在的危害因素，进而提出控制技术方法及管理措施。

第 8 章　理论教学 2 学时，实习教学 1 学时。本章理论教学结束，选定一家熏制水产品加工企业，参观学习典型熏制水产品加工过程及工艺，分析找出加工过程中存在的危害因素，进而提出控制技术方法及管理措施。

第 9 章 理论教学 2 学时，实习教学 1 学时。本章理论教学结束，选定一家冷冻水产品加工企业，参观学习典型冷冻水产品加工过程及工艺，分析找出加工过程中存在的危害因素，进而提出控制技术方法及管理措施。

第 10 章 理论教学 2 学时，实习教学 1 学时。本章理论教学结束，选定一家罐藏水产品加工企业，参观学习典型罐藏水产品加工过程及工艺，分析找出加工过程中存在的危害因素，进而提出控制技术方法及管理措施。

第 11 章 理论教学 2 学时。

适用对象

本书包含水产品加工的基本理论和生产实际应用知识，具有一定的理论系统性和可操作性。本书可作为高等学校水产品加工与贮藏、食品科学与工程、食品质量与安全等相关专业的教材或参考书，也可作为从事水产品工作以及水产品生产安全管理从业者的参考用书。

编写团队

本书由浙江海洋大学张宾主编，参编人员按照章节先后排列有渤海大学李学鹏、国家海洋局第三海洋研究所孙继鹏、浙江海洋大学黄菊、鲁东大学李海燕、青岛大学齐洪涛、浙江海洋大学宋茹、福建农林大学梁鹏、中国海洋大学张莉、浙江海洋大学陈静。

致谢

本书由浙江海洋大学教材出版基金资助出版。在本书编写过程中，浙江海洋大学食品与医药学院领导、中国海洋大学汪东风教授和诸位同仁给予了大力支持和帮助，使本书得以顺利完成，在此表示感谢。限于编者的水平及经验，书中难免存在不足及错误之处，殷请读者批评指正。

编者

2015 年 9 月 10 日

目　录

第1章 绪论

教学目标

1. 了解我国水产品生产安全现状。
2. 了解国内外水产品的安全体系及法律法规。
3. 了解水产品生产安全控制技术的发展趋势。
4. 掌握影响水产品生产安全的相关因素。

　　我国是水产养殖和水产品生产大国，近年来我国水产品生产安全总体情况良好，但仍存在诸多隐患。水产品安全生产是一个系统工程，受到原料生产、加工流通过程中生物性、化学性和物理性等多种因素的影响。

　　本章介绍我国水产品的生产现状及出现的典型安全事件；重点讲述我国水产品生产安全的影响因素、安全控制及法律法规体系；概括性地介绍水产品安全检测体系和技术、安全控制和管理技术的发展趋势。通过本章学习，使读者对水产品生产安全有一个大致了解，为以后章节的学习打下基础。

1.1 我国水产品生产安全现状

1.1.1 我国水产品生产现状

2013 年，我国渔业产值达到了 10 104.88 亿元，比上年同期增加了 5 703.63 亿元。全国水产品总产量达 $6\,172 \times 10^4$ t，比上年同期增长 4.47%，已连续多年居世界首位。其中养殖产量增加明显，占总产量的 73.58%，同比增长 5.91%。我国水产品人均占有量为 45.35 kg，有些沿海城市甚至高达 100 kg。我国水产品加工总量约为 $1\,954.02 \times 10^4$ t，不到水产品总量的 1/3，且加工水产品大部分为海水产品。截至 2013 年年底，我国拥有水产品加工企业 9 774 个，其中大部分均为原料粗加工企业，如水产冷冻及其加工品，而精深加工企业不多。

在全国范围内，水产品加工的安全水平实现了新的提升，总体状况良好，其中出口水产品合格率达到 99% 以上。然而值得注意的是，在我国的不同地区，水产品合格率却起伏不定，有些检测项目合格率甚至低于 90%。农业部副部长陈晓华在 2014 年初介绍，2013 年全年中国水产品监测合格率为 94.4%，低于畜禽产品和蔬菜，风险依然较高。直至 2015 年上半年，农业部抽检了 152 个大中城市，4 大类食用农产品，水产品监测合格率依然最低，为 94.8%。根据近年来公布的数据显示，产生不合格水产品的原因除了极少数由标准混乱问题导致外，主要为添加物滥用、微生物及农药残留超标。

1.1.2 主要的水产品安全事件

2001 年 9 月，欧盟因氯霉素残留问题自 2002 年 2 月起全面暂停从中国进口动物制品，导致 2002 年上半年我国水产品出口率下降了 70% 以上。

2006 年 11 月，上海市公布 30 件多宝鱼药残抽检结果，30 件样品中全部被检出含硝基呋喃类代谢物，部分样品还被检出环丙沙星、氯霉素、红霉素等多种禁用鱼药残留，部分样品土霉素超过国家标准限量要求。

2007 年 6 月，美国食品与药品监督管理局（U. S. Food and Drug Administration，FDA）称，将暂停从中国进口鲫鱼、鲮鱼、虾和鳗鲡 4 种水产品，直到这些产品能证明符合美国的安全标准。FDA 声称，做出这一决定主要是为了保护美国消费者的健康，因为近来从中国进口的部分水产品中发现含有微量抗生素、孔雀石绿、甲基紫等禁止使用的添加物。

2013 年 3 月，广东湛江食用水产品中毒事件被判断是食用云斑裸颊鰕虎鱼所致，此鱼含有河豚毒素，鱼皮部分毒性最强。

2014 年 7 月，宁波发生多起食用鲨中毒事件，因而暂停鲨类水产品销售。中毒者食用的鲨被确认有毒，其中含有类似河豚毒素的圆尾鲨。

2015 年 6 月，山东省食品药品监督管理局发布食品安全监督抽检信息公告，对水产及水产制品监督抽检结果显示不合格率为 20.41%，其中多数的烤鱼片被检出菌落总数、大肠杆菌等项目超标。

1.1.3　面临的主要问题

水产品生产安全是一个综合性工程，主要包括原料来源安全、加工过程安全与流通过程安全。其中，原料来源安全最为根本，包括养殖水环境、饲料喂养、药物使用与净化条件等。加工过程安全最重要，如致病菌、病毒和寄生虫是水产品食物中毒的高危原因，在加工过程中不仅要控制污染，同时加工环境也要达到要求，避免二次污染和交叉污染。水产品流通过程安全是保障，产品包装、贮运环境温度与湿度等均对产品货架期有影响。

近年来，我国海岸线水环境污染日趋严重，水土流失造成的淡水湖泊富营养化，使水域自净能力减弱或丧失，给水产品生产安全带来极大威胁。自加入世贸组织以来，我国对水产品安全生产体系的建设有了质的飞跃，但在水质监控、健康养殖、产品检测、市场准入制度及配套法规等方面仍需完善；此外，生产者、消费者及监督者对水产品安全生产的思想观念、认识水平也有待提高。

1.2　水产品生产安全的影响因素

水产品生产安全涉及的危害因素包括生物性因素、化学性因素与物理性因素。

1.2.1　生物性因素

水产品生产过程中生物性危害主要包括：水产品自身营养因素和毒素成分；水产品流通过程中微生物污染，主要是指微生物自身及其代谢产物对原料和产品的污染。天然抗营养因子、毒素是水产品在代谢过程中产生的对人类食用有害的成分，包括水产品过敏原和毒肽。水产品中微生物危害主要分为以下几种。

（1）细菌性危害。这是水产品乃至食品安全中的主要问题。

（2）寄生虫危害。寄生虫危害主要对动物性水产品造成危害，尤其是在非洁净水体中饲养或捕捞的水产品中存在，可通过在后续加工中加热或高压等方式除去。

（3）病毒性危害。此类危害主要来自水产品生活水域污染以及加工贮藏过程中与病毒携带者的接触污染。

（4）真菌危害。此类危害在水产品加工过程中不多见，但其致病性极强。货架期外的水产制品，尤其是干制品容易遭到霉菌污染。

1.2.2　化学性因素

化学污染主要指水产品在养殖与流通过程中，受到的天然或人为的化学物质污染。虽然水产品的化学性污染没有生物性污染发生频率高，但化学物质引起的死亡率更高，且总体情况不容乐观。

1. 环境污染物

（1）农药残留。农药主要通过污染水体以及加工过程中违规添加物转移至水产品中。有机磷、有机氯农药以及氨基甲酸酯农药，依然是水产品农药残留的主要污染源。由于我国已对加工水产品进行限制性或禁止使用农药，水产品农药残留问题目前已逐渐好转。

（2）重金属污染。工业污染中的铅、镉、汞、砷、铜、钡、钒等重金属及化合物，通过污染土壤和水域影响水产品安全。随着含重金属农药的施用，煤炭、石油的燃烧以及含重金属工业废水的无节制处理，金属对海洋环境污染愈来愈严重，形势十分严峻。数据显示，水产贝类产品重金属合格率不足50%，最高检测值甚至超过国家安全标准的10倍以上，而且沿海经济发达地区尤为严重，且具有普遍性，尤其在珠三角和渤海湾地区。此外，除了低值的双壳贝类，重金属在海螺、鲍鱼等高值软体动物中也普遍存在超标。值得注意的是，重金属超标的水产品在后续的加工过程中难以去除。然而，水产品中的重金属以结合态和自由态两种形态存在，以结合态形式存在的重金属一般要比自由态的毒性小得多甚至无毒。此外，对于那些容易重金属超标的贝类产品，消费者的食用量在整个膳食中所占比例极小，尤其是内陆地区的居民，人体自身的代谢系统也能将其代谢掉。根据近年来风险评估的数据，虽然水产品中重金属超标的问题普遍存在，但其对人体造成的影响很小，不必引起恐慌。

2. 有意添加的化学物质

（1）渔用药物。渔药本意为预防、控制和治疗水产动植物的病虫害，促进养殖品种健康生长，并增强机体抗病能力，改善养殖水体质量以及提高增养殖渔业产量所使用的物质。研究表明，水产品在接触或使用渔药后，其代谢过程中不能将药物本体或其代谢产物完全除去，因而在水产品组织器官中积蓄和保留，这些药物累积到一定量，对食用者会造成生理危害。根据农业标准《无公害食品 水产品中渔药残留限量》（NY 5070—2002）和农业部相关公告的要求，水产品中氯霉素类、硝基呋喃类和己烯雌酚等药物不得检出。渔药的使用必须参照《无公害食品 渔用药物使用准则》（NY 5071—2002）进行。

（2）食品添加剂。食品添加剂是食品工业不可或缺的辅料，对食品工业发展具有重要意义。但是近年来由于食品添加剂的违法、违规添加以及非法使用非食品添加剂物质导致食品质量安全问题频发，对其带来了负面影响，引起了社会的广泛关注。在水产品生产过程中，由于国内外食品添加剂法规标准存在差异以及国内各标准较为混乱，导致水产品技术性贸易壁垒以及国内消费者的恐慌。经对市场上水产品进行抽查发现，食品添加剂的超标和滥用是导致水产品质量问题的主要原因之一，且主要集中在色素添加量过多和二氧化硫残留量超标上。

3. 加工中有害副产物

水产品加工过程中也会产生一些化学性的有害副产物，这些有害化学物质一般可以通过限制或者改善加工方式降低含量。甲醛超标是水产食品安全的关注焦点，除了一些不法商贩在极难保鲜的水产品中添加，以追求产品感官性状和延长货架期外，水产品自身也会产生甲醛。水产品自身存在氧化三甲胺，在氧化三甲胺酶类和微生物作用下产生甲醛，也可通过非酶途径在加热的条件下直接分解产生甲醛。不同类型的水产品以及不同的存活和加工状态，其甲醛含量各不相同。这些甲醛可以通过对水产品进行合适的加工处理、包装等手段得到改善。在腌制和焙烤类水产品中，苯并芘和亚硝胺等有害物质的消减，一直是食品工业研究的重点，这两类物质已被证实为具有遗传毒性的间接致癌物。

1.2.3 物理性因素

物理性危害是指各种外来或者产品本身的物理物质，在产品消费过程中可能使人受到物理性伤害的非正常杂质，许多是在原料处理或者生产人员操作过程中带入。在各类食品中，水产品尤其是鱼类、虾蟹类产品中出现的尤为突出，主要包括各种骨刺、塑料、毛发、泥沙等。其危害主要是造成个体消化器官损伤，如牙齿松动、口腔划破、咽喉刺破等。物理性因素通常只对少量消费者造成损伤，一般可以通过规范生产操作流程而避免。

1.3 国内外水产品安全体系及法律法规

1.3.1 国外水产品安全体系及法律法规

目前，世界主要水产品生产和进口国已将水产品进出口的安全管理纳入了法制轨道，围绕水产品安全管理体制及管理手段进行了一系列创新，不断完善了法律、法规和标准，法规制定部门与生产科研部门紧密合作，并强制实施以保证水产品的质量与安全。尽管我国近几年在水产品质量安全管理方面开展了大量的工作，但与发达国家和组织相比，在体系建设和监管等方面仍有较大差距。沿海的经济发达国家由于其在生产与生活水平达到一定高度后，十分重视水产品中安全标准体系的建设。综合其情况，主要表现在以下两点。

1. 行政管理机构和协作机构协调有序，管理运作规范

日本政府管理水产品质量安全的机构包括农林水产省、厚生劳动省和食品安全委员会。农林水产省主要负责国内生鲜水产品生产环节的质量安全管理；水产品投入品（渔药、饲料等）的监督管理；水产品品质和标识认证及认证产品的监督管理；消费者信息搜集和沟通等。厚生劳动省主要负责加工和流通环节中的水产品安全监督管理。农林水产省和厚生劳动省之间分工不同，但又有合作。食品安全委员会主要负责食品安全风险评估和对风险管理部门进行政策指导与监督。挪威水产品质量安全管理体系主要由行政管理体系（主要是渔业部）、渔业法规体系和执法体系构成。渔业部负责全国海洋捕捞、水产养殖、渔业资源保护、海岸安全、海洋科研、鱼品质量、出口贸易、渔业立法以及渔业资金的具体管理；执法体系由食品安全局和海岸警备队负责。美国负责水产食品及其原料质量安全的部门包括食品药品管理局（FDA）、环境保护局、动植物卫生检疫局和国家海洋渔业局等。这些标准化权威机构，通过广泛吸收生产者、经营者与研究者的意见参与到标准的制定，加强标准化的宣传与培训。与此同时，积极协调不同的利益方在标准的制定与修订过程中的冲突，甚至成立独立部门来协调和沟通不同机构的矛盾。尤为注意的是，标准化权威机构通过与政府的各个职能机构配合，加强对食品安全及时而有效的监控和预防。

2. 法律法规健全，标准具体

日本与水产品质量安全相关的法律，主要有《食品安全基本法》《关于农林物质及质量标识标准化法》（JAS法）《食品卫生法》《药事法》等。挪威国内为保证水产品质量管理体系的运行，制定了一套规范严格的渔业法规和标准。其中，与水产养殖有关的法律包括《药物使用法》《鱼病防治法》等。此外，针对水产品质量控制和销售方面的法规有《鲜鱼法》《渔产品质量法》等。挪威水产养殖业实行许可管理，通过颁发养殖许可证，主管当局能有效控制水产品的养殖规模，并对环境实施保护。通过这种管理，监管部门能够直接掌握全国水生生物使用抗生素的有关情况。美国关于水产品质量安全监管的法律主要包括《美国联邦法典》《联邦食品、药物和化妆品法》和《加工和进口水产品安全卫生程序》等。这些发达国家对产品安全的控制，已经从单一的终端产品检测，发展到从养殖、捕捞来源到加工、包装直至运销的各个环节都有相应的标准来约束和控制产品的质量；标准的规定十分具体，除了生产操作规范、食品添加剂的添加量、污染物的最大残留量有具体的规范外，对检验取样及分析、认证、包装标识等都有明确规定，有极强的操作性。

1.3.2 国内水产品安全体系及法律法规

我国水产品质量安全管理部门，主要由国务院食品安全委员会、国家卫计委、农业部、商务部、国家工商行政管理总局、国家质量监督检验检疫总局、环保部、国家食品药品监督管理总局、国家出入境检验检疫局等组成。除国务院食品安全委员会外，其他机构都各成体系；此外，在省、市、县3级都设有相应的延伸机构，每个机构在水产品安全方面都有自己的管理范围。

我国现行水产品质量安全管理采取的是齐抓共管模式。即以"分段管理为主、品种管理为辅"的特征。21世纪以来，分别出台了一系列关于食品质量安全的法律法规，为国内水产品质量安全管理体系的推行和实施提供了坚实的法律依据。主要包括《中华人民共和国食品安全法》《中华人民共和国农产品质量安全法》和《国务院关于加强食品等产品安全监督管理的特别规定》以及国务院和地方省、市出台的有关食品质量安全法律和地方法规中有关水产品质量安全的内容。我国的水产品国家标准，由国家质量监督检验检疫总局管理的国家标准化管理委员会制定，在全国范围内做出统一规定。有关的农兽药残留和检测方法、转基因检测等标准由农业部负责。渔业水产品行业标准则由农业部下属的渔政局管理。各个有关水产品的地方标准则是由各省、自治区、直辖市标准化主管部门统一审批和发布，原则上不允许违背国家相关标准。根据《中华人民共和国农产品质量安全法》规定，从 2006年 11 月 1 日起，凡是涉及水产品生产技术要求的，均由农业部门负责。正是由于这种多部门体系的管理模式，在水产品安全问题的管辖权限上经常发生混淆，各部门由于专业知识和资源水平各不相同，其行动缺乏一致性等，易产生机构重叠、职能交叉、多头执法的问题。虽然日本也是采用这种模式，但日本有完备的法律法规体系为保障，并将管理程序、规章制度和监管行为融合在有关法律法规的执行过程中。

为了提高水产品整体质量，确保水产品食用安全，在加大水产品相关行业标准修订力度的同时，政府开始推进水产行业各类质量体系认证工作，如实施 HACCP，ISO 9001 等质量管理体系认证。由于水产品质量安全涉及生产、加工和流通等各个环节，因此水产品安全监管执行难度较大。加强水产品质量安全监管需修改和完善相关法律法规，建立水产品生产、加工、销售各环节准入准则，建立水产品生产加工企业信用管理及分类管理制度，建立水产品安全事故应急处理与防范体系。积极构建水产品质量安全监管目标责任体系，进一步明确水产品质量安全相关监督管理部门的职责任务，并在相关规章制度制约和职能分工指引下，依托渔业监管部门并联合食品药品监督管理、卫生、质量监督、工商行政、检验检疫等部门相互配合并形成监管合力。从制度、政策和执法等方面保障我国水产品质量安全是一项最直接、最有效的措施。

1.4 水产品生产安全控制技术的发展趋势

1.4.1 水产品安全检测体系和技术

食品安全检测体系是依据国家、行业、地方标准，按照国家法律法规，以仪器设备为手段对食品质量安全实施的科学、公正的检测和评价体系，是政府部门、生产经营部门和消费者监督部门控制食品质量安全的重要手段。

随着水产品生产与运销越来越国际化和细致化，安全性问题已成为水产业发展新阶段亟待解决的主要矛盾之一。水产品标准的严格化与精细化对其检验技术的要求也越来越高，不仅对各级质检中心的仪器设备和人员素质有更高的要求，最重要的是对检测手段和方法的革新有迫切要求，对样品处理方法、检验方法的稳定性、检出限、检验时间等均提出更高的要求。此外，随着对一些添加物的毒理学评价推广，对一些禁用或者限量使用的物质的检测技术也需要跟进。

目前，我国基本上形成了以国家质检总局为首的食品质量检测体系。并从 2000

年以来，开展了大量食品质量安全检验检测工作。对于上述提到的水产品安全生产因素，从采样手段、前处理到检测技术和分析手段，基本形成了较为完备的体系。然而，对于水产品国际贸易的不断扩大，其安全控制技术也呈现明显的发展趋势，一方面是检测项目增多，指标限量值更低；另一方面要求检测技术具有高通量、快速、简便的特点，要求检测仪器便携化；其中快速、无损、简便的检测技术，越来越受到监督者和生产销售者的青睐。

1. 色谱检测技术

从色谱技术尤其是高效液相色谱法推广以来，各种色谱分析化学技术在食品安全检测中发挥了不可替代的作用。借助高效液相色谱对鱼类的 K 值检测来推断其腐败程度；采用气相色谱对水产品中有机磷农药的残留进行测定；此外，气相色谱－质谱联用、液相色谱－质谱联用等技术也逐渐用于水产品安全检测，如水产品中甲醛含量、微生物信号分子和生物被膜污染等。

2. 酶联免疫吸附检测技术

酶联免疫法是将抗原抗体的特异性反应和酶的高效催化作用结合起来的一种检测技术，这种技术由于其特异性强、灵敏度高且取样量少，因此在食品分析检测中广泛应用。但由于其存在前处理步骤繁杂，不适宜大量检测等限制，还需要进一步地简化。目前，随着单克隆技术的发展应用和免疫试剂盒与试纸条的商业化，逐渐克服了以上缺点。在水产品检测中，已经建立了多种农兽药残留的免疫分析方法和用于定量与半定量的兽药残留检测的试剂盒。

3. 生物芯片检测技术

生物芯片检测技术是通过缩微技术，根据分子间特异性相互作用的原理，将生命科学领域中不连续的分析过程集成于硅芯片或玻璃芯片表面的微型生物化学分析系统，以实现对细胞、蛋白质、基因及其他生物组分的准确、快速、大信息量的检测。按照芯片上固化生物材料的不同，可以将生物芯片划分为基因芯片、蛋白质芯片、多糖芯片和神经元芯片。基因芯片技术能同时将大量的探针分子固定到固相支持物上，借助核酸分子杂交配对的特性对 DNA 样品的序列信息进行高效的解读和分析。在微生物快速检测上有广泛应用。

4. 光谱检测技术

光谱学技术仍旧是目前应用最广的食品安全检测技术，也是较为成熟和简便的检测技术之一。光谱技术是利用物质对光（或电磁辐射）的选择性吸收（发射）的特征，通过检测光的波长和强度对物质进行定量和定性的分析方法。主要分为四类：①基于外层电子能级跃迁的光谱法，包括实验室常用的原子吸收光谱法和紫外-可见吸收光谱法等，在水产品中重金属和处理后的农兽药残留检测上发挥了重要作用；②基于分子转动及振动能级跃迁光谱法，主要有红外吸收光谱，鉴定水产品掺假物质的主要结构；③基于源自内层电子能级跃迁的光谱法；④基于原子核能级跃迁的光谱法。这些光谱检测技术具有操作简便、数据分析相对简单的优点，同时对于某些样品也存在前处理复杂，受溶剂干扰较强，有些检测还需要用到大型精密仪器，耗费较大等不足之处。

1.4.2 水产品质量安全控制、安全管理技术发展趋势

水产品的质量安全生产控制技术，关系到整个水产品养殖（捕捞）、加工、运销过程，是一个有机联系的整体。主要包括以下几个方面：首先，产地环境与水质要求需要满足相关水产品质量安全标准。如果是养殖水产，其苗种必须来自经水生动物检验检疫机构检疫合格的苗种场或育苗基地，且喂养的饲料及渔药应参照相关标准。捕捞收获的养殖产品应经过停药期的处理，其药物残留量不得超过质量安全标准的相关规定。水产品加工应严格执行《水产品加工企业卫生管理规范》（GB/T 23871—2009）等标准规定要求。贮藏室存放水产品前，要进行严格的清扫和灭菌，贮藏环境也要清洁卫生，按照要求分别存放。运输与销售人员必须按食品卫生管理的规定保持衣服、手及周围环境的卫生清洁，并经常对室内进行清洗与消毒，严禁与其他有毒、有害、有气味的物品一起运输。

同时，在我国水产食品安全水平不断提高的环境下，质量控制技术和安全管理技术也已经有了很大提高，各项评估、监管系统日趋完善，从而保证国内水产品消费者食用安全，同时更有效地应对国际贸易上的技术壁垒，但与国际食品安全管理先进水平相比，我国的水产食品安全和质量控制技术仍需要追赶。

对于加工技术手段而言，传统的来料加工和简易的生产流程容易使水产品暴露在危害因子中，也更容易带入不安全因素。高新技术的引入能够更高质量地解决这些困扰，而且标准化的加工过程能够使产品品质更容易控制。比如，近年来兴起的等离子体杀菌、紫外线杀菌、超高压处理等冷杀菌技术，开始逐渐应用于水产品的加工保藏，与传统的热杀菌技术相比，能更好地保持原有的食用品质，并降低微生物的危害。对于重金属等危害因子的消减、脱除技术，目前研究也在兴起，其中在贝类的净化技术方面，国外已经取得了较为突出的研究成果，同时开发一些环境友

好的渔用抑菌剂是解决水产食品安全性问题的重要手段。

在食品质量安全的监控上，政府相关部门和相关生产加工企业已经从仅仅通过检测限量标准等手段对原料和产品进行测定，延伸到原料生产、加工及流通过程中，主动采取措施对质量安全危害因子进行控制和消减，将其危害和风险尽可能降低。这无疑是一种更加积极、有效的应对水产品质量安全问题的方式。我国水产食品质量安全监管体系建立工作正在逐步健全，除了发布多项国家和行业标准，并开始实行水产食品质量认证、产品抽查制度与产品的许可证制度外，为了尽快与国际规则接轨，还开始推广水产食品质量安全追溯技术体系。可追溯体系是水产品质量安全管理与执法的重要技术支撑体系，该体系覆盖了水产品供应链全过程（生产、流通、销售）的各个主要环节，兼顾生产企业内部质量安全管理、供应链全程可追溯体系运行和政府对供应链全程有效监管，通过研究水产养殖产品全程可追溯管理体系中的共性关键技术，完整开发了水产品全程可追溯体系操作系统并制定了体系运行所需的溯源标准规范。目前通过组织试点企业提交生产、经营管理和监管平台基础资料和基础数据，进行专题调研和培训，取得了良好效果。

本章小结

水产品安全生产是一个系统工程，受到原料生产、加工流通过程中生物性、化学性和物理性等多种因素影响，这些因素主要源自原料环境、原料自身成分、原料加工环境、加工技术、包装技术、贮运保鲜等。目前世界主要水产品生产和进口大国已将水产品进出口的安全管理纳入法制轨道，围绕水产品安全管理体制及管理建立了较为系统的法律、法规和标准。与发达国家和组织相比，我国在水产品质量安全管理体系建设和监管等方面仍有较大差距，需要进一步完善。水产品生产安全不仅依赖于检测监测技术，同时依赖于水产品生产过程控制技术和安全管理技术的共同进步和发展。

思考题

1. 影响水产品生产安全的相关因素有哪些？
2. 国内外水产品安全体系及法律法规有哪些？
3. 水产品生产安全控制技术的发展趋势表现在哪些方面？

第2章 水产品质量与安全控制体系

教学目标

1. 了解GMP、SSOP和HACCP发展概况及特点。
2. 重点掌握水产品GMP、SSOP和HACCP的基本内容及原理，明确各体系或法规的基本要求、实施过程及在水产品生产中的应用。

　　水产品质量与安全控制体系是进行水产品安全生产的重要保障，通过本章学习，读者将了解GMP、SSOP和HACCP的概念、发展概况及特点，重点学习GMP、SSOP和HACCP实施的基本内容及在水产品生产过程中的应用。

2.1　良好操作规范（GMP）

良好操作规范为 Good Manufacturing Practice 英文单词首字母的缩写，简称为 GMP，是政府强制执行的食品生产和贮存卫生法规，是一种特别注重生产过程中产品质量与卫生安全的自主性管理制度。

2.1.1　GMP 的概念、发展及特点

1. GMP 的概念

GMP 要求企业从原料、人员、设施设备、生产过程、包装运输、质量控制等方面，达到国家有关法规要求的卫生质量要求，形成一套可操作的行为规范，帮助企业改善卫生环境，及时发现生产过程中的问题，并加以改善。简要地说，GMP 要求生产企业应具备良好的生产设备、合理的生产过程、完善的质量管理和严格的监测系统，确保最终产品的质量符合法规要求。GMP 所规定内容，强调食品生产过程（包括生产环境）和储运过程的品质控制，尽量将可能、能够发生的危害从规章制度上加以控制，这是食品加工企业应该达到的最基本条件。

2. GMP 的发展概况

GMP 起源于美国，并首先应用于制药工业中。1962 年，美国坦普尔大学 6 名教授编写了最早的药品 GMP 文件，美国 FDA 于 1963 年通过美国国会将此 GMP 文件颁布成法令，即药品 GMP。1967 年，世界卫生组织（World Health Organization，WHO）在其出版物《国际药典》附录中对此文件进行了收载；1969 年，在第 22 届世界卫生大会上向各成员国首次推荐了 GMP。

1975 年，日本开始制定各类食品卫生规范，并将功能性食品也加入到 GMP 控制的范围中。东南亚地区各国也于 20 世纪 90 年代前后，在本国水产食品加工行业中建立了 GMP 体系，并在此基础上较早地实施了 HACCP 体系，使本国水产食品加工业质量控制水平有了极大的提高。

我国根据国际食品贸易要求，在 1984 年由原国家进出口商品检验局，首先制定了类似 GMP 的卫生规范《出口食品厂、库最低卫生要求》，对出口食品生产企业提出了强制性的卫生规范。1994 年，又陆续发布了出口畜产肉、罐头、水产品、饮料、茶叶、糖类、速冻方便食品和肠衣等 9 类食品的企业注册卫生规范。

2002 年，国家质量监督检验检疫总局颁布了《出口食品生产企业卫生注册登记管理规定》。我国现行的水产品 GMP 法规是 2007 年颁布实施的《水产品食品加工企业良好操作规范》（GB 20941—2007），具体规定了水产食品加工企业的厂区环境、厂房和设施、设备与工器具、人员管理与培训、物料控制与管理、加工过程控制、质量管理、卫生管理、成品贮存和运输、文件和记录以及投诉处理和产品召回等方面的基本要求。

3. GMP 的特点

GMP 的特点是以科学为基础，将各项技术性标准作具体规定，作为生产标准加以执行，以保证产品的质量。

GMP 贯穿于食品原料生产、运输、加工、贮存、销售、使用的全过程，也就是说从食品生产至使用的每一环节都应有良好的操作规范。

GMP 所规定的范围包括：人员、建筑物与设施、设备、生产与加工管理、卫生检验管理和卫生质量记录、缺陷水平等卫生要求。

食品企业执行 GMP 最根本的目的就是降低食品生产过程中人为的错误，防止食品在生产过程中遭到污染或品质劣变，建立健全自主性品质保证体系。此外，GMP 的实施，也为食品生产过程监管提供了法定依据，既便于食品企业执行，又可作为卫生行政部门、食品监管部门进行监督检查的依据，还可为建立国际食品标准提供基础以便于食品国际贸易。

从 GMP 法律效力来看，可分为两类 GMP，即：作为国家法规需强制实施的 GMP（如中国、美国和日本的食品企业 GMP）和作为建议性文件起指导性作用的 GMP（如 WHO 制定的药用生产 GMP）。从 GMP 颁布者来看，可分为由国家政府机构颁布、行业组织制定实施以及食品企业内部实行 3 种类型。

2.1.2　GMP 的基本内容

GMP 主要内容是要求生产企业具备合理的生产过程和控制方法（Method）、精良的生产设备（Machine）、合格的从业人员（Man）和优质的原料（Material），防止出现质量低劣的产品，保证产品的质量。具体来看主要包含以下基本内容。

（1）对食品原材料采购、运输和贮藏的规范性要求，包含原料的采购、运输及贮存要求等。

（2）对食品工厂设计与设施的规范性要求，包含工厂选址、建筑设施、工厂卫生设施等。

（3）对工厂卫生管理的规范性要求，包含设置机构及职责、维修与保养、清洗和消毒、除虫和灭害、有毒有害物质管理、污水和污物管理、副产品管理、卫生设施管理、工作服管理、健康管理等。

（4）对生产过程卫生管理的规范性要求，包含管理制度、原材料卫生要求、生产过程卫生要求。

（5）对卫生和质量检验管理的规范性要求，包含卫生与质量检验室、检验室设备、检验方法、检验设备维护与管理等。

（6）对成品贮存、运输卫生要求的规范性要求，包含成品贮存库要求、运输工具要求等。

（7）对个人卫生和健康要求的规范性要求，包含个人健康状态、岗前卫生培训、个人卫生和防止污染等。

2.1.3　GMP 在水产品生产企业中的实施与应用

以 GMP 在×××水产有限公司冷冻水产品生产中的应用为例，介绍 GMP 法规实施包含的具体内容。

依据《水产品食品加工企业良好操作规范》（GB 20941—2007）及其他相关 GMP 法规以及企业单冻鲐鱼加工过程中存在危害与控制措施的实际需要，建立并实施本规范。

1. 材料采购、运输和贮藏

（1）从获得主管部门许可的捕捞船、加工船或运输船直接购买鲐鱼原料，对购买原料进行卫生、理化指标和质量等级检验，并保留相关记录。

（2）加工过程中辅料和食品添加剂的使用，符合《食品安全国家标准　食品添加剂使用标准》（GB 2760—2014）规定，不使用未经许可的食品添加剂。

（3）运输工具符合有关安全卫生要求，使用前彻底清洗消毒，保持卫生。运输时不得与其他可能污染水产品的物品混装。原料和产品运输工具，根据产品特点配备制冷、保温等设施，运输过程中应保持适宜的温度。

（4）设置与生产能力相适应的原料产地和贮藏库，贮藏条件符合保存要求。

2. 厂区环境

（1）厂区建在交通便利，水源充足区域；周围无物理、化学和生物污染源，不存在害虫滋生环境；周界建有适当防范外来污染物的设计与构筑。

（2）厂区内路面坚硬平整，有良好排水系统，无积水；主要通道铺设硬质路面如混凝土或沥青路面；无裸露地面，空地进行绿化；厂区内没有有害（毒）气体、煤烟或其他有碍卫生设施。

（3）厂区布局和设计与生产相适应，建有符合卫生要求的原料、辅料、化学品、包装物料贮存设施以及污水处理、废弃物、垃圾暂存设施；厂区排水畅通；锅炉房远离车间，并设在下风向等。

（4）卫生间配有冲水、洗手、防蝇、防虫、防鼠设施；墙裙以浅色、平滑、不透水、无毒、耐腐蚀的材料建造，并保持清洁。

（5）厂区内废弃物、垃圾应用加盖、不漏水、防腐蚀容器盛放及运输；废弃物和垃圾及时清理出厂；废水、废料、烟尘出来和排放，符合《污水综合排放标准》（GB 8978—2002）《大气污染物综合排放标准》（GB 16297—2012）《一般工业固体废物贮存、处置场污染控制标准》（GB 18599—2001）规定。

（6）生活用水和污水管道不交叉，且用不同颜色区分；员工宿舍和食堂等生活区与生产区域隔离。

3. 厂房和设施

1）加工车间要求

车间布局合理，防止交叉污染，符合单冻鲐鱼工艺流程和加工卫生要求。加工车间面积、高度应与生产能力和设备安置相适应。

车间依据单冻鲐鱼加工工艺划分作业区、准清洁作业区、清洁作业区，并设有明显的标识区分与隔离。

车间设置人流、物流单独出口，与外界相连的排水口、通风处应安装防鼠、防蝇、防虫及防尘等设施。

车间的墙和隔板有适当高度，其表面易于清洁；地面耐腐蚀、耐磨、防滑并有适当坡度。易排水、无积水。易于清洗消毒并保持清洁；地面和墙壁之间的连接部分应采取弧形连接。

车间内墙壁、屋顶或者天花板使用无毒、浅色、防水、耐腐蚀、不脱落、易于清洗的材料修建，屋顶或天花板和车间上方的固定物在结构上能防止灰尘和冷凝水形成以及杂物脱落。

车间门、窗应用浅色、平滑、易于清洗消毒、不透水、耐腐蚀的坚固材料制作，结构严密。

车间应设有满足工器具和设备清洗消毒的区域，其操作对加工过程和产品不会造成污染。

直接接触单冻鲅鱼产品的工作台面采用光滑、不吸水、易清洁的无毒材料，且在正常条件下，不与物料及消毒剂、清洁剂起化学反应。

2）贮藏库要求

原料贮藏库与成品、半成品贮藏库分开。库内贮藏物品与墙壁距离不少于30 cm，与地面距离不少于10 cm。

贮藏库内设置准确显示温度的温度指示计、测温装置或温度记录装置，且安装能调节温度的自动控制装置，或安装人工操作温度发生重大变化的自动报警装置。预冷库（或保鲜库）温度控制在 0～4℃；冷藏库温度控制在 -18℃；速冻冷库温度控制在 -30℃。

3）设施

（1）供水系统。能保证各个部位用水的流量和压力符合要求。加工用水管道采用无毒、无害、防腐蚀材料制成。加工用水、生活用水分别采用独立的管线系统，避免各种用水管线交叉。加工区域有非生产用水水源出水口时，给出明确标志和用途说明以防错用。在车间内指定并标志允许直接伸入液面的出水口，并安装防虹吸装置。

（2）排水系统。有防止固体废物进入装置，排水沟底角呈弧形，易于清洗，排水管有防止异味溢出的水封装置以及防鼠网。任何管道和下水道应保持排水畅通、不积水。禁止由低清洁区向高清洁区排放加工用水。

（3）加工用水。根据当地水质特点和产品要求增设水质净化设施。储水设施采用无毒无害的材料制成，定期清洗消毒，并有安全防护措施。

（4）供电系统。满足生产需要；车间内所有用电设施应防水、防潮、确保安全。

（5）垃圾及废料。需及时有效地处理，防止对水产品、食品接触面、供水及地面产生污染。使用不渗水材料制成的、可加盖密封的容器放置鲅鱼原料的内脏和废弃物，并做明显标识。

（6）照明设施。设有充足的自然采光或照明；生产区域光照强度在 110 lx 以上；分解、称重、摆盘等加工区域光照强度在 220 lx 以上；所采用光线不能改变被加工产品的本色。车间内照明设施安装防护装置。

（7）卫生设施。设有充足便利的洗手、消毒和干手设施、卫生间设施，且卫生间与生产区有效隔离；洗手龙头应为非手动开关，洗手排水直接接入下水管道；卫生间门能自动关闭，且设置排气通风设施和防蝇防虫设施。不同清洁程度要求的区域设有单独的更衣室，面积与车间人数相适应，温度和湿度适宜，保持清洁卫生、通风良好，有适当照明。

4. 设备和工器具

（1）制备材料采用无毒、无味、不吸水、耐腐蚀、不生锈、易清洗消毒、坚固的材料制作，在正常操作条件下与水产品、洗涤剂、消毒剂不发生化学反应。不使用竹木器具。

（2）设备和工器具设计和制作，避免明显的内角、凸起、缝隙或裂口。车间内设备应耐用、易于拆卸清洗。设备安装应符合工艺卫生要求，与地面、屋顶、墙壁保持一定距离，以便进行维护保养、清洁消毒和卫生监控。

（3）专用容器有明显的标识，废弃物容器和可食产品不得混用。废弃物容器应防水、防腐蚀、防渗漏。如使用管道输送废弃物，则管道的建造、安装和维护应避免对产品造成污染。

（4）针对专用设备及工具，制订并有效执行预防性维护计划，包括设备性能检查、日常维护、清洗消毒、记录保存等内容。

5. 人员管理和培训

1）人员卫生与健康

工作人员的疾病或受伤情况需向有关管理部门报告，以便进行医疗检查或调离与食品生产有关的岗位。

凡在工作中直接接触食品、食品接触面及包装材料的工作人员，需保障食品免受污染，保持清洁，包括：穿适合作业的外套，保持好个人的清洁卫生；每次离开工作间之后以及在双手可能已经弄脏或受到污染的任何其他时间，需在合适的洗手设施上，彻底洗净双手。

除去不牢靠的、可能掉入食品、设备或容器中的首饰和其他物品。如果手套用于食品加工中，其应处于完整、清洁的卫生状态，并应该采用非渗透性的材料制成。

生产必要时，应佩戴发网、帽子、胡须套或其他有效的须发约束物。不应将衣物或其他个人物品存在食品暴露的地方或在设备及用具冲洗的地方。

2）教育与培训

负责监督食品安全的人员应受过专业教育或具有经验。操作及监管人员应在食品加工技术及保护原理方面受过适当培训。直接或间接接触食品的从业人员应经过食品安全知识的培训。

对于培训和指导计划的实施，定期评价并进行常规督查，确保方案的有效实施。

定期审核和修订培训计划，以便从业人员不断了解为保证食品安全和适于食品所必需的措施。

6. 生产过程控制

1）环境温度控制

有温度要求的工序或场所，安装温度显示装置和温度调整设备。保证车间内温度不高于21℃（加热工序除外），包装间温度控制在10℃以内。

加工过程中，应控制产品内部温度和暴露时间。若在加工过程中产品内部温度在21℃以上，则加工产品累计暴露时间不超过2 h；若内部温度在21℃以下、10℃以上，则加工产品累计暴露时间不超过6 h；若加工过程中产品内部温度在21℃上下波动，则加工产品超过21℃以上累计时间不超过2 h；加工产品超过10℃以上累计暴露时间不得超过4 h。

2）生产过程危害控制

对水产品中以下危害进行分析，包括化学危害（天然毒素、化学污染、杀虫剂、农药残留、鲭鱼毒素或其他分解毒素、未经许可的食品添加物或其他添加物）、生物性危害（微生物污染、寄生虫）、物理危害（异物掺杂），建立危害控制程序。

对于冷冻鲐鱼制品的加工，还应符合《鲜、冻动物性水产品卫生标准》（GB 2733—2005）规定要求。

7. 成品贮藏与运输

1）贮存

贮存方式及环境应避免日光、雨淋、撞击、温度或湿度的剧烈变化。贮藏库环境符合产品品质保证要求。定期查看贮藏库中物品，如有异状应及早处理，并保存记录。贮藏库出货顺序，遵循先进先出的原则。

2）运输

运输过程不应对产品和包装造成污染。对运输工具可进行有效的清洁，必要时进行消毒。运输工具可保持温度、湿度等必要条件，避免产品中有害或不利的微生物滋生和产品变质。成品和半成品运输工具内部使用光滑、不渗水的防腐材料。

8. 质量管理

1）机构设置

设置独立于生产部门之外的质量管理与检验部门，行使质量管理职能，其对产品质量具有裁决权。设置与生产能力相适应的检验机构，配备必要的标准资料、检验设备，对检验设备进行规定校准并保持记录。

2）质量管理标准与体系

制定单冻鲐鱼产品质量管理标准，或采用国家标准、行业标准、地方标准，由质管部门主管，经生产部门认可后确实遵循，以确保生产的产品适合食用。

3）卫生管理

建立相应的卫生管理机构，宣传与贯彻食品安全规章制度与法规，制定和修改本单位的各项卫生管理制度和规划；定期培训从业人员，组织本单位人员进行健康检查。

建立健全维修保养制度，定期检查、维修，杜绝隐患，防止污染食品。

制定有效的清洗及消毒方法和制度，以确保所有场所清洁卫生，防止污染食品。使用清洁剂和消毒剂时，应采取适当措施，防止人身、产品受到污染。

建立有效措施防止蚊、蝇、虫、鼠等的聚集和滋生。使用杀虫剂或其他药剂前，做好对人身、产品、设备工具的污染和中毒的预防措施。

建立有毒有害物管理制度，并有经培训人员专人管理。

对洗手池、消毒池、更衣室、淋浴室、厕所等卫生设备，设立专人管理及相关的制度。配备从业人员的工作服，包含工作衣、裤、发帽、鞋靴等，并建立相应的清洗保洁制度。

4）卫生管理记录制度

建立原料、辅料、半成品、成品卫生控制程序，并保持记录。建立卫生标准操作程序（SSOP）并做好记录，确保加工用水（冰）、人员、食品接触面、有毒害物质、虫害防治等处于受控状态。

确定影响产品加工的关键程序，制定操作规程并实施连续监控，并保存记录。对反映产品质量的有关记录，制定并执行标识、收集、归档、存储、保管及处理等管理规定。

2.2 卫生标准操作程序（SSOP）

2.2.1 SSOP的概念、发展及特点

1. SSOP的概念

卫生标准操作程序简称为SSOP，为Sanitation Standard Operation Proceduret 英文

单词的首字母缩写,是指企业为了达到 GMP 所规定的要求,为保证所加工的食品符合卫生要求而制定的作业指导书,目的是指导食品生产加工过程中实施清洗、消毒和保持卫生。SSOP 是食品加工企业必须遵守的基本卫生条件,也是在食品生产中实现全面 GMP 目标的卫生操作规范。

食品加工企业在建立和实施卫生控制程序时,应保证 4 个"必须":必须建立和实施书面的 SSOP 计划;必须监测卫生状况和操作;必须及时纠正不卫生的状况和操作;必须保持卫生控制和纠正记录。

2. SSOP 的发展概况

20 世纪 90 年代,美国频繁暴发食源性疾病,造成每年 700 万人次感染和 7 000 人死亡。调查数据显示,其中有大半感染或死亡的原因与肉、禽产品有关。这一结果促使美国农业部(USDA)重视肉、禽产品的生产状况,并决心建立一套涵盖生产、加工、运输、销售所有环节在内的肉禽产品生产安全措施,从而保障公众的健康。

1995 年 2 月,《美国肉、禽产品 HACCP 法规》(9CFR Part 304)中第一次提出了要求建立一种书面的常规可行程序——卫生标准操作程序(SSOP),确保生产出安全、无掺杂的食品。同年 12 月,美国 FDA 颁布《美国水产品的 HACCP 法规》(21CFR Part 123 and 1240)中,进一步明确了 SSOP 必须包括的 8 个方面及验证等相关程序,从而建立了 SSOP 的完整体系。

2002 年 5 月,国家认证监委在发布《食品生产企业危害分析与关键控制点(HACCP)管理体系认证管理规定》(2006 年 7 月 1 日起已由 ISO 22000 替代)中已明确,企业必须建立和实施卫生标准操作程序,达到以上 8 个方面的卫生要求。也就是说,企业制订的 SSOP 计划应至少包括 8 个方面的卫生控制内容,企业可以根据产品和自身加工条件的实际情况增加其他方面的内容。

3. SSOP 的特点

SSOP 要求加工企业必须建立和实施 SSOP,以强调加工前、加工中和加工后的卫生状况和卫生行动。

SSOP 文件中的具体要求:描述在工厂中使用的卫生程序;提供这些卫生程序的时间计划;提供一个支持日常监测计划的基础;描述加工者如何保证某个方面和关键工序的卫生条件和操作得到满足;描述加工企业的操作如何受到监控来保证达到 GMP 规定的条件和要求;每个加工企业必须保持 SSOP 记录,至少应记录与加工企业相关的关键卫生条件和操作受到监控和纠偏结果；为雇员提供一种持续培训的工具，确保工厂从管理者到生产员工在内的每一个人都能理解卫生要求；官方执法部门或第三方认证机构，应鼓励和督促企业建立全面的SSOP计划。

2.2.2　SSOP的基本内容

卫生标准操作程序至少包括8项内容：①食品接触或与食品接触物表面接触的水（冰）的安全。②与食品接触的表面（包括工器具、设备、手套、工作服等）的卫生状况和清洁程度。③防止发生食品与不洁物、食品与包装材料、人流与物流、高清洁度区域的食品与低清洁度区域的食品、生食与熟食之间的交叉污染。④手的清洗消毒设施以及厕所设施的维护与卫生保持。⑤保护食品、食品包装材料和食品接触面免受润滑剂、燃油、杀虫剂、清洁剂、冷凝水、涂料、铁锈和其他化学、物理和生物性外来污染物的污染。⑥有毒化学物质的正确标记、贮存和使用。⑦直接或间接接触食品的员工健康的控制。⑧虫害的控制及去除（防虫、灭虫、防鼠、灭鼠等）。

2.2.3　SSOP在水产品生产中的实施与应用

一个完整的水产品安全体系具体包括卫生控制程序和HACCP计划两个方面。卫生标准操作程序（SSOP）概述了企业该如何在其内部保持卫生控制。尽管FDA没有要求书面的SSOP计划，但建议SSOP应阐明企业控制、监测和纠正关键卫生条件所遵从的程序和标准卫生操作（SCP）。水产品的加工过程，一般需符合以下基本卫生要求。

1. 加工用水和冰的安全

首先，我国水产品生产企业加工用水必须符合国家《生活饮用水卫生标准》（GB 5749—2006），此外还应符合《渔业水质标准》（GB 11607—1992）或《海水水质标准》（GB 3097—1997）要求。向国外出口水产品注册企业的加工用水的水质还要符合进口国或地区的有关规定。

其次，供水设施要完好，有准确的供水、供气网络图，并易于维修保养。同时，供水设施的设计要采取防回流措施（如止回阀等），避免交叉连接、压力回流、虹吸管回流现象。注重生产用水和非生产用水的混淆与区分标识（如不同颜色管路标识、不同清洁度的水源等）。需对供水、供气系统中管路、阀门及相关部件进行定期检查与维护，以保持良好状态。

此外，生产污水及废水处理和排放不当是对水源和生产用水最大的交叉污染来源，同时也是影响生产环境的一大污染源，所以在水产品加工厂中需要对厂区特别是车间内的污水和废水处理加以特别关注。

2. 食品接触表面的状况和清洁

食品接触表面是指"接触人类食品的表面以及在正常加工过程中会将水溅在食品或食品接触面上的那些表面"。通常，典型的食品接触面包括加工设备、案台和工器具、加工人员手套和工作服、传送带、制冰机、储冰池、包装材料等。保持食品接触面的清洁度是为防止污染食品。食品接触面要保持良好状态，其设计、安装便于卫生操作，表面结构应抛光或为浅色表面，易于识别表面残留物，设备夹杂食品残渣易清除；手套工作服清洁、良好，这些食品接触面易于清洗、消毒。

首先，对于食品接触表面的选用材料必须是安全的，即采用无毒、无化学物质渗出、不吸水，不积水，干燥、抗腐蚀，不与清洁剂产生化学反应的材料制成。生产设备及配套管路、阀门等应选用不锈钢材料，以避免接触面与清洗水中氯或氧化剂发生反应。因此，一般不宜采用木制品、纤维制品、镀锌金属等。

其次，对于食品接触表面的设计与制造应易清洁和消毒，缝隙或关节应连接光滑，表面平整、不可导致积水或污物积累。避免尖角或妨碍正常清洁和消毒的结构，即使在加工人员操作失误的情况下，也不至于造成严重后果。

此外，对于加工设备和工器具的清洗和消毒，一般采用清水彻底清除、冲洗，然后采用82℃热水、碱性清洁剂或含有氯碱、酸、消毒剂等溶液进行消毒。对于工作服、手套，应集中由洗衣房进行清洗和消毒，且保证不同清洁度的工作服和手套分别处理。对于加工车间、存放工作服房间等，宜采用臭氧消毒、紫外线照射消毒法等。

3. 防止交叉污染

交叉污染指通过生的食品、食品加工者和食品加工环境把物理的、生物的或化学污染转移到食品中的过程。水产品加工厂中交叉污染的主要原因包括：不合理的工厂选址、设备设计、车间布局；加工操作人员不良的个人卫生状况和卫生习惯；生产过程中卫生操作不当、清洁消毒不利；原材料和成品没有隔离。

为防止交叉污染，首先需注意工厂的选址、设计及周围环境、工厂车间布局，不至于对产品造成污染；产品初加工、精加工、成品包装分开，生、熟加工分开，清洗消毒间与加工车间分开。合理布局人流、物流、水流及气流方向：人流从高清洁区向低清洁区；物流采用时间或空间进行分隔，避免交叉；水流从高清洁区向低清洁区；气流采用入气控制、正压排气。注重员工操作不当造成的交叉污染，例如，操作工人洗手消毒剂、首饰、化妆、手接触污染物后造成的交叉污染等。

4. 手的清洁、消毒和厕所设施的维护

手的清洁、消毒设施要求：在更衣间出口、卫生间出口、生产车间必要位置均需设置用于员工洗手的专门区域；配备充足洗手消毒设施，以每10～15人设一水龙头为宜；采用非手动式出水方式，使用流动水，并有温水（最好达43℃）供应；洗手盆采用不锈钢洗池或优质陶瓷洗盆池，平整光滑。配备洗手消毒液和干手设施，清洗与消毒区域和设备安装符合卫生设计要求。

洗手和消毒程序为：清水洗手→皂液或无菌皂洗手→冲净皂液→50×10^{-6}（余氯）消毒液中浸泡30 s→清水冲洗→干手（纸巾或毛巾），企业根据具体生产品种和要求而调整。每次进入加工车间前，手接触污染物后、完成清扫工作以及如厕后，接触半成品产品接触面前等，根据不同加工产品规定均需进行洗手消毒。

厕所设施要求：厕所位置应与车间相连接，厕所门不能直接面向车间，配有更衣、换鞋区域；数量与每班操作工人数相适应（每10～15人设置1个厕所）；设有防蚊蝇设施；整体厕所设施应通风良好，照明良好，地面干燥，保持清洁卫生。

5. 防止外部污染

水产品加工过程中可能的外来污染物主要指各种生物的、化学的、物理的物质对水产品、包装材料和水产品接触面的污染，具体包括：水滴和冷凝水；不清洁的飞溅水；空气中的灰尘、颗粒；外来物质；地面污物；无保护装置的照明设备；润滑剂、清洁剂、杀虫剂等；化学药品的残留；不卫生的包装材料等。

需针对以上污染物的来源及污染途径制定有效的控制措施，具体来讲，防止外部污染需贯穿于产品加工前、加工中、加工后三步程序。对于产品加工前的监控，应当从原料进厂时即开始实施，避免以上各外部物质的污染。同时，控制包装材料的卫生状态，任何时候都不能将其放置在地面或不洁净的栈板上，保证其贮存环境的干燥、通风，防霉、防尘、防虫鼠等。

对于冷凝水和水滴的控制：注意保持车间内的良好通风，控制车间温度（0～4℃）；车间顶棚、墙角、窗台角等设计呈圆弧形；对冷凝水管做隔离保温处理等。如有需要，采用遮盖防止冷凝水溅落产品、包装材料及产品接触面等。

对于车间通风系统，采用安装过滤装置，控制和减少空气中的悬浮颗粒和微生物数量。或在车间里（特别是清洁卫生区）采用适当生气杀菌方法，在每次生产开始前（中）对车间环境进行消毒处理。

对于清洁剂、杀虫剂、化学药品等化学品的正确使用和保管：车间内不得使用任何化学除虫或灭鼠药剂；凡有可能与产品接触处使用的润滑剂、密封剂等必须是食品级的，并严格按清洗程序规定使用；对设备定期检查连接管路，并根据垫圈的使用寿命予以更换，使用食品级的清洗剂和消毒剂。

6. 有毒化合物的正确标记、贮藏和使用

凡在水产品加工厂中出现和使用的清洗剂、消毒剂、洗涤剂、机械润滑剂、灭昆剂、杀虫剂等化学物质，都属于有毒、有害化合物，使用时需小心谨慎，并按照产品说明书使用，正确标记，贮藏安全，否则产品就有被污染的风险。

对于工厂有毒化合物编写有害化学物质一览表，标注所使用化合物主管部门批准生产、销售、使用说明及登记记录，化合物主要成分、毒性、使用剂量及注意事项等信息。使用单独的区域、带锁柜子进行贮存，由经过培训的人员进行管理，防止随便乱拿，并设置明显的警示标识。

7. 员工健康状况的控制

生产人员（包括检验人员）是直接接触产品的人，其身体健康及卫生状况直接影响产品的质量与安全。因此，凡在工厂范围内工作的员工，包括正式职工、临时工以及要在车间和库房内工作的承包商和供应商的服务人员，都应该在上岗前进行规定的健康检查。只有取得当地卫生防疫部门或疾病控制部门核发的"健康证"的人员才能在工厂里工作。

组织员工按规定每年进行体检，确认和记录员工体检结果及健康状态。对于出现身体不适如呕吐、发烧、腹泻等胃肠道疾病症状，打喷嚏、咳嗽等感冒症状以及皮肤创伤的员工，安排就医并暂时调离车间工作岗位。此外，对于接触过痢疾、伤寒、病毒性肝炎、活动性肺结核等传染病人的员工，需主动报告主管部门，并及时进行健康检查，待体检合格后方能返回工作岗位。

8. 害虫的清除

产品加工车间内防止虫害的措施，包含预防措施和杀灭措施。预防措施可采用风幕、水幕、纱窗、黄色门帘、挡鼠板和翻水湾等防止虫害进入车间、产房等。杀灭措施可采用杀虫剂，车间入口用灭蝇灯、粘鼠胶、鼠笼等，但不能使用灭鼠药。

2.3 危害分析与关键控制点（HACCP）

危害分析与关键控制点为 Hazard Analysis Critical Control Point 英文单词的首字母缩写，简称为 HACCP，是一种操作简便、实用性和专业性很强的食品安全保证体系，主要针对食品中存在的微生物、化学和物理危害进行安全控制。

2.3.1 HACCP 的概念、发展及特点

1. HACCP 的概念

HACCP 是对食品原料、关键生产工序及影响产品安全的人为因素进行分析，确定加工过程中的关键环节，进而建立、完善监控程序和监控标准，采取规范的纠正措施，将危害预防、消除或降低到消费者可接受水平，以确保食品在生产、加工、制造、准备和食用等过程中的安全。HACCP 最显著的优点在于在生产过程中鉴别并控制潜在危害，将危害消除在食品链的最初环节。HACCP 在国际上被认为是控制由食品引起疾病的最有经济效益的方法，并就此获得国际食品法典委员会（Codex Alimentarius Commission，CAC）的认同。

需要注意的是，HACCP 是控制食品安全危害的预防性体系，但这并不是一种零风险体系，而是用来使食品安全危害的风险降低到最小或可接受水平的体系。对食品生产者而言，HACCP 是保证食品安全生产的有效系统方法；对食品监督、管理者而言，HACCP 是有关食品安全生产链的一种检查方法，它对原料、生产、贮存、运输、分发、销售直至最后消费者食用整个过程的每一环节都进行详细考察，估计造成病源微生物和其他化学、物理对食品危害出现的潜在因素。

2. HACCP 的发展概况

20 世纪 60 年代，HACCP 体系由美国 Pillsbyryg 公司、太空总署（NASA）和陆军 Natick 研究所共同开发完成。其最初目的是为了使宇航员在航天飞行中的食品足够安全，要求每个批次的绝大部分食品都必须检验，这些早期的认识逐渐形成了"危害分析与关键控制点"（HACCP）体系。

70 年代，HACCP 体系的雏形由 Pillsbyryg 公司在第一届美国国家食品保护会议上首次提出。1973 年，美国食品与药品监督管理局（FDA）首次将 HACCP 食品加工控制的概念应用于罐头食品加工中，以防止腊肠肠毒菌感染。1997 年，美国水产

界的专家 Lee 将 HACCP 概念运用于水产品。

80 年代，美国国家科学院建议与食品相关的各政府机构，运用 HACCP 体系于食品安全的稽查工作；美国海洋渔业服务处（National Marine Fisheries Service, NMFS）制定了一套以 HACCP 体系为基础的水产品强制稽查制度。

90 年代，美国 FDA 决定强制要求对国内及进口水产品生产者实施 HACCP 体系，并于 1994 年公布了强制水产品 HACCP 实施草案。1996 年，美国农业部食品安全检查署对国内外肉、禽业颁布实施了《减少致病菌、危害分析和关键控制点系统》最终法规。1997 年，食品法典委员会颁布了《危害分析与关键控制点（HACCP）体系及其应用准则》，并先后被多个国家采用。

21 世纪，美国 FDA 对果蔬汁产品实行 HACCP 体系。

HACCP 体系在 20 世纪 80 年代传入中国，90 年代原国家进出口商品检验局，在出口冻肉类、水产品类及罐藏食品类等中实施 HACCP 研究。2002 年，国家质量监督检验检疫总局首次强制性要求某些食品生产企业建立和实施 HACCP 管理体系，将 HACCP 体系列为出口食品法规的一部分，并要求出口水产品（除活品、冰鲜、晾晒、腌制品外）加工企业在 2003 年 12 月 31 日前均通过 HACCP 体系的认证。2011 年，国家认监委第 23 号公告《出口食品生产企业安全卫生要求》中，明确要求列入实施 HACCP 体系验证的 22 类出口食品（含水产品类）生产企业必须实施 HACCP 体系。

3. HACCP 的基本特点

HACCP 作为食品安全保障体系的重要意义，在于它提出了对食品生产全过程的控制，其具有以下显著特点：①HACCP 是预防性食品安全控制保证体系，其并不是一个孤立体系，而是建立在现行食品安全计划基础上，例如 GMP、设备维护保养、卫生状况等。②每个 HACCP 体系都反映了某种食品加工方法的专一性和特殊性，其重点在于预防，设计上在于防止危害因素进入食品。③HACCP 作为食品安全控制方法已被全世界所认可，虽然 HACCP 不是零风险控制体系，但 HACCP 可尽量减少食品安全危害的风险。④HACCP 肯定了食品行业对生产安全负有基本责任，将保证食品安全的责任首先归于食品生产商和销售商。⑤HACCP 强调加工过程，需工厂与监控部门的交流与沟通。监控部门通过确定危害是否正确地得以控制，来验证工厂 HACCP 的实施情况。⑥HACCP 克服了传统食品安全控制方法（如现场检验、终成品测试）的缺陷。当食品管理者将力量集中于 HACCP 计划制订和执行时，会使食品安全控制更加有效。⑦HACCP 可使监控部门集中精力于加工过程中最易发生的危害因素上。传统现场检查只能反映检查当时的情况，而 HACCP 可使检查员通过审查工厂监控和纠正记录，了解在工厂发生的所有情况。⑧HACCP 概念可推广、延伸应用到食品质量其他方面，控制各种食品缺陷。⑨HACCP 有助于改善工厂与监控部门的关系以及工厂与消费者的关系，树立食品安全信心。

以上诸多特点的根本，在于 HACCP 是使食品生产厂商或供应商，把对最终产品检验为主要基础的控制观念，转变为建立从收获到消费、鉴别并控制潜在危害、保证食品安全的全面控制系统。

2.3.2　HACCP 的基本原理

HACCP 是一个确认、分析、控制生产过程中可能发生的生物、化学、物理危害的系统方法。从 HACCP 名称可明确看出，它主要包括危害分析（Hazard Analysis，HA）和关键控制点（Critical Control Point，CCP）。HACCP 原理经过实际应用与修改，已被国际食品法典委员会（CAC）确认，由以下 7 个基本原理组成。

（1）危害分析（HA）。确定与食品生产各阶段有关的潜在危害，包括原材料生产、加工过程、产品贮运、消费等各环节。危害分析不仅要分析其可能发生的危害（可能性）及危害程度（严重性），也要涉及有何防护措施来控制这种危害。

（2）确定关键控制点（CCP）。CCP 是指能控制生物、物理或化学因素的任何点、步骤或过程，包括原材料及其收购或其生产、收获、运输、产品配方及加工贮运等。经过对以上步骤的控制可使潜在危害得以防止、排除或降至可接受水平。

（3）确定关键限值，保证 CCP 受控制。对每个 CCP 需确定一个标准值或范围，以确保每个 CCP 限制在安全值以内。这些关键限值常是一些食品加工与保藏相关的参数，如温度、时间、酸度、水分活度及 pH 值等。

（4）确定监控 CCP 的措施。监控（包含监控对象、方法、频率和人员）是有计划、有顺序的观察或测定以判断 CCP 是在控制中，并有准确记录。需尽可能通过各种方法对 CCP 进行连续监控，若无法连续监控关键限值，应有足够间歇频率来观测 CCP 的变化特征，以确保 CCP 在有效控制中。

（5）确立纠偏措施。当监控程序显示出现偏离关键限值时，要采取纠偏措施。虽然 HACCP 系统已有计划防止偏差，但从总的保护措施来说，应针对每个 CCP 建立合适的纠偏计划，以便万一发生偏差时能有适当手段来恢复或纠正问题，并有维持纠偏措施的记录。

（6）确立有效的记录保存程序。要求把确定的危害性质、CCP、关键限值、CCP 纠偏措施、HACCP 计划的准备、执行、监控、记录保存和其他措施等与执行

HACCP 计划有关信息、数据记录文件完整地保存下来。

（7）建立验证程序。建立审核程序以证明 HACCP 系统是在正确运行中，包括审核关键限值是在能够控制有效的范围内，保证 HACCP 计划正常执行。审核的记录文件应反映不管在任何点上执行计划的情况都可随时被检出。验证要素包含：确认、CCP 验证活动、HACCP 计划有效运行验证和执法机构。

2.3.3 HACCP 在水产品生产中的实施与应用

根据 FAO/CAC 有关法规，HACCP 体系的实施可分为以下 12 个步骤。

（1）组建 HACCP 小组。HACCP 实施小组由不同部门、不同专业知识的人员组成，其成员需熟悉企业产品实际情况，有对不安全因素及其危害进行分析的知识和能力，能够提出防止危害的方法和技术，并采取可行的实施监控措施。

（2）产品描述。对产品进行全面描述，包括成分、物理化学结构、加工方式、包装、保质期及贮存条件等。

（3）确定预期用途与消费者。预期用途应基于最终用户和消费者对产品的使用期望，在特定条件下还必须考虑易受伤害的消费群体。

（4）描绘生产流程图。由 HACCP 实施小组制定，在绘制流程图过程中要对潜在危害进行确认并提出相应控制措施。当 HACCP 应用于特定操作时，应对特定操作的前后步骤予以考虑。

（5）现场验证流程图。HACCP 小组应检查实际操作过程与流程图步骤是否一致，如果有误，应加以修改调整。

（6）危害分析并确定控制措施。HACCP 小组应列出操作过程中有可能存在或产生的所有危害，包括如原料生产、加工、制造、销售直到消费，并对这些过程中潜在危害确定控制措施。

（7）确定关键控制点。基于危害分析，确定 CCP 以预防或消除潜在危害或使危害降到可接受的程度。

（8）建立关键限值。关键限值决定了产品的安全与质量，关键限值的确定可参考有关法规、标准、文献和实验结果等，通常采用的指标包括温度、时间、水分、pH 值等测量以及感官指标。

（9）确定关键控制点的监控措施。监控是通过一个有计划、有序的观测或测定来证明 CCP 在控制中，并产生准确记录用于未来验证。监控方法必须能够检测 CCP 是否失控，进而能及时提供信息，以便做出调整，确保加工控制，防止超出关键限值。

（10）建立纠正措施。纠偏措施是针对关键控制点控制限值所出现的偏差而采取的行动。纠偏行动必须保证 CCP 重新处于受控状态。

（11）建立验证程序。验证目的是为了确认 HACCP 体系是否正确地运行，通过验证得到的信息可以用来改进 HACCP 体系。验证活动包括如 HACCP 体系和记录的审核；偏差和产品处置的审核；确定 CCP 处于控制状态等。

（12）建立文件和保持记录。应用 HACCP 体系必须有效、准确地保存记录；HACCP 程序应文件化，文件和记录的保持应合乎操作的特性和规模。

下面以 HACCP 在单冻带壳熟虾（去头）生产中的应用为例，介绍 HACCP 体系的建立及实施过程。

1. 组建 HACCP 小组

依据国际食品法典委员会《危害分析与关键控制点（HACCP）体系及其应用准则》、我国《出口食品生产企业安全卫生要求》、美国《食品企业 HACCP 法规》要求，建立 HACCP 办公室，组成人员包括办公室主任、经过培训的生产部经理、化验员、车间主任、质量体系内人员、外聘人员等。由 HACCP 起草制定、评估与修改 HACCP 计划书，并进行危害分析以及审查 GMP/SSOP/HACCP 记录。

2. 公司信息与产品描述

（1）公司信息：×××水产有限公司，地址为×××。

（2）产品名称：单冻带壳熟虾（去头）。

（3）产品原料来源：养殖南美白对虾。

（4）包装方式：内套塑料袋（0.5 kg/袋），外装纸箱（12 袋/箱或 10 袋/箱）。

（5）流通与贮藏：冷冻贮存和冷藏链发运（−18℃以下）；保质期 18 个月。

（6）预期用途和消费者：购买后消费前充分加热后方可食用；消费对象为普通公众（对虾类产品过敏者慎食）。

3. 生产流程图描述与现场确认

单冻带壳熟虾（去头）生产流程如图 2−1 所示。

（1）原料接收：公司从经官方备案注册登记的渔船或养殖场直接收购；渔民有时使用亚硫酸盐防腐剂对鲜虾进行处理，以防止虾体黑变（依据 FAO 和 CAC 要求，亚硫酸盐含量≤100 mg/kg）。经检验合格后接收［符合《鲜、冻动物性水产品卫生标准》（GB 2733—2005）要求］。原料虾运至公司原料接收区，在接收区清洗后，用 4℃以下冰水降温，然后用清洁鱼盘（筐）层冰层虾做保鲜处理。

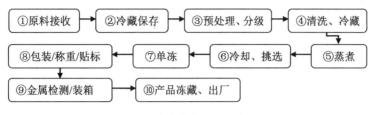

图2-1 单冻带壳熟虾生产流程

（2）冷藏保存：将原料虾置于预冷库中暂存，预冷库温度低于7℃，虾体几何中心温度低于4℃。若连续2 h库温超过7℃，虾体温度高于4℃，该批原料虾必须在2 h内处理完成。

（3）预处理、分级：将保鲜加冰的鲜虾从预冷库转入粗加工车间，环境温度控制在20℃以下；分送到操作台上，手工去头（不去壳）。将预处理虾加冰保鲜后，进行分选机自动分级分选；加工人员戴手套后在工作台上按规定要求拣出断裂和鲜度不好的虾体，并存放在各自容器中。整个操作过程在30 min内完成。

（4）清洗、冷藏：将分级后虾体用10℃以下冰水清洗，虾体加工温度控制在10℃以下；清洗后虾体可直接进入蒸煮工艺；或如原料过多，将虾用4℃以下冰水降温后，置于预冷库中暂存。

（5）蒸煮：将带壳虾置于输送带上，采用蒸汽蒸煮方式；控制传送速度，使虾3 min通过蒸煮器，即100℃蒸汽蒸煮3 min，虾体中心温度不低于74℃、时间不少于40 s。

（6）冷却、挑选：蒸煮后带壳虾体采用冰水浸泡冷却；加工人员按规定要求拣出断裂和破损虾体，并存放在各自容器中。整个操作过程在5 min内完成。

（7）单冻：将沥水后蒸煮虾摆放在单冻机上，加工人员将其均匀地放置于输送带上，随时目测挑选零星杂质；采用-30℃以下冻结温度进行冻结，冷冻时间在20 min以内。

（8）包装/称重/贴标：把单冻带壳虾（或用不锈钢漏斗）装入清洁无毒卫生的塑料袋中，按规定要求控制净含量后，进行封口包装。如产品含有亚硫酸盐在10～100 mg/kg之间（以SO_2计；根据相关法规要求和客户要求），贴标签声明。

（9）金属检测/装箱：把封口后产品放在金属探测仪输送带上进行金属探测，经探测合格产品进行装外纸箱。若发现有金属异物，立即捡出，单独隔离放置，查明原因并记录。

（10）产品冻藏与出厂：所有成品立即送入-18℃以下冻藏库中，按规格、批号分别堆放；所有货运冷冻集装箱和运输船舱均应预冷至-18℃以下，才能出厂发货。

将以上单冻带壳虾加工工艺流程图与实际生产操作进行对比验证，并进行相应的修订。

4. 危害分析与措施

单冻带壳熟虾生产中的危害分析见表2－1。

表2－1　单冻带壳熟虾生产中的危害分析

危害分析表					
公司名称：×××水产有限公司		产品信息：单冻带壳熟虾（去头）			
公司地址：×××		流通与贮藏：冷冻贮存和冷藏链发运（－18℃以下）；保质期18个月			
		预期用途和消费者：充分加热后食用；消费对象为普通公众			
（1）生产环节	（2）引入的控制点或增加的潜在危害	（3）潜在危害是否显著（是/否）	（4）对第3栏的判断提出依据	（5）用什么措施来防止这种显著危害	（6）该步是否为关键控制点（是/否）
①原料接收	生物性危害：致病菌生长	是	原料在捕捞或运输过程中，由于温度波动致使致病菌污染与生长	致病菌可在蒸煮工艺中加以控制	否
	生物性危害：致病菌在蒸煮后仍存活	否	在此步骤并不适用	—	—
	化学性危害：肉毒梭菌毒素形成	否	产品并不是在真空包装条件下	—	—
	化学性危害：过敏原物质	是	虾类产品含有过敏原物质	该危害可在接下来的步骤中加以控制	否
	化学性危害：化学添加剂	是	亚硫酸盐类在虾类原料中加以应用	该危害可在接下来的步骤中加以控制	否
	物理学危害：金属物质掺杂	否	不大可能在此步骤中发生	—	—
②冷藏保存	生物性危害：致病菌生长	是	贮藏温度和时间控制不当，可使致病菌生长	致病菌可在蒸煮工艺中加以控制	否
	生物性危害：致病菌在蒸煮后仍存活	否	在此步骤并不适用	—	—

续表

	危害分析表				
② 冷藏 保存	化学性危害：肉毒梭菌毒素形成	否	产品并不是在真空包装条件下	—	—
	化学性危害：过敏原物质	是	虾类产品含有过敏原物质	该危害可在接下来的步骤中加以控制	否
	化学性危害：化学添加剂	是	亚硫酸盐类在虾类原料中加以应用	该危害可在接下来的步骤中加以控制	否
	物理学危害：金属物质掺杂	否	不大可能在此步骤中发生	—	—
③ 预处 理、分 级	生物性危害：致病菌生长	否	预处理及分级时间较短，致病菌不大可能生长	—	—
	生物性危害：致病菌在蒸煮后仍存活	否	在此步骤中并不适用	—	—
	化学性危害：肉毒梭菌毒素形成	否	产品并不是在真空包装条件下	—	—
	化学性危害：过敏原物质	是	虾类产品含有过敏原物质	该危害可在接下来的步骤中加以控制	否
	化学性危害：化学添加剂	是	亚硫酸盐类在虾类原料中加以应用	该危害可在接下来的步骤中加以控制	否
	物理学危害：金属物质掺杂	否	不大可能在此步骤中发生	—	—
④ 清洗、 冷藏	生物性危害：致病菌生长	是	贮藏温度和时间控制不当，可使致病菌生长	致病菌可在蒸煮工艺中加以控制	否
	生物性危害：致病菌在蒸煮后仍存活	否	在此步骤中并不适用	—	—
	化学性危害：肉毒梭菌毒素形成	否	产品并不是在真空包装条件下	—	—
	化学性危害：过敏原物质	是	虾类产品含有过敏原物质	该危害可在接下来的步骤中加以控制	否
	化学性危害：化学添加剂	是	亚硫酸盐类在虾类原料中加以应用	该危害可在接下来的步骤中加以控制	否
	物理学危害：金属物质掺杂	否	不大可能在此步骤中发生	—	—

	危害分析表				
⑤ 蒸煮	生物性危害：致病菌生长	是	由前面的步骤，可能引入致病菌	控制蒸煮时间和温度，可杀灭或消除致病菌危害	是
	生物性危害：致病菌在蒸煮后仍存活	是	由前面的步骤，可能引入致病菌	控制蒸煮时间和温度，可杀灭或消除致病菌危害	是
	化学性危害：肉毒梭菌毒素形成	否	产品并不是在真空包装条件下	—	—
	化学性危害：过敏原物质	是	虾类产品含有过敏原物质	该危害可在接下来的步骤中加以控制	否
	化学性危害：化学添加剂	是	亚硫酸盐类在虾类原料中加以应用	该危害可在接下来的步骤中加以控制	否
	物理学危害：金属物质掺杂	否	不大可能在此步骤中发生	—	—
⑥ 冷却、挑选	生物性危害：致病菌生长	否	预冷及挑选时间较短，致病菌不大可能生长	—	—
	生物性危害：致病菌在蒸煮后仍存活	否	该危害已在前面蒸煮工艺中被控制	—	—
	化学性危害：肉毒梭菌毒素形成	否	产品并不是在真空包装条件下	—	—
	化学性危害：过敏原物质	是	虾类产品含有过敏原物质	该危害可在接下来的步骤中加以控制	否
	化学性危害：化学添加剂	是	亚硫酸盐类在虾类原料中加以应用	该危害可在接下来的步骤中加以控制	否
	物理学危害：金属物质掺杂	否	不大可能在此步骤中发生	—	—
⑦ 单冻	生物性危害：致病菌生长	否	该危害已在前面蒸煮工艺中被控制	—	—
	生物性危害：致病菌在蒸煮后仍存活	否	该危害已在前面蒸煮工艺中被控制	—	—
	化学性危害：肉毒梭菌毒素形成	否	产品并不是在真空包装条件下	—	—

	危害分析表				
⑦ 单冻	化学性危害：过敏原物质	是	虾类产品含有过敏原物质	该危害可在接下来的步骤中加以控制	否
	化学性危害：化学添加剂	是	亚硫酸盐类在虾类原料中加以应用	该危害可在接下来的步骤中加以控制	否
	物理学危害：金属物质掺杂	否	不大可能在此步骤中发生	—	—
⑧ 包装/ 称重/ 贴标	生物性危害：致病菌生长	否	该危害已在前面蒸煮工艺中被控制	—	—
	生物性危害：致病菌在蒸煮后仍存活	否	该危害已在前面蒸煮工艺中被控制	—	—
	化学性危害：肉毒梭菌毒素形成	是	一定温度下，真空或低氧气含量包装产品会出现肉毒梭菌毒素	采用标签控制方法，标明"冻藏贮藏"	是
	化学性危害：过敏原物质	是	虾类产品含有过敏原物质	采用标签控制方法，标明"虾类产品"	是
	化学性危害：化学添加剂	是	亚硫酸盐类在虾类原料中加以应用	采用标签控制方法，标明"含有亚硫酸盐类"	是
	物理学危害：金属物质掺杂	否	不大可能在此步骤中发生	—	—
⑨ 金属检测/ 装箱	生物性危害：致病菌生长	否	—	—	—
	生物性危害：致病菌在蒸煮后仍存活	否	—	—	—
	化学性危害：肉毒梭菌毒素形成	否	该危害在贴标步骤已被控制	—	—
	化学性危害：过敏原物质	否	该危害在贴标步骤已被控制	—	—
	化学性危害：化学添加剂	否	该危害在贴标步骤已被控制	—	—
	物理学危害：金属物质掺杂	否	不大可能在此步骤中发生	—	—

危害分析表					
⑩产品冻藏与出厂	生物性危害：致病菌生长	否	—	—	—
	生物性危害：致病菌在蒸煮后仍存活	否	—	—	—
	化学性危害：肉毒梭菌毒素形成	否	该危害在贴标步骤已被控制	—	—
	化学性危害：过敏原物质	否	该危害在贴标步骤已被控制	—	—
	化学性危害：化学添加剂	否	该危害在贴标步骤已被控制	—	—
	物理学危害：金属物质掺杂	否	不大可能在此步骤中发生	—	—

5. 建立 HACCP 计划表

该步骤包含确定关键控制点、关键限值、对关键控制点的监控措施、建立纠正措施、建立验证程序、建立文件和保持记录等（表 2 - 2）。

表 2 - 2　单冻带壳熟虾生产 HACCP 计划表

关键控制点（CCP）	显著性危害	预防措施的关键限值	监控				纠偏措施	验证	记录
			对象（What）	方法（How）	频率（Frequency）	人员（Who）			
蒸煮	温度波动引起的致病菌生长	蒸煮时间 3 min 以上	蒸煮传送带速度	计时器测定传动带传送速度	每天生产前测定；传送带传送速度变化时测定	蒸煮工艺操作工人	假如：蒸煮传送带通过蒸煮器时间少于 3 min；措施：调整蒸煮传动带速度	每天观测稳定测定器、纠偏措施和记录等	蒸煮传送带传送速度；检测器检查结果；蒸煮温度等
	致病菌在蒸煮后仍存活	蒸煮温度维持 100℃	蒸煮温度	连续测温设备	连续监测温度，至少每天 1 个批次	蒸煮工艺操作工人	假如：蒸煮温度 ≤100℃；措施：重新蒸煮操作；如果重新蒸煮操作不可行，废弃有缺陷产品	监测蒸煮条件；温度记录仪的精确性；每年校准验证	温度记录仪数据；温度记录仪校准情况；操作过程及设备使用报告

续表

| 关键控制点（CCP） | 显著性危害 | 预防措施的关键限值 | 监控 | | | | 纠偏措施 | 验证 | 记录 |
			对象（What）	方法（How）	频率（Frequency）	人员（Who）			
包装/称重/贴标	没有标明产品中含有亚硫酸盐类	所有产品成分标签中必须标明"含有亚硫酸盐类"	所有产品标签内容	观察	贴标签设备每次在产品上贴标签	贴标及包装监测人员	假如：产品标签中未含有"亚硫酸盐类"字样；措施：除去产品标签，并销毁不合格标签；重新制作	每周观察监控记录、纠正实施及验证结果；每天观察产品标签情况	包装车间报告、纠正措施及记录、当前标签副本等
	没有明确标明产品为"虾类"（即含过敏原）	所有产品标签必须标明"虾类"	所有产品标签内容	观察	贴标签设备每次在产品上贴标签	贴标及包装监测人员	假如：产品标签中未含有"虾类"字样；措施：除去产品标签，并销毁不合格标签；重新制作	每周观察监控记录、纠正实施及验证结果；每天观察产品标签情况	包装车间报告、纠正措施及记录、当前标签副本等
	肉毒梭菌毒素形成	所有产品标签必须标明"保持冷冻条件，食用前在冰箱内解冻；解冻后立即食用"	所有产品标签内容	观察	贴标签设备每次在产品上贴标签	贴标及包装监测人员	假如：产品标签中未含有"保持冷冻条件，食用前在冰箱内解冻；解冻后立即食用"；措施：除去产品标签，并销毁不合格标签；重新制作	每周观察监控记录、纠正实施及验证结果；每天观察产品标签情况	包装车间报告、纠正措施及记录、当前标签副本等

公司名称：×××水产有限公司	产品信息：单冻带壳熟虾（去头）
公司地址：×××	流通与贮藏：冷冻贮存和冷藏链发运（-18℃以下）；保质期18个月
制作人：××	预期用途和消费者：充分加热后食用；消费对象为普通公众
	制作日期：××××年××月××日

本章小结

1. 良好操作规范（GMP）强调产品生产过程（包括生产环境）和储运过程的品质控制，尽量将可能发生的危害从规章制度上加以控制。这是产品生产加工的第一道关，也是对水产品加工企业的最基本要求。

2. 卫生标准操作程序（SSOP）是水产品加工企业为了保证达到良好操作规范所规定的要求，确保加工过程中消除不良的人为因素，使其加工的产品符合卫生要求而制定，用于指导水产品加工过程中如何实施清洗、消毒和卫生保持的作业指导文件。

3. 危害分析与关键控制点（HACCP）体系即运用食品工艺学、微生物学、化学和物理学、质量控制和危险性评价等方面的原理与方法，对整个食品链（从原料的种植或饲养、收获、加工、流通至消费过程）中实际存在的和潜在的危害进行危险性评价，找出对终产品安全有重大影响的关键控制点（CCP），并采取相应的预防或控制措施及纠偏措施，从而最大限度地减少那些对消费者具有危害性的不合格产品出现的风险，实现对食品安全、卫生以及质量的有效控制。

思考题

1. GMP、SSOP 和 HACCP 的基本概念是什么？

2. HACCP 体系的基本原理是什么？在水产品生产过程中，如何制订 HACCP 计划表？

3. 查找资料，简述 ISO 22000 与 GMP、SSOP 及 HACCP 之间的相互联系与区别有哪些？

4. 查找资料，简述在水产品加工过程中如何建立与应用 ISO 22000 安全管理体系。

参考文献

蔡宝亮.2010.水产品质量安全与卫生操作规范[M].北京:中国计量出版社.

国家质量监督检验检疫总局.2007.GBT 20941—2007.水产食品加工企业良好操作规范[S].北京:中国标准出版社.

李明彦.2008.HACCP体系在冻煮龙虾仁生产中的应用研究[D].杨凌:西北农林科技大学.

沈明浩,滕建文.2010.食品加工安全控制[M].北京:中国林业出版社.

王澎.2011.HACCP标准在食品卫生监管中应用的研究[D].汕头:汕头大学.

张建新,沈明浩.2011.食品安全概论[M].郑州:郑州大学出版社.

周翀.2006.GMP在我国水产食品加工企业中的应用研究[D].青岛:中国海洋大学.

Food and Agriculture Organization of the United Nations (FAO) and World Health Organization (WHO). 2011. FAO/WHO guide for application of risk analysis principles and procedures during food safety emergencies[M].

Food and Drug Administration (FDA). 2011. Fish and fishery products hazards and controls guidance[M]. 4th Edn. Washington, DC: Department of Health and Human Services. Food and Drug Administration, Center for Food Safety and Applied Nutrition。

第3章 水产品生产过程中存在的危害与控制

教学目标

1. 重点掌握水产品质量安全的4类危害因子。
2. 了解控制消除危害因子的主要措施。

随着人们对食品质量和安全的重视，水产品的质量安全也越来越受到国际市场的关注，渔业可持续发展和水产品出口贸易的"瓶颈"就是水产加工品的安全性。水产品质量安全问题是一个涉及多学科领域的综合性问题，危害因素对水产品和人类身体健康都有一定的危害，且危害产生的不确定因素多、难控制。本章主要介绍水产品质量安全的4类主要危害因子：化学性危害、物理性危害、生物性危害、海洋生物毒素及过敏原，并针对各危害因子归纳主要的控制消除应对措施。

3.1 水产品加工中的化学性危害与控制

影响水产品质量安全的化学因素主要是指在水产养殖和加工过程中，由于水产品中掺入的重金属、药残、食品添加剂及非法添加物等影响水产品质量安全。其中重金属污染主要集中在水产养殖环节，环境监管的疏漏导致工业废气、废水、废渣未经处理或处理不彻底就任意排入养殖水域，尤其是铅、铜、汞、镉、锌、砷等重金属会严重危及人的身体健康。同样，药残也主要发生在水产养殖环节，养殖过程中使用添加含有激素或者霉烂变质的饲料，抗生素和激素等防治水产动物疾病的药物，违规使用饲料、消毒剂、保鲜剂和防腐剂等行为都会导致水产品中药物残留，诸如氯霉素、孔雀石绿、硝基呋喃类代谢物和五氯酚钠等。而食品添加剂及非法添加物则更多出现在水产品加工过程中，为了使水产品保持更好的销路，不良商家往往会在水产品加工过程中违规使用或超量使用食品添加剂甚至非法添加物。

3.1.1 水产品加工过程滥用添加物

目前，出口水产品中的添加剂的种类包括防腐剂、保水剂、调味剂、着色剂等。GSFA 规定可在 09 大类水产品中使用的食品添加剂有 33 种，分别为阿斯巴甜、阿斯巴甜 - 乙酰磺胺酸盐、纽甜、三氯蔗糖、糖精、乙酰磺胺酸钾、苯甲酸盐（苯甲酸、苯甲酸钠/钾/钙）、对羟基苯甲酸盐、二丁基羟基甲苯、山梨酸盐（山梨酸、山梨酸钠/钾/钙）、抗坏血酸酯、硫代二丙酸盐、没食子酸丙酯、叔丁基对羟基茴香醚、靛蓝（食用靛蓝）、核黄素、β - 胡萝卜素（蔬菜）、坚牢绿 FCF、亮蓝 FCF、焦糖色 3 - 氨法、焦糖色 4 - 亚硫酸氨法、类胡萝卜素、葡萄皮提取物、日落黄 CFC、胭脂虫红、胭脂虫红 A、氧化铁、叶绿素和叶绿酸、铜络合物、诱惑红 AC 以及磷酸盐、硫酸铝铵、亚硫酸盐（二氧化硫、亚硫酸钠/钾、亚硫酸氢钠/钾/钙、焦亚硫酸钠/钾、硫代硫酸钠）、乙二胺四乙酸盐，并制定了限量标准。此外，加上不限定适用范围、遵循 GMP 要求使用、不制定具体限量标准的食品添加剂，共 149 种可用于水产品。

在《食品安全国家标准 食品添加剂使用标准》（GB 2760—2014）里，允许使用在水产品里的添加剂为 27 种：茶多酚（又名维多酚）、磷酸及其盐、山梨酸及其钾盐、甘草抗氧化物、丁基羟基茴香醚（BHA）、二丁基羟基甲苯（BHT）、纽甜、富马酸一钠、β - 胡萝卜素、4 - 己基间苯二酚、可得然胶、辣椒橙、辣椒红、麦芽糖醇、明矾、没食子酸丙酯（PG）、普鲁兰多糖、沙蒿胶、山梨糖醇、乳酸链球菌素、双乙酸钠、双乙酰酒石酸单双甘油酯、特丁基对苯二酚（TBHQ）、阿斯巴甜、稳定态二氧化氯、植酸及其钠盐、竹叶抗氧化物。此外，加上75种可以按生产需要适量使用［鲜水产品（09.1）以及预制水产品（半成品）（09.3）除外］的食品添加剂，合计91种。

目前，我国水产品加工产品多为粗加工产品，生产加工企业规模较小，水产品加工设施和环境条件差，生产设备落后，质量标准不健全，再加上部分水产品加工生产者质量安全意识和法律意识淡薄，为了使水产品保持更好的销路，往往会在水产品加工过程中违规使用或超量使用食品添加剂，甚至是使用禁用药物作为添加剂，乱用清毒剂、杀虫剂等（表3-1）。如水发水产品、冻银鱼、冻虾仁等使用甲醛；为防止海上捕捞虾黑变违规使用亚硫酸盐，导致虾肉中的二氧化硫严重超标；冻干水产品中出于保水增重，过量使用磷酸盐；以甲醛溶液浸泡水发水产品、以火碱发制干水产品、在咸鱼加工中使用甲醛防腐、使用剧毒农药防虫驱蝇等，都对消费者危害极大。

表3-1　水产品中部分可能使用的非食用物质和滥用食品添加剂

名称	性质	可能添加的水产品种类	可能的主要作用
工业用甲醛	非食用物质	海参等干制水产品	改善外观及质地
工业用火碱		海参等干制水产品	改善外观及质地
一氧化碳		金枪鱼、三文鱼	改善色泽
敌敌畏		鱼干、咸鱼等制品	驱虫
酸性橙Ⅱ	易滥用的食品添加剂	黄鱼	增色
碱性黄		大黄鱼	染色
柠檬黄		大黄鱼、小黄鱼	染色
亚硫酸钠		烤鱼片、冷冻虾、烤虾、鱼干、鱿鱼丝、蟹肉、鱼糜	防腐、漂白

我国目前的食品监管体系为分段管理，并且水产品质量安全的监测和管理体系还不完善，不能及时监控国内出现的水产品安全卫生状况，导致水产品质量经常出现安全问题。滥用食品添加剂是指水产品加工过程中不按照食品添加剂使用标准使用添加剂，超范围使用或使用量添加，更有甚者使用非食品用化工产品作为添加剂（本质为非法添加物），引起水产加工品危害的主要添加物包括以下几种。

1. 亚硫酸盐

亚硫酸盐是食品工业广泛使用的漂白剂、防腐剂和抗氧化剂，通常是指二氧化硫及能够产生二氧化硫的无机性亚硫酸盐的统称，包括二氧化硫、硫黄、亚硫酸、亚硫酸盐、亚硫酸氢盐、焦亚硫酸盐、低亚硫酸盐。目前，许多国家允许亚硫酸盐作为食品添加剂使用，因其可以有效防止生蟹肉的氧化；在烤鱼片、鱼糜、鱿鱼丝、红烧鱼柳、蜜炼金丝鱼的加工过程中，亚硫酸盐可以起到防腐漂白、增色的作用；在冷冻虾中，加入适量二氧化硫，可有效防止虾体在冷冻（藏）贮存和加工过程中的褐变，防腐保鲜，保护制品的品质和色泽，延长制品的保质期。大量使用亚硫酸盐类食品添加剂会破坏食品的营养素，诱导不饱和脂肪酸的氧化，食用过量的亚硫酸盐会导致头痛、恶心、晕眩、气喘等过敏反应，哮喘者因其肺部不具有代谢亚硫酸盐的能力，对亚硫酸盐更是格外敏感。

2. 明矾

长期以来，铝一直被看作一种无毒无害无副作用的安全元素，但是随着科学研究的深入，人们发现铝摄入机体后，虽然短期内很少出现明显的中毒症状，但随着机体内铝蓄积量的增加，会对人体健康产生重要危害。铝对脑神经有毒害作用，干扰人的意识和记忆功能，导致老年性痴呆症；还能引发胆汁郁积性的肝病，造成骨质软化、引起血细胞低色素贫血；铝对孕妇会干扰母体的酸碱平衡、使卵巢萎缩，造成胎儿生长停滞。明矾中即含有大量的铝，其作为强脱水剂，明矾中的铝离子对蛋白质的凝固作用很强，可以除去新鲜海蜇中的有毒成分和多余水分。由于海蜇皮和海蜇头加工过程中的"三矾两盐"加工法，使盐渍海蜇皮和海蜇头成为富铝食品。因此，必须严格控制盐渍海蜇皮和海蜇头中的铝含量，《食品安全国家标准食品添加剂使用标准》（GB 2760—2014）中规定铝的残留量≤500 mg/kg。然而，不法商贩受利益驱使，在海蜇的加工中大肆使用明矾，这直接危害到人们的切身利益。

3. 多聚磷酸盐

磷酸盐类食品添加剂属一种水分保持剂，对保持水产品食品的风味或香味有一定的作用，具有乳化、分散、胶络作用，可防止脂肪的氧化酸败，促进甲壳动物的脱壳。在水产品中加入磷酸盐，可使原料肉中 pH 值向碱性方向移动，偏离肌球蛋白的等电点（pH 值为 5.4），加强环境离子强度，增加肌球蛋白的溶解度，络合肌肉蛋白质的金属离子，形成更大的网状结构，提高肉的保水性能；经过磷酸盐处理的鱼虾，由于肉中水分与蛋白质结合紧密，融合失水大大降低，因而解冻后的鱼虾肉质较好，多汁和能保持原来风味；鱼蛋白经过机械剪切之后很容易变质，用多聚磷酸盐和食盐处理能防止这种变质现象，从而改善鱼块、鱼制香肠和再加工鱼制品的质量。聚合磷酸盐是一种聚合电介质，能吸附于胶态粒子的表面，从而改变阳离子与脂肪酸、阴离子与蛋白质之间表面电位，使每一脂肪球包覆一层蛋白质膜，防止脂肪球聚集成大颗粒，具有乳化、分散、胶络等作用，常被应用于水产品罐头中，防止结晶的出现。同时，过量使用该类添加剂还有吸水增重的效果，这也正是使用者非法添加的目的。然而大量食入磷酸盐含量高的食品，体内磷酸盐的不断积聚会导致机体钙磷失衡，影响钙的吸收，容易导致骨质疏松症。《食品安全国家标准　食品添加剂使用标准》（GB 2760—2014）规定预制水产品（半成品）和水产品罐头中最大使用量为 1 g/kg，冷冻水产品及冷冻鱼糜制品（包括鱼丸等）最大使用量为 5 g/kg。

4. 硼酸

硼酸俗称硼砂，未被允许作为食品添加剂。早年曾用硼砂增加食品韧性、脆度以及改善食品保水性、保存性，近年来又通过硼砂抑制酪氨酸酶的作用，防止酪氨酸经酵素作用及氧化作用而变成黑色素使虾变黑，保持虾类色泽美观而得到广泛应用。但是硼砂经毒理学实验表明，硼砂进入体内后经过胃酸作用就转变为硼酸，硼酸在人体内有积存性，引起食欲减退、消化不良，抑制营养素的吸收。硼酸防腐力较弱，因而常被多量使用，其致死量成人约为 20 g，小孩约为 5 g。因其毒性较高，世界各国多禁止使用硼酸作为食品添加物，2006 年 8 月，美国环保署（EPA）通知对有关硼酸及硼酸钠盐的限量再评估决定（TRED）启动公众评议。我国《食品安全国家标准　食品添加剂使用标准》（GB 2760—2014）明确规定，食品中禁止使用硼砂、硼酸。目前，仍有不少厂家继续在食品中掺入硼砂，违反了我国食品安全法的有关规定。近年来，中国输欧虾仁产品在流通市场抽查时被检出硼酸，事件造成相关产品被暂停出口，企业损失惨重。

5. 硝酸盐及亚硝酸盐

一般在水产品腌制过程中使用硝酸盐、亚硝酸盐，这两种物质除能改善色泽及风味外，还能抑制微生物尤其是肉毒杆菌。有些地区用苦井水（硝酸盐含量较多的井称为苦井水）来加工水产品，并在不卫生条件下存放过久，则亚硝酸盐含量更会增加，引起中毒。在加工鱼丸或其他食品中亚硝酸盐作为发色剂，若加入数量过多，将会引起中毒。

在水产品腌制过程中使用的硝酸盐在微生物（如金黄色葡萄球菌、大肠杆菌、白喉棒状杆菌等）作用下，能使硝酸盐还原成亚硝酸盐，从而使亚硝酸盐蓄积。而在适宜条件下，亚硝酸盐与水产品蛋白质分解产物胺类物质发生亚硝基化作用，易生成具有强致癌性的 N－亚硝胺物质。亚硝胺是一种很强的致癌物质，在已检测的300 种亚硝胺类化合物中，已证实有 90% 至少可诱导一种动物致癌，其中二甲基亚硝胺、乙基亚硝胺、二乙基亚硝胺至少对 20 种动物具有致癌活性。目前，我国已对海产品和肉制品中 N－二甲基亚硝胺和 N－二乙基亚硝胺的含量制定出了限量标准。（表 3－2）

表 3－2　食品中 N－亚硝胺允许的限量标准　　　　　　　单位：μg/kg

品种	指标	
	N－二甲基亚硝胺	N－二乙基亚硝胺
海产品	≤4	≤7
肉制品	≤3	≤5

6. 甲醛

甲醛是一种细胞原浆毒物，易与细胞亲核物质发生化学反应，导致 DNA 的损伤。发生甲醛急性经口中毒后可直接损伤人的口腔、咽喉、食道和胃黏膜，同时产生中毒反应，轻者头晕、咳嗽、呕吐、上腹疼痛，重者出现昏迷、休克、肺水肿、肝肾功能障碍，呼吸衰弱甚至死亡。长期食用含有低质量分数甲醛的食品，可引起神经系统、免疫系统、呼吸系统和肝脏的损害，出现头昏痛、乏力、嗜睡、食欲减退、视力下降等中毒症状。水产品中添加甲醛能增加其持水性、韧性和脆感，并具漂白作用，延长保质期，因此常有商贩和生产厂家为追求产品的感官性状和延长保鲜时间，向水产品中特别是水发产品中非法添加甲醛，增加了水产品的毒性，降低了其营养价值。另有报道，一些水产品在酶及微生物的作用下可自身产生一定量的甲醛，且甲醛的含量随着加工和贮藏条件的变化而变化。带鱼、鳗鱼、石斑鱼等海水鱼能自身代谢产生一定量的甲醛，其中龙头鱼和鳕鱼类产生甲醛的质量分数可高达 200 mg/kg。

此外，在水产品加工过程中，常用 1%～4% 的甲醛溶液对加工工具、设施进行消毒，因此容易造成甲醛在加工设施上有一定量残留，从而污染水产品。另外，常用作包装材料的三聚氰胺树脂、脲醛树脂、酚醛树脂、漆酚树脂、环氧酚醛树脂等及容器内壁涂料中常含有甲醛。作为盛装食品或水产品的容器，长期使用或受到酸、碱的侵蚀，容易老化分解，甲醛溶出而污染水产品。

3.1.2 环境持久性污染物

1. 重金属污染物

工业污水中有毒重金属、有机物的半衰期长，水生生物的富集作用强，是主要污染物。以目前研究结果发现重金属如汞、镉对生物体完全无益，而少部分重金属如铜、铬则是生物体必需的微量营养元素，但超过生物耐受限度时，同样会引起中毒反应。重金属是典型的累积性污染物，污染具有持久性，被水产动物摄食后，经食物链逐级传递、富集，可与有机物结合成毒性更大的化合物。人体摄入重金属后，其可与体内的蛋白质、DNA 等结合、互作，导致生理、代谢过程障碍、遗传突变。

重金属进入水生生物体的途径主要有：水产动物呼吸时，通过鳃吸收水中氧气的同时吸收重金属，经血液循环富集于各个部位；水产动物摄食时，重金属通过饵料进入体内；水产动物体表与水体的渗透交换作用富集；藻类等植物类水产品通过络合、离子交换等形式吸附水中的重金属。

鱼虾贝等水生生物对重金属的富集能力具有明显差异，虾贝类对重金属的富集能力明显高于鱼类。甲壳类体内重金属含量亦因规格大小和部位而有差异。如鳌虾内脏重金属的富集能力明显高于肌肉部分，肝脏重金属富集量是肌肉十几倍之多。日本沼虾肝胰脏中铜含量最高，具有富集、贮藏铜元素的功能。虾夷扇贝中内脏团铜含量明显高于其他组织，锌在闭壳肌中含量显著高于内脏团、外套膜、瓣鳃和性腺等。

食用重金属污染超标的水产品污染事件还是比较多，如日本的水俣病、骨痛病等，就是由于人们食用富集重金属的水产品。通常水产品中需要重点监测的重金属项目有铜（Cu）、铅（Pb）、镉（Cd）、铬（Cr）、砷（As）和汞（Hg），其中砷属于类金属，但常将其纳入重金属类加以考虑。

1）铅

铅（Pb）是一种毒性很大的重金属，主要来源于工业废物、废水、开采矿产和生活垃圾、汽车尾气排放等方面。铅是重金属里含量最多的元素，多以硫化物和氧化物的形式存在，铅化合物在水中的溶解度小，常被水体中的悬浮颗粒物和底泥吸附，所以天然水的铅含量很低，海水本底值为 $0.03~\mu g/kg$，地下水为 $1 \sim 60~\mu g/kg$。

食用受污染的水产品会使铅进入人体，人体中的铅通过与多种酶结合从而干扰有机体多方面的生理活动，对全身器官产生危害，特别是对人体神经系统、血液、消化系统、心血管系统、骨髓造血系统、免疫系统、肾脏等造成损伤。

我国《食品安全国家标准　食品中污染物限量》（GB 2762—2012）对水产品中铅的限量规定，与欧盟新法规（EC）No629/2008 中水产品铅限量标准一致，部分水产品中铅限量高于欧盟（表 3 – 3）。

表 3 – 3　水产品重金属铅限量指标　　　　　　　　　单位：mg/kg

产品名称	中国限量	产品名称	欧盟限量
藻类及制品（螺旋藻及制品除外）	1.0（干重计）	—	—
鱼类、甲壳类	0.5	甲壳类	0.5
双壳类	1.5	双壳软体动物	1.5
其他水产动物（鱼类、甲壳类、双壳类除外，去除内脏）	1.0	鱼肉	0.3
海蜇制品	2.0	无内脏的头足类动物	1.0
其他水产制品（海蜇制品除外）	1.0	—	—

2）镉

镉（Cd）是一种积累性的重金属，与含羟基、氨基、巯基的蛋白质分子结合，能使许多酶系统受到抑制，从而影响肝、肾器官中酶系统的正常功能，使组织代谢产生障碍，具有致癌、致畸和致突变的严重危害，是仅次于黄曲霉毒素和砷的食品污染物。一般环境中的镉含量很低，海水中镉平均含量为 0.11 μg/L，主要以氯化镉的胶体状态存在，但许多水生生物对镉具有极强的富集能力，藻类富集 11 ~ 20倍，鱼类富集 10^3 ~ 10^5 倍，贝类富集 10^5 ~ 10^6 倍，如非污染区螺贝类镉含量为0.05 mg/kg，而污染区螺贝类含量可高达 420 mg/kg。海水产品的镉污染水平要比淡水产品高，鱼类样品中未发现有对镉特别富集的品种；甲壳类动物中蟹对镉的富集要强于虾；海水贝类中缢蛏和蛤类（文蛤、青蛤、菲律宾蛤）镉污染水平相对较低，而扇贝、贻贝和海螺超标严重；淡水贝类中的河蚬镉含量明显高于其他淡水贝类品种；头足类产品镉的污染最为严重，乌贼、墨鱼仔、鱿鱼的检测值都较高。

我国《食品安全国家标准　食品中污染物限量》（GB 2762—2012）和欧盟新法规（EC）No629/2008 中对水产品中镉的限量规定见表 3 – 4。

表 3 – 4　水产品重金属镉限量指标　　　　　单位：mg/kg

产品名称	中国限量	产品名称	欧盟限量
鱼类	0.1	鱼肉（不包括鲣鱼、双带重牙鲷鱼、鳗鱼、灰鲴鱼、鲭鱼或竹筴鱼、鲭科鱼、鳀鲭鱼、沙丁鱼、拟沙丁鱼、金枪鱼、鲽鱼、圆花鲣、凤尾鱼、旗鱼）	0.05
		鲣鱼、双带重牙鲷鱼、鳗鱼、灰鲴鱼、鲭鱼或竹筴鱼、鲭科鱼、鳀鲭鱼、沙丁鱼、拟沙丁鱼、金枪鱼、鲽鱼	0.1
		圆花鲣	0.2
		凤尾鱼、旗鱼	0.3
甲壳类	0.5	甲壳类	0.5
双壳类、腹足类、头足类、棘皮类（去除内脏）	2.0	双壳软体动物	1.0
凤尾鱼罐头及制品、旗鱼罐头及制品	0.3	无内脏的头足类动物	1.0
其他鱼类罐头（凤尾鱼、旗鱼罐头除外）	0.2	—	—
其他鱼类制品（凤尾鱼、旗鱼制品除外）	0.1	—	—

3）汞

汞（Hg）是环境中生物毒性极强的重金属，被联合国环境规划署列为全球性污染物，是对人类和环境最具危害性的元素之一，已经引起各国政府和环保组织的极大关注。汞的毒性取决于它的化学形态，其形态有无机汞、甲基汞、乙基汞、苯基汞等。环境中存在最多的是无机汞和甲基汞，其中无机汞经微生物甲基化能转变成毒性大的甲基汞化合物，通过食物链富集作用并存在迁移转化，危害人体健康。甲基汞易在鱼类等生物体内富集，其含量可达总汞量的80%～100%。甲基汞可以透过血脑屏障，对中枢神经系统产生损害，导致神经受损或肌肉运动不协调、颤栗、癫痫发作等，也会造成肾损伤；对发育中的胚胎和幼儿的神经系统危害更大。重金属对水产动物的毒性一般以汞为最大，汞能在鱼体内大量积聚，其浓缩倍数可达1 000倍以上。

我国《食品安全国家标准　食品中污染物限量》（GB 2762—2012）和欧盟新法规（EC）No629/2008中对水产品重金属汞限量指标见表 3 – 5。

表3-5　水产品重金属汞限量指标　　　　单位：mg/kg

产品名称	中国限量		产品名称	欧盟限量
	总汞	甲基汞		
肉食性鱼类及制品	—	1.0	鱼肉（不包括琵琶鱼、大西洋鲇鱼、鲣鱼、鲷鱼、鳗鱼、鳕鱼、大比目鱼、岬羽鼬鱼、枪鱼、鲽鱼、鲻鱼、粉色鼬鱼、狗鱼、平鲣、细鳕、葡萄牙角鲨、鳐鱼、鲑鱼、旗鱼、带鱼、鲱海鲷、鲨鱼、蛇鲭鱼、鲳鱼、鲟鱼、金枪鱼）	1.0
水产动物及制品（肉食性鱼类及其制品除外）	—	0.5	琵琶鱼、大西洋鲇鱼、鲣鱼、鲷鱼、鳗鱼、鳕鱼、大比目鱼、岬羽鼬鱼、枪鱼、鲽鱼、鲻鱼、粉色鼬鱼、狗鱼、平鲣、细鳕、葡萄牙角鲨、鳐鱼、鲑鱼、旗鱼、带鱼、鲱海鲷、鲨鱼、蛇鲭鱼、鲳鱼、鲟鱼、金枪鱼	0.5

4）砷

类金属砷（As）是对人体有毒害作用的致癌物质，对人的皮肤、消化系统、泌尿系统、免疫功能、神经系统、心血管系统和呼吸系统等各系统造成损伤。环境中的砷都可以通过食物链在水生生物体内富集，水生生物对砷有很强的富集能力。慢性中毒表现为疲劳、乏力、心悸、惊厥；急性中毒表现为口腔有金属味，口、咽、食道有烧灼感，恶心、剧烈呕吐、腹泻，体温和血压下降，重症病人烦躁不安，四肢疼痛。砷还能引起皮肤损伤，出现角质化、蜕皮、脱发、色素沉积等，有时会诱发恶性肿瘤。我国《食品安全国家标准　食品中污染物限量》（GB 2762—2012）规定水产动物及制品（鱼类及制品除外）无机砷限量0.5 mg/kg，鱼类及制品无机砷限量0.1 mg/kg。

5）铬

三价铬（Cr^{3+}）是人体必需的微量元素之一，是人体血糖的重要调节剂，是胰岛素不可缺少的辅助成分，其参与糖代谢过程，促进脂肪和蛋白质的合成，可以有效控制糖尿病；三价铬对心血管疾病也有抑制作用，可以有效预防高血压、心脏病。而六价铬（Cr^{6+}）为吞入性或吸入性毒物，通过消化系统、呼吸道、皮肤和黏膜侵入人体，很容易被人体吸收，对呼吸系统和皮肤等组织造成损伤，同时六价铬具有致癌性，可能诱发基因突变造成遗传性基因缺陷。我国《食品安全国家标准　食品中污染物限量》（GB 2762—2012）规定水产动物及制品铬限量0.5 mg/kg。

2. 有机化学污染物

水产品也会受到其他一些化学污染危害，如多氯联苯（PCBs）、二噁英（PCDDs、PCDFs）及多环芳烃类化合物（PAHs）等。

多氯联苯类化合物曾被用于工业中的液体载热剂、电子变压器、电容器、无碳复写纸及塑料等。20 世纪 70 年代逐渐停止使用，多氯联苯降解速度慢，因此在环境中一直持续存在。多氯联苯趋向于吸附在悬浮物颗粒上，能长期地残留在海洋沉积物和海洋生物中，是近岸海域环境中危害较大的有机污染物，其在生物体脂肪层和脏器堆积而几乎不被排除或降解。多氯联苯通过食物链逐渐被富集并逐级放大，可导致多氯联苯进入人体并大量蓄积，可能造成癌变、幼儿神经性能缺失等。

二噁英主要是在燃烧垃圾或生产杀虫剂及其他氯化物时产生。二噁英有致癌、免疫及生理毒性，化学性质也极其稳定，进入人体后易积累在脂肪部位无法分解，在人体内累积时间长。摄食水产品是二噁英类进入人体的主要途径之一，在鱼、鱼油以及贻贝、牡蛎等经济贝类中均测定出不同浓度的二噁英，尽管水体中二噁英浓度极低，但水生生物可富集较高的浓度，水产品中二噁英类物质污染水平因其产地和种类不同而存在极大差异。

多环芳烃是广泛存在于环境中的致癌性有机物，石油、煤炭等化石燃料及木材、烟草等有机物的不完全燃烧等都可产生多环芳烃，常见的有芘和苯并芘等。多环芳烃在环境中的广泛分布也使得其成为在水生生物中广泛分布的污染物，可能对人类造成严重的潜在危害。

3.1.3 水产品药物残留污染物

1. 渔药残留污染物

水产品中的渔药残留是指水产品在养殖和加工过程中，为防病、治病和其他目的而使用的药物，在水产品的任何食用部分中以渔药的原型化合物或其代谢产物，并包括与药物本体有关杂质在其组织、器官等蓄积、贮存或以其他方式保留的现象。在水产养殖快速发展的同时，由于放养密度过高，环境污染严重，自身污染积累、集约化养殖规模的不断扩大以及区域间苗种交流频繁导致种质退化等原因，水产养殖中各种病害也呈现出暴发态势。药物防治是我国水产病害防治的主要措施之一，水产动物疾病的增多，必然会增大渔民养殖用药的压力，加之用药不规范，部分违规使用药物，甚至未经专业人士对鱼病诊断及检测，就滥用药物，盲目增大药量及用药次数，多种药物混用且配伍不当，未经休药期就将水产品上市，这些不规范行为很可能造成药物在鱼体内过量积累，从而导致水产品渔药残留现象日趋严重。

水产品中的药物残留大致有以下几种来源：①养殖对象在发生暴发性疾病时，为了控制疾病发生而使用渔药；②在养殖过程中使用违禁药物、药物滥用、不遵守休药期等；③对养殖环境使用消毒剂或杀虫、驱虫剂消毒而造成养殖环境污染，并在水生动物体中富集；④饲料厂在制作饲料过程中，原料交叉污染或在渔用饲料中人为添加渔药。常见的渔药残留有：消毒剂类（五氯酚钠）、驱杀虫类（阿苯达唑、甲苯咪唑、敌百虫等）、抗菌类（硝基呋喃类、酰胺醇类、四环素类、磺胺类、喹诺酮类、氨基糖苷类等）、激素类（二苯乙烯类、类固醇类）。我国水产品中常见药物残留检测项目及非法添加渔用药物种类如表3－6和表3－7所示。

表3－6　水产质检中心检测的水产品种类及药物残留项目

水产品种类	药残检测项目
淡水养殖鱼	氯霉素、孔雀石绿、无色孔雀石绿、呋喃唑酮代谢物、呋喃西林代谢物、呋喃妥因代谢物、呋喃他酮代谢物
对虾	氯霉素、己烯雌酚、五氯酚钠、呋喃唑酮代谢物、呋喃西林代谢物、呋喃妥因代谢物、呋喃他酮代谢物
龟鳖类	氯霉素、己烯雌酚、孔雀石绿、无色孔雀石绿、甲基睾丸酮、呋喃唑酮代谢物、呋喃西林代谢物、呋喃妥因代谢物、呋喃他酮代谢物
梭子蟹	氯霉素、己烯雌酚
海水养殖鱼	氯霉素、孔雀石绿、无色孔雀石绿、呋喃唑酮代谢物、呋喃西林代谢物、呋喃妥因代谢物、呋喃他酮代谢物
青虾	氯霉素、己烯雌酚、五氯酚钠
无公害产地水产品	氯霉素、环丙沙星、喹乙醇、喹乙醇代谢物

表3－7　水产品中可能非法添加的渔用药物种类

药物名称	可能添加的水产品种类	可能的主要作用	涉及的环节
硝基呋喃类药物	各类水产品	抗感染	养殖
磺胺类、喹诺酮类、氯霉素、四环素、β－内酰胺类抗生素	生食水产品	杀菌防腐	餐饮
孔雀石绿	鱼类	抗感染	养殖
五氯酚钠	河蟹	灭螺、清除野杂鱼	养殖
喹乙醇	各类水产品	促生长	养殖

1）消毒剂类

水产品在运输环节和初加工过程中管理不善，极易引起病原体细菌、藻类、酵母菌、真菌和病毒滋生，尤其是大肠杆菌、金黄色葡萄球菌和枯草黑色变种芽孢杆菌、假单孢菌、液化性荧光杆菌等。水产品销售加工消毒剂有漂白粉、次氯酸钠溶液、复方络合碘、二氧化氯、碘三氯、二溴海因、十二烷氨化三碘化合物、聚维酮碘等。运输车辆消毒多采用过氧乙酸或甲醛水溶液。在规定的用药程序下消毒剂类药物少有残留，但也应严格限制消毒剂的使用，其对水质及水生动物生长影响较大，如卤素类、甲醛、乙醇、氧化钙等。

2）驱杀虫类

杀虫驱虫类药物占据着水产药品 1/3 的份额。杀虫驱虫类药物是指能杀灭或驱除水生动物体内外寄生虫以及敌害生物的一类药物。根据药物作用特点，又可分为抗原虫药、驱杀蠕虫药、杀甲壳动物药和除害药物。有些杀虫剂如孔雀石绿，可防治水生动物的水霉病、小瓜虫病等，但其副作用很大，有很强的致癌和致畸作用，农业部已禁止在水产养殖中应用。又如，硫酸铜、硫酸亚铁合剂常用于防治体外的鞭毛虫、车轮虫等，但硫酸铜本身对鱼类毒性较大，在杀灭水中浮游动植物的同时，严重影响鲢鱼、鳙鱼的生长，连续使用还会使鱼鳃流血、肝肾内血管扩张及组织受损。不规范的水产品交易市场缺少市场准入条件及产品不可追溯，在生产、加工和运输环节中，存在为保证品质乱用杀虫剂等质量隐患，一些被禁用的抗寄生虫药物，如孔雀石绿、菊酯类农药等也会出现在主要贸易国对我国出口水产品的不合格通报中。

3）抗菌类

抗菌类药物包括抗生素类和合成抗菌药物，在高密度或粗放式养殖中用以预防和治疗疾病。近年对日、美、欧盟出口不合格产品中，常出现的氯霉素、环丙沙星、呋喃唑酮等禁用药物，导致出口水产品质量不能稳定保证。青霉素、四环素、磺胺类及某些氨基糖苷类抗生素等容易使易感个体产生过敏反应，诱导人体产生某些耐药性菌株，给临床上感染性疾病的治疗带来困难。喹乙醇商品名为快育，是喹噁啉类药物中应用较多的促生长剂，因其具有良好广谱抗菌效果和促生长作用，被广泛应用于水产品养殖中，该药及其代谢物有致癌、致畸、致突变作用，在美国、欧盟和我国都被禁止用作饲料添加剂。从食品安全尤其是抗生素耐药性产生和传播的角度看，限制或者最终禁止在饲料产品中添加抗生素是未来发展趋势。

4）激素类

激素是一类具有调节生物机体代谢、生长、发育、生殖等作用的化学物质，性质较稳定，不易被降解，可通过食物链影响人体健康。己烷雌酚（HXS）、己烯雌酚（DES）、双烯雌酚（DIES）是常见的人工合成雌激素，由于其结构简单、易于合成、成本低等特点，近年来逐渐在饲料工业得到广泛应用。水产品中残留的激素进入人体后，蓄积到一定程度会破坏机体的正常生理平衡，造成人类生理功能紊乱，干扰内分泌、免疫和神经系统等。对于这类激素，欧盟现已禁止使用，美国和加拿大则限量使用。我国规定动物组织中不得检出己烯雌酚，但对己烷雌酚和双烯雌酚残留的测定标准尚待制定。

2. 农药残留污染物

我国作为农业大国，农药生产和使用的规模巨大，长期过量及不合理地使用导致大量农药从土壤迁移到养殖或捕捞水域中，进而在水产生物体内富集，不仅对水产品质量及水域生态环境造成影响，而且对人类身体健康和生命安全构成威胁。农药很容易通过食物链富集在水生动物体内，富集倍数可达数万倍，食用受污染的水产品使农药在人体积累，达到一定程度后就会对机体产生明显的毒害作用。水产品中最常见残留农药有机氯类农药，包括滴滴涕（DDT）及其衍生物、六六六（BHC）、艾氏剂、氯丹、狄氏剂、六氯苯、灭蚁灵等。有机氯类农药普遍具有较稳定、高残留性和高毒性特点，如滴滴涕及其代谢产物半衰期在 20 年以上。滴滴涕及六六六等有机氯农药在我国已经禁用，敌百虫、乐果等有机磷农药逐渐成为主要农药污染源，它们通过皮肤、呼吸等产生迟发性神经毒性，引起人类运动失调、昏迷、呼吸中枢麻痹、瘫痪甚至死亡。

我国水环境和水产品受到有机氯、有机磷、氨基甲酸酯类等农药的广泛污染，淡水鱼类、海洋鱼类、贝类水产品中检出有机氯类、有机磷类农药残留，存在以滴滴涕、六六六等有机氯类农药为主的农药残留。加之我国水产品生产以养殖为主，农药残留对水体环境的污染已经影响到我国渔业生产和水产品质量安全。我国水产品中常见农药残留限量标准如表 3-8 所示。

2014 年 1 月和 2 月，欧盟分别发布了 EU79/2014 和 EU87/2014 号条例，修订了 EC396/2005 号法规。针对 133 种农药设置了近 17 000 个最大残留限量（MRLs）。其中，针对鲑鱼、有鳍鱼这两种水产品及海藻产品，共制定了 412 个农药残留限量标准（鲑鱼、有鳍鱼相关 MRLs 为 5 个）。美国联邦法规汇编第 40 篇《环境保护》第 180 节《化学农药在食品中的残留容许量与残留容许量豁免公布》规定了农药残留限量标准，其中针对鱼、虾、贝等水产品中 14 种农药残留，制定了 22 个最高限量标准。日本肯定列表中针对水产品中 58 种农药制定了 361 个限量标准；此外，还规定有 7 种农药为不得检出，对于不涵盖在暂定标准、沿用原标准、豁免物质之外的所有其他农业化学品或其他农产品则执行一律标准，即 0.01 mg/kg。我国《食品安全国家标准　食品中农药最大残留限量》（GB 2763—2014）针对六六六和滴滴涕两种农药，设定了两项再残留限量值，其他国家标准和行业标准针对水产品中农药残留设定了 18 项残留限量标准。

表 3 - 8　中国现行水产品中农药残留限量标准一览表

序号	农药名称	产品名称	最大残留限量/（mg/kg）	标准
1	六六六	水产品	0.1（再残留限量）	《食品安全国家标准　食品中农药最大残留限量》（GB 2763—2014）
2	六六六	水产品	2	《农产品安全质量　无公害水产品安全要求》（GB 18406.4—2001）
3	六六六	龟鳖类	0.05	《绿色食品　龟鳖类》（NY/T 1050—2006）
4	六六六	鲟鱼子、鳇鱼子、大麻（马）哈鱼子	2	《地理标志产品　抚远鲟鱼子、鳇鱼子、大麻（马）哈鱼子》（GB/T 19853—2008）
5	六六六	冻虾	2	《冻虾》（SC/T 3113—2002）
6	六六六	小饼紫菜	2	《小饼紫菜质量标准》（SC/T 3201—1981）
7	六六六	盐渍海带	2	《盐渍海带》（SC/T 3212—2000）
8	滴滴涕	水产品	0.5（再残留限量）	《食品安全国家标准　食品中农药最大残留限量》（GB 2763—2014）
9	滴滴涕	龟鳖类	0.05	《绿色食品　龟鳖类》（NY/T 1050—2006）
10	滴滴涕	水产品	1	《农产品安全质量　无公害水产品安全要求》（GB 18406.4—2001）
11	滴滴涕	鲟鱼子、鳇鱼子、大麻（马）哈鱼子	1	《地理标志产品　抚远鲟鱼子、鳇鱼子、大麻（马）哈鱼子》（GB/T 19853—2008）
12	滴滴涕	冻虾	1	《冻虾》（SC/T 3113—2002）
13	滴滴涕	小饼紫菜	1.00	《小饼紫菜质量标准》（SC/T 3201—1981）
14	滴滴涕	盐渍海带	1.00	《盐渍海带》（SC/T 3212—2000）
15	溴氰菊酯	鲜虾、活虾、冻虾及加工品	不得检出（<0.002 5）	《绿色食品　虾》（NY/T 840—2012）

续表

序号	农药名称	产品名称	最大残留限量/（mg/kg）	标准
16	溴氰菊酯	蟹	不得检出（<0.002 5）	《绿色食品　蟹》（NY/T 841—2012）
17	溴氰菊酯	淡水鱼类	不得检出（<0.002 5）	《绿色食品　鱼》（NY/T 842—2012）
18	敌百虫	鲜虾、活虾、冻虾及加工品	不得检出（<0.04）	《绿色食品　虾》（NY/T 840—2012）
19	敌百虫	淡水鱼类	不得检出（<0.04）	《绿色食品　鱼》（NY/T 842—2012）
20	敌百虫	龟鳖类	0.10	《绿色食品　龟鳖类》（NY/T 1050—2006）

3.1.4　水产品化学危害控制

治理水产品中的化学危害，主要依靠行业管理者和养殖人员的守法意识和自觉意识，从人为因素的角度杜绝化学危害的发生。

1. 水产品添加物使用的应对措施

食品添加剂新品种的审批、扩大使用范围都有严格的规定。食品添加剂品种的申报要通过卫生部卫生监督中心受理，由全国食品添加剂标准化技术委员会卫生组进行危险性评估，确定该品种的最大允许摄入量 ADI 值、使用范围和最大使用限量，再经过食品添加剂标准化技术委员会专家评审，通过卫生部公告的形式予以公布。食品添加剂应有严格的质量标准，其有害杂质不得超过允许限量，不得由于使用食品添加剂而降低良好的加工措施和卫生要求，不得使用食品添加剂掩盖食品缺陷或作为伪造的手段，使用添加剂必须严格要求食品添加剂供货商有合法的资质，提供详尽的成分表和科学准确的使用说明书。企业应该清楚添加剂的品种、来源、成分、使用范围、浓度、进出口国家等；食品添加剂的使用记录和核销要规范，使用食品添加剂应建立添加剂采购、使用台账等档案，并进行备案，便于追溯；在把好产品出口质量关的同时，还需增强标签意识，密切关注标签规定的新进展，规范出口食品标签，避免因标识不清、不全、不实引起不必要的麻烦。另外，政府部门对企业实施添加剂备案管理，可以防止企业超范围、超限量使用及使用非食品添加剂等。

2. 环境持久性污染物的控制

由于水产品有很强的重金属富集能力，为保护人体健康，应避免或减少重金属对水体的污染，尤其是捕捞海域及养殖水体的污染，在源头上控制环境污染，加强对工业废水排放和城市生活污水处理的设施建设，完善监督管理，严格控制工业和城镇污染水直接排进渔业水域，杜绝有毒有害重金属向环境中排放，控制重金属污染源。健全法制、加强重点海域、养殖水体的监管力度，完善水产品检测、监督、管理体系，设立重金属污染物红线，一旦超过，禁止相关海域水产品捕捞、养殖水产品销售。健全水产食品加工、饲料加工、渔用药物生产的质量认证体系和监管体系建设，控制不合格产品进入加工流通环节。建立各类水域环境质量监测机制，定期检测各类水域的水质，有针对性地提出阶段性水环境限期治理方案，尽可能创造良好的渔业环境，避免出现先污染后治理。目前，对受重金属污染养殖水域的处理方法有以下几种。

（1）絮凝沉淀法：通过向污染水体中投放化学药剂，使药剂与目标污染物发生直接的化学反应或絮凝反应，形成难溶解的物质而使污染物从水中分离的方法。絮凝常用试剂有：石灰、碳酸钠、氢氧化钠以及硫酸铝、聚铝、聚铁等絮凝剂。絮凝沉淀法具有工艺简单、成本低廉、沉降速度快、处理效果好等优点。但常规絮凝沉淀法对养殖水域重金属去除效果有限，在较高重金属浓度污染时很难保证去除效果，容易造成水体的二次污染。

（2）物理吸附法：利用多孔性具有较大比表面积的固体物质，投放到污染水体中，通过物理吸附作用将水体中污染物质吸附在固体表面而将污染物去除的方法。常用吸附剂有：活性炭、矿渣、硅藻土、无定型氢氧化铁等。其中活性炭是一种价格低廉而处理效果又好的吸附剂，在应急处理中应用最广泛。

（3）生物吸附法：有些水生生物如鱼类、贝类等对重金属具有吸收和蓄积作用，因此可利用这些水生生物的摄食作用富集污染物以去除养殖水域重金属然后将它们从受污染水体中通过捕捞移除，来达到去除水环境污染的目的。水生植物吸附法是选择对重金属耐受性能好、富集能力强的水生植物，将水体中的重金属吸收、富集到植物体内，然后通过收割植物将重金属从水体中去除。微生物吸附法是利用水环境中的已存在耐重金属微生物或向污染水环境中加入一些经过特殊训化的高效微生物，一方面通过微生物对重金属进行吸收富集并固定化；另一方面改善水生植物的微环境，促进植物对重金属的吸收，从而降低水体中污染物的浓度。

在保证良好养殖水域的同时，水产品加工企业严格按照国家标准和进口国标准进行加工，严格对原材料验收环节的管理，加强对加工场所、仪器设备和加工全过程的安全管理，加强对生产和加工过程中有害重金属的监控。出口企业建立健全自检自控体系，可以将风险管理系统引入水产品出口检验检疫实践中，有针对性地开展出口水产品的检验检疫风险分析评估及管理研究，对出口水产品检验检疫风险因素开展相关理论研究，确立风险因素处理机制，提升风险管理能力，保证出口水产品的质量安全。积极开展对国际相关标准的研究工作，参与国际开展与重金属限量标准制订有关的毒理学和社会学调查研究，开展重金属残留危险性评估工作，为制订相关标准和解决国际贸易争端提供科学依据。

3. 水产品渔药残留污染物的控制

渔药残留控制的重点应为目前人类临床应用的抗菌药物和高毒、高残留及有"三致"毒性的药物。为了进一步规范养殖户安全养殖，保证水产品的安全性以及提高相应的技术支持能力，政府各有关部门应当严格执行《渔业法》《兽药管理条例》《饲料和饲料添加剂管理条例》以及农业部标准《无公害食品 渔用饲料安全限量》（NY 5072）等有关法律法规，严格落实休药期、禁渔期等制度。

水产品的安全生产作为基础环节，在整个生产链条中占有重要地位。养殖者是控制农药和其他化学投入物的主体，是实施水产品质量安全生产的关键因素，养殖者应该严格按照国家法律和行业标准规范在生产过程中用药，《无公害食品 渔用药物使用准则》规定高毒、高残留或具有"三致"毒性的渔药，对水域环境有严重破坏又难以修复的渔药严禁使用，严禁向养殖水域泼洒抗生素，严禁将新近开发的人用新药作为渔药主要或次要成分使用。

同时，开展有效的水产养殖用药安全评价，逐步建立"渔药对环境影响的评价"体系、"渔药对水产品质量安全影响的评价体系"等，尽快实现科学规范用药。并加强渔用药物研发，推广毒副作用小、无残留、无二次污染渔药，推广不产生抗药性的中草药和微生物制剂。

1）研发绿色渔业用药

渔业药物亟须开发出能替代硝基呋喃、孔雀石绿等违禁渔药的绿色、环保、无残留渔业用药，如酶制剂、微生态制剂、化学消毒剂、酸化剂和中草药制剂等，以调节养殖动物的免疫能力，提升动物的健康水平。中草药制剂是一种具有广阔前景的绿色饲料添加剂，其中含有生物碱、多糖、皂甙、蒽类、挥发油和有机酸等，它们与动物的免疫功能密切相关，在饲料中添加中草药可提高动物生长性能，降低饵料系数，增强动物的体质，改善水产品的品质。此外，中草药制剂与化学添加药剂相比，还具有低毒、低残留、耐药性不显著等特点。

2）辐照降解有害残留物

一定剂量的辐照可以降解和破坏水产品中的渔药和兽药等有害物残留。养殖水体经电子束或 γ 射线辐照产生大量的·OH、e－aq、·H 等自由基，通过进一步反应使水中的有机污染物降解，多种渔药和兽药在水溶液中经辐照处理也可发生明显的降解。

4. 水产品农药残留污染物的控制

深加工的水产品，其加工工艺除了简单流水解冻、清洗外，还需经过多道复杂处理，如鱿鱼丝加工工艺中，包含了胴体脱皮/半蒸煮（蒸煮温度 85℃ 左右，时间 3～6 min）、烘干、焙烧（温度 110～120℃，时间 6 min 左右）、再烘干（水分 25% 左右）等环节；又如，冷冻金枪鱼鱼柳生产工艺，包含了流水解冻、去内脏、蒸煮（温度 102℃，蒸煮中心温度 60～65℃）、喷淋冷却（鱼体中心温度 40℃ 以下）、喷雾冷却（鱼体中心温度 26℃ 以下）、去头去皮等环节。通过上述环节的处理，能使最后产品中农药残留的风险降到最低。

针对外环境中农药残留问题，目前尚无好的解决办法。可考虑从以下几个方面进行控制：严禁残留时间长、危害大的农药的生产和使用；从源头上减少农药残留；改善养殖环境，加强对养殖地点土壤、水体农药残留监测，选择农药残留较低的养殖地点，降低水产品中农药残留含量；加强对各种投入品尤其是渔用药物的监管，科学合理地使用渔药，从源头上狠抓水产养殖安全；开发多残留定量检测方法和快速检测方法，以满足风险排查、风险监测和现场监督快速检测的需求；加强市场对水产品农药残留的监控，严禁农药残留超标产品进入市场销售。

3.2　水产品加工中的物理性危害与控制

物理危害包括任何在水产品中发现的不正常的有潜在危害的外来物。在水产加工中最常见物理性安全危害包括金属杂质、玻璃杂质和其他异物，如石头、骨头、塑料、鸟粪、小昆虫等，如干海参腹腔内夹杂珊瑚礁、水泥、盐屑等。FDA 发布《水产品危害与控制指南》，将小于 0.3 英寸（7 mm）异物识别为引发创伤和严重伤害的潜在风险，尤其是对特定风险人群，如婴儿、手术患者及中老年人。

3.2.1　水产品加工中的金属杂质

金属和金属的接触，尤其是金属剪切或混合操作时，那些具有易破碎松弛金属部件的设备，如活动的金属网带、切块或切片锯片上的齿、机械斩刀或混合设备上的刀片、注射针头、隔板、部分控制设备、机械搅拌器叶片或容器设备上的金属丝、罐头开罐器，调味料冷却、液体分配和分装设备上的环状物、垫圈、螺母或螺钉等，很可能成为加工中进入到水产品中的金属来源。产生原因可能由于水产品加工制造工作中的疏忽引起，也可能在运输过程中造成，或人为的故意破坏。金属杂质可能会对人体造成不同程度损伤，如口腔割伤、咽部划伤等。一些进入人体内的金属物如不能及时排出，只能通过外科手术取出，这些都将给消费者造成巨大的身心痛苦和折磨，严重的还会危及消费者的生命。

对金属杂质的预防，应定期检查切割或混合设备或金属网带的受损部分或遗失部分，将产品通过金属检测器或金属分离设备。在或靠近加工过程结束位置确定关键控制点（CCP），确定控制加工的最大特征值或最小特征值，在一旦超出产品安全性就不可靠的点上确定关键限值（CL）。如《水产品危害与控制指南》中，将 0.3 英寸（7 mm）至 1.0 英寸（25 mm）之间的金属杂质定为关键限值，对 HACCP 计划表中已判断"金属杂质"为显著危害的每一个步骤，都要建立保证产品始终达到 CL 要求的监控程序，制定当偏离 CL 时应采取的纠偏行动，建立验证程序，以确保 HACCP 计划能够说明金属杂质的危害已经得到控制。

3.2.2　水产品加工中的玻璃杂质

FDA 健康风险评估部已经建立了防止产生长度在 0.3 英寸（7 mm）至 1.0 英寸（25 mm）之间的玻璃杂质的行为规范，任何使用了玻璃容器的加工都有可能产生玻璃杂质。一般的处理和包装方法，尤其是机械方法，都有可能导致玻璃的破碎，绝大多数玻璃包装的产品都是即食消费品。玻璃容器可能在产品接收、贮存、机械清洗、运输带、机械装填、热装填、机械加盖和巴氏杀菌中发生破碎。

对玻璃杂质的预防性措施包括：目视检查空的玻璃容器，清洗（水或气压）和倒置空的玻璃容器，定期监控加工，检查玻璃碎片，目视检查装有透明液态水产品的玻璃容器，将产品通过 X 射线设备或其他缺陷探测系统等。在或靠近加工过程的结束位置确定 CCP，而不是在有可能引入玻璃杂质的位置，否则将花费更多的人力和物力来探测或阻止玻璃杂质的问题。

3.3　水产品加工中的生物性危害与控制

水产品加工中的生物危害主要包括致病性细菌、病毒、寄生虫等。

3.3.1 致病性细菌

目前，对全球性食品安全构成的最显著威胁是致病性细菌，水产品中致病性细菌有沙门氏菌、海洋弧菌、霍乱弧菌、单增李斯特菌、肉毒杆菌等。水产品中致病性微生物的污染，可以来源于整个"从鱼苗到餐桌"过程，即养殖环境中微生物超标、加工环节和流通环节操作不卫生、加工不彻底，贮藏环节中贮藏温度和时间不合理等。

1. 沙门氏菌

沙门氏菌为革兰氏阴性菌，抗原结构复杂，菌型繁多，是重要的食源性污染致病菌。沙门氏菌可以在温度 8~45℃，pH 值大于 4.9，水分活度大于 0.95 的环境下生长。该菌对热的抵抗力较强，60℃加热 1 h，70℃加热 20 min 或 75℃加热 5 min 才能灭活。水产品在生加工过程中，受到沙门氏菌污染的因素较为复杂，可以通过不卫生的加工接触面、带菌员工以及害虫的接触等受到沙门氏菌污染，除此之外，原料在养殖过程中，也有可能已经受到污染。

2. 副溶血性弧菌

副溶血性弧菌为革兰氏染色阴性菌，呈弧状、杆状、丝状等多种形态，嗜盐，盐度 3%~4% 的环境中生长良好，无盐或盐浓度高于 8% 时不生长，该菌主要分布在海产品，如墨鱼、海鱼、海虾、海蟹、海蜇以及盐分较高的腌制食品。该菌不耐高温，90℃经 1 min 或 56℃经 5 min 即可杀灭；对酸敏感，2% 醋酸或 50% 食醋中 1 min 即可杀死。

3. 单增李斯特菌

单增李斯特菌属为革兰氏阳性菌，对热的耐受力较强，60℃下 20 min 或 70℃下 5 min 才能将其杀灭，巴氏消毒温度 71.7℃可耐受 15 s。单增李斯特菌也耐盐耐酸碱，能在 pH 值范围为 4.4~9.4，水分活度 0.92 以上的环境中生长，比其他非孢子形态的食源性致病菌对各种环境条件的抵抗力更强。单增李斯特菌是一种人畜共患食源性致病菌，其引起的食源性李斯特菌病相对罕见但十分严重，侵袭性李斯特菌病致死率通常高达 20%~30%。

4. 霍乱弧菌

霍乱弧菌是一种烈性肠道传染病，也是我国传染病防治法规定的一种甲类传染病，其病原菌是 O1 群和 O139 群霍乱弧菌。霍乱弧菌的肠道感染以水和食品为媒介，尤其是水产品经口感染，鱼贝类污染率相当高。霍乱弧菌的主要致病因素包括霍乱肠毒素，是目前已知的致泻性毒素中最强烈的毒素之一。产生毒素的霍乱弧菌致病力强，易引起流行和暴发，非产毒的霍乱弧菌一般致病力不强，或仅引起散发的腹泻病例。

5. 大肠菌群

大肠菌群是指在一定培养条件下能发酵乳糖、产酸产气的需氧和兼性厌氧革兰氏阴性无芽孢杆菌，是一组与粪便污染相关的细菌的统称。它主要包括肠杆菌科中的 4 种常见细菌：大肠埃希氏菌、弗氏柠檬酸杆菌、肺炎克雷伯氏菌和阴沟肠杆菌。大肠菌群与肠道致病菌之间有着密切的同源性，且与多数肠道病原菌存活期相近，若严重超标则预示着存在肠道传染病或食物中毒的潜在危险。

3.3.2 病毒

贝类日益被认为是食源性疾病传播的重要载体，病毒性疾病是与贝类动物有关的最常见疾病。贝类受病毒污染一般发生在未捕获前的水体环境中，或在水产食品加工过程中由于卫生条件差和操作所带来的污染。由于双壳纲经济贝类属于滤过性摄食动物，每天过滤大量海水，它在滤食饵料生物同时，也将海水中化学污染物、细菌、病毒等有害物质吸入体内。此外，感染者或无症状携带者的粪便中散播成千上万的病毒粒子，通过粪便污染到水体或附着于特定的物体上或沉积于淤泥中，而这些病毒不断被排放，如果没有经过适当处理，病毒就会扩散到环境中进而浓缩于贝类体内。而人们通常又是以生吃或半熟吃为主，并且不去除内脏，因此很容易发生食用后贝类中毒。已报道可引起人类危害的贝类病毒有：诺如病毒（Norwalk Virus，NV）、甲型肝炎病毒（Hep - atitis - type A Virus，HAV）、轮状病毒（Rotavirus，RV）、星状病毒（Astrovirus，AV）等多个品种及其变异体。贝类病毒中 80% 以上的危害是由诺沃克病毒和甲肝病毒引起，而诺沃克病毒占了发病率 78% 以上。

1. 甲型肝炎病毒

甲型肝炎病毒生存能力很强，传染性极强。人感染 HAV 后，有些人经过 2 ~ 6 周潜伏期后才出现临床症状，如发热、关节痛、食欲不振、恶心甚至呕吐、腹胀、腹泻等。甲肝病对人体健康危害是以肝脏炎症和坏死性病变为主，病人多有肝脏肿大和压痛，少数病人会产生并发症。20 世纪 80 年代后期，上海大规模暴发甲型肝炎，患病人数近30万人，其中32人死亡，原因是人们生食被污水污染的毛蚶而传播。甲型肝炎病毒对热、低酸都存在很强抗性，在60℃下加热1 h仍可存活，在水中可存活3~10个月，用1:100的次氯酸钠处理的自来水清洗且在85℃以上加热1 min才能使贝类中HAV灭活。

2. 诺如病毒

诺如病毒是一组形态相似，抗原性略有不同的病毒颗粒，这组病毒的原型毒株是1968年在美国诺瓦克市暴发的一次急性胃肠炎病原，之后在世界各地陆续发现形态相似、抗原性略异的病毒颗粒，均以分离到病原地点命名。NV能引起自限性、轻中度的胃肠道感染症，其特点是高发病率、低致病剂量和对外界的抵抗力较强。NV是导致人类病毒性急性腹泻的主要病原，被世界卫生组织定为B类病原。目前，NV被认为是世界范围内流行性、非细菌胃肠炎暴发的主要原因，也是最大通过食源性感染的病毒因子，在冬天的发病率最高。NV抵抗力较强，耐乙醚、耐酸及耐热，能在-70℃下存活，60℃ 30 min和3.75 mg/L的氯溶液都不能将它灭活。该病潜伏期一般为24~28 h，发病突然，以轻重程度不等的恶心、呕吐、腹痛和腹泻为主要特点，病程2~3 d，愈后无后遗症。

3. 轮状病毒

轮状病毒属于呼肠弧病毒科轮状病毒属，人类轮状病毒已被确认为引起全世界婴幼儿急性胃肠炎最常见的原因。该病毒主要经粪-口途径传播，亦可能通过水源污染或呼吸道传播。RV的感染剂量非常低（10~100个病毒粒子），其对理化因子抵抗力较强，耐乙醚和弱酸，用氯仿、反复冻融、超声波处理都不能使其失活，在56℃下加热1 h才能使其失活，-20℃下可长期保存。

3.3.3 寄生虫

食用未蒸煮、未蒸煮熟或经冷冻的海产品时，海产品中的寄生虫（幼虫阶段）均会对人类的健康造成危害。目前，存在于水产品中危害人类健康的主要寄生虫有：线虫、绦虫和吸虫。其中，线虫中的异尖线虫和广州管圆线虫，吸虫中的肝吸虫和肺吸虫，绦虫中的阔节裂头绦虫和二叶槽绦虫。

1. 线虫

线虫很常见，在全世界海水鱼体中都可以发现，在部分淡水鱼中也可见到。线虫虫体细长，多以虾或螺类为第一中间宿主，海鱼类或软体动物为第二中间宿主，多种海产类哺乳动物是它的终宿主，该虫在终宿主体内达到性成熟，产卵。我国水产品中，对人类危害较大的是异尖线虫（*Anisakis simplex* 或 *Pseudoterranova dicipiens*）、刚棘颚口线虫（*Gohiapidum fedlschenky*）和广州管圆线虫（*Angiostrongylus cantonensis*），其寄生于鱼的肌肉、肝脏、肠等部位。人类如果食用了未经完全加工熟的这类水产品（如醉螺、醉蟹），就会感染上这种寄生虫。2006 年，发生在北京的福寿螺事件就是由于人们食用未完全煮熟的福寿螺后感染上了广州管圆线虫病，最终导致中毒。

2. 吸虫

吸虫在淡水鱼虾中广泛存在，多以虾或螺类为第一中间宿主，在其体内发育为幼虫（尾蚴），淡水鱼和虾为第二中间宿主，在其体内发育为能感染人类的囊蚴，人类食用含有该种幼虫的鱼类就有可能被感染。我国水产品中，对人类危害较大的吸虫有肝吸虫（又称华枝睾吸虫 *Chlonorchis sinensis*）、肺吸虫（又称并殖吸虫 *Paragonimus westermani*）、肾膨结吸虫（*Dioctophyma renale*）、横穿后殖吸虫（*Metagonimus yokagawai*）和异形吸虫（*Heterophyes heterophies*）。

3. 绦虫

绦虫在海、淡水鱼中广泛存在，多以微型甲壳类为第一中间宿主，淡水鱼类为第二中间宿主，并在其内发育为能感染人类的裂头蚴，人类食用含有该种幼虫的鱼后就有可能被感染。我国水产品中，对人类危害较大的绦虫有鱼阔节绦虫二叶槽绦虫（阔节裂头绦虫 *Diphyllobothrium latum*）、太平洋二叶槽绦虫（*D. pacificum*）和曼氏迭宫绦虫（*Spirometra mansoni*）。多种绦虫蚴寄生于海、淡水鱼的肌肉部位。

3.3.4 水产品加工生物性危害控制

1. 质量控制体系

HACCP 作为风险管理的有效手段，在控制生加工水产品中生物性危害污染时，关键是要考虑将原料验收环节作为 CCP（Critical Control Point），并执行好包括 SSOP（Sanitation Standard Operation Procedure）在内的其他控制措施。

2. 杀菌和抑菌技术

1）高压杀菌

一般 121℃，15 ~ 20 min 的杀菌强度，就可杀死所有的微生物（包括细菌芽孢）。如果杀菌不彻底，一些耐热菌特别是肉毒杆菌在条件成熟时易生长繁殖引起

63

食物的腐败，有的能产生毒素，从而引起食物中毒。超高压技术应用于牡蛎加工中副溶血性弧菌及大肠杆菌等的灭菌，是国外超高压水产品加工产业化发展的成功案例之一，其处理温度、压力及保压时间是影响杀菌效果的主要因素。鱼和贝类易被革兰氏阴性菌感染，这些菌对压力比较敏感，因此，对这些加工产品而言，超高压技术有显著的优越性。

超高压作为一种冷加工技术，能更好地保持水产品中固有的营养品质、质构、风味、色泽、新鲜程度等，且杀菌均匀、瞬时及高效；可使酶失活的同时不改变构成蛋白质的氨基酸构造；可使水产品中维生素、色素、香味成分等低分子化合物不会发生变化及产生异臭物等（表3-9）。

表3-9　水产品超高压杀菌研究与应用

国家	目标或线虫	研究对象	工艺参数	结果	对照
意大利	海兽胃线虫幼虫	鲭鱼	100~300 MPa、5 min	300 MPa、5 min 100%杀灭	—
韩国	嗜冷菌	生鱿鱼片	200~400 MPa、20 min	400 MPa、20 min 处理，目标菌减少4.7对数以上	常压
冰岛	李斯特菌	熏三文鱼	400~900 MPa、10~60 s	700~900 MPa、10 s 处理，目标菌从4 500 CFU/g减到0.3 CFU/g以下	—
智利	假单胞菌、希瓦氏菌、需氧嗜温和嗜冷菌	鲍鱼	500 MPa下8 min，550 MPa下3~5 min	高压处理鲍鱼的货架期可从30 d延长到65 d以上	常压
中国	菌落总数	腌制生食泥螺	300~600 MPa、10~20 min、20~40℃	300 MPa、20 min、20℃最优：致病菌未检出，菌落总数和大肠杆菌低于其标准	—
中国	菌落总数、大肠杆菌、霉菌和酵母	鱼肉肠	100~500 MPa、5~25 min、20~60℃	400 MPa、5 min、30℃最优：菌落总数减少97.25%，大肠杆菌、霉菌和酵母致死率100%，致病菌未检出	—
中国	菌落总数	海虾	300~500 MPa、10~30 min、1~4次脉冲处理	400 MPa、15 min、3个压力脉冲，杀菌99.3%	—
中国	菌落总数	鱼子	150~450 MPa、3~15 min、1~4次脉冲处理	350 MPa、15 min、2个压力脉冲，杀菌效果最好	—

2）辐射杀菌

辐射杀菌的机制是使用 γ 射线、X 射线和电子射线等照射后，使微生物核酸、酶、激素等钝化，导致细胞生活机能受到破坏、变异或细胞死亡。辐照技术是一种冷物理处理方法，能杀死水产品中部分致病菌，尤其是肠道病原菌。辐照技术与化学试剂或添加剂处理相比，不会存留有害物，而且在 10 kGy 剂量以下处理的产品安全无毒，不会限制每日摄入量。此外，辐照处理也可以降解和破坏水产品中的有害残留物和食物过敏原，已成为食品安全控制领域中一个重要技术手段。

辐照杀菌技术具有穿透力强、杀菌效果好、无残留和易操控等特点，但放射线同样对人体有害，这就要求操作人员在杀菌处理过程中做好防护措施。

对水产品进行辐照的剂量要在控制安全范围内，否则会对消费者的身体健康造成威胁。我国农业行业标准《冷冻水产品辐射杀菌工艺》（NY/T 1256—2006）规定，冷冻水产品辐照剂量为 4~7 kGy。

3）电解水杀菌

酸性电解水是一种新型机能水，是通过电解生成含 ClO^-、ClO_2^-、O_3、H_2O_2 和 NaCl 混合液的具有杀菌功效的功能水。酸性电解水具有广谱高效、安全环保的杀菌效果。电解水生成装置结构较简单及生产成本相对较低的优点，作为一种新型的安全环保杀菌剂，适用于生鲜水产品杀菌保鲜。研究表明，酸性电解水对大肠杆菌 E. coli O157: H7、单核增生李斯特菌、蜡样芽孢杆菌等多种细菌具有很强杀灭作用。目前，酸性电解水在国内主要还是处于实验研究阶段，全面推广和使用尚需时日。

4）臭氧杀菌

臭氧是氧的同素异形体，有轻微臭味，故称臭氧。臭氧有极高的氧化能力，极易氧化细菌细胞壁中的脂蛋白，从而使细胞受到破坏，被公认为一种通用、广谱性抗菌剂。臭氧既可以空气为媒介使用，也可以水为载体，广泛用于生产用水、养殖用水消毒、冷库消毒、加工车间杀菌除味，可显著降低食品中微生物菌群的种类及数量，延长产品货架期。水产品加工过程中合理利用臭氧可有效保证水产品品质并延长其货架期，但如果使用不当，臭氧同样可以降低水产品的感官品质，对产品质量造成一些有害影响。

5）化学杀菌

利用化学制品的防腐作用，来提高水产品的耐藏性及品质的稳定性，但此法只能在特定的情况下使用。水产品加工过程中使用的化学类防腐剂，主要有氧化型和还原型两类杀菌剂。氧化型杀菌剂包括过氧化氢、过氧乙酸、氯、漂白粉和漂白精；

还原型杀菌剂包括二氧化硫、亚硫酸及其盐类和醇类。

6）生物杀菌

生物杀菌是指利用生物保鲜剂的抗菌作用来延长食品货架期。生物保鲜剂是从动植物、微生物中提取的天然的或利用生物工程技术改造，而获得的对人体安全的保鲜剂。在水产品杀菌中应用较多的生物保鲜剂有茶多酚、溶菌酶、乳酸链球菌素和壳聚糖等。为解决单一生物保鲜剂不能够达到预期保鲜效果的问题，可将不同功能特性生物保鲜剂按一定比例混合成复合型生物保鲜剂，通过相互之间的协同作用提高水产品的保鲜效果。

3. 贝类净化

要控制双壳贝类相关疾病的风险，需要综合 HACCP 程序，对生长及收获地水体、可能涉及净化和（或）加热处理的产品进行品质管理。收获后加工净化和暂养是排除或减少双壳贝类所污染的细菌、致病微生物、病毒及化学有害物质的有效手段。采用臭氧、氯化物、溴化物、紫外线等系统，可对贝类净化水体进行处理。净化工厂模式有浅水槽、箱式、立式、多层式等数种，可以视工厂具体情况选取。我国已经发布了水产行业标准《贝类净化技术规范》（SC/T 3013—2002），适用于滤食性双壳贝类浅水池系统净化处理，标准规定了贝类原料及净化贝类产品要求、贝类净化工厂选址、设计和建造要求、贝类净化工艺和技术要求、贝类净化工厂的质量管理，通过净化可以清除贝类体内微生物和砂等污染物质。

3.4 水产品加工过程中的内源性毒素及过敏原

3.4.1 内源性毒素

水产品中内源性毒素包括贝类毒素（如神经性贝毒、麻痹性贝毒、腹泻性贝毒和记忆缺失性贝毒）和鱼类毒素（如组胺、河豚毒素）等，其来源为生物自然合成或饵料生物转移富集作用。

1. 麻痹性贝毒

麻痹性贝毒（Paralytie Shellfish Poisoning，PSP）是一系列带有胍基的三环氨基甲酸脂类化合物及其衍生物，属于神经性非蛋白质毒素。其分子量低，白色，呈碱性，易溶于水，微溶于甲醇和乙醇，不溶于非极性溶剂，是目前世界上分布最广、

危害最严重的一类海洋毒素。目前，已分离出 20 种毒性成分，依基因的相似性分为
3 类：石房蛤毒素（STX）、新石房蛤毒素（neo - STX）、膝沟藻毒素（GTX）。PSP
可通过食物链在双壳贝类体中富集，这类毒素主要作用于神经细胞和肌肉细胞的钠
离子通道，阻断钠离子内流，阻碍动作电位的形成，因此表现出神经中毒的特征。
人在食用含有麻痹性贝毒的贝类 30 min 内嘴唇周围有刺痛感或麻木感，并逐步扩展
至面部或颈部，严重者可造成肌肉麻痹、呼吸困难甚至死亡。麻痹性贝毒半致死量
LD_{50} 在 $3 \times 10^{-9} \sim 10 \times 10^{-9} \mu g/kg$ 之间，其中石房蛤毒素是眼镜蛇毒素毒性的 80 倍，
0.5 mg 足以使人致死。

2. 神经性贝毒

神经性贝毒（Neurotoxic Shellfish Poisoning，NSP）是到目前为止危害范围较小
的一类毒素，主要是因贝类摄食短裸甲藻（*Gymnodinium Breve*）后在体内蓄积，被
人类食用后产生中毒症状。神经性贝毒的作用机制在于毒素能够作用于钠离子通道
位点，从而产生毒害作用，所导致的中毒症状与西加鱼毒中毒非常相似，以胃肠道
和神经症状为主。除直接摄食贝类外，神经性贝毒还有一种非常独特的致毒途径，
即通过形成气溶胶，作用于人类呼吸系统，导致类似哮喘的症状。神经性贝毒毒性
较低，对小鼠半致死量 LD_{50} 为 50 $\mu g/kg$。

3. 腹泻性贝毒

腹泻性贝毒（Diarrhetic Shellfish Poisoning，DSP）是一类脂溶性聚醚类或大环内
酯类化合物，可分成 3 组：酸性成分的大田软海绵酸（okadaic acid，OA）及其天然
衍生物——鳍藻毒素（dinophysistoxins，DTX1 ~ 3）；中性成分的聚醚内酯——蛤毒
素（pectenotoxins，PTX1 ~ 7，PTX - 2SA，7 - epi - PTX - 2SA）；其他贝毒素——扇
贝毒素（yessotoxins，YTX）及 4，5 - 羟基扇贝毒素。腹泻性贝毒对生物神经系统
或心血管系统有高特异毒性，是一种肿瘤促进剂。当人食用含有腹泻型贝毒的贝类
后，食入 30 min 至数小时后发生腹泻、眩晕、呕吐、腹部疼痛，长期食用会引起消
化系统的癌变。

4. 记忆缺失性贝毒

记忆缺失性贝毒（Amnesic Shellfish Poisoning，ASP）的主要毒素成分是软骨藻
酸（Domoic acid，DA），是一种强烈的神经毒性非蛋白氨基酸，化学结构与谷氨酸
和红藻氨酸相似，其具有兴奋性毒性，误食过量的软骨藻酸后会导致短期记忆功能

损害。有相当一部分滤食性海洋生物能够在其体内累积软骨藻酸，其中包括双壳贝类、鱼类（如鳀鱼和鲭鱼）和甲壳类（如螃蟹）等，并且对软骨藻酸有较强的耐受力，可再经食物链传递会对所在地区的生态环境造成影响，对水生动物及人类健康造成危害。

5. 组胺

组胺是一种低分子杂环族有机化合物，为生成致癌物质和亚硝基类物质的前体，其也是生物胺中毒性最大的胺类。水产品组胺是由组氨酸脱羧基作用产生的，中上层鱼类如鲭科鱼类、沙丁鱼类、金枪鱼类和部分非中上层鱼类如纹腹叉鼻鲀等的肌肉中，均含有大量可作为组胺酸脱羧基酶基质的游离组氨酸。水产品中的组胺基本上均由微生物通过分泌脱羧酶而生成，加工和贮藏环境条件不但影响组胺产生菌活性，同时也能够影响组胺酸脱羧酶活性，这些条件主要包括温度、pH 值、贮藏时间、含盐度、供氧量以及添加剂等。我国规定鲐鱼中组胺含量≤100 mg/100 g，其他鱼类中组胺含量≤30 mg/100 g。

6. 河豚毒素

河豚毒素（Tetrodotoxin，TTX）是自然界中已发现的毒性最大的神经毒素之一，属氨基全氢喹唑啉型化合物。它通过对细胞膜上钠离子通道的阻断作用而抑制神经冲动的传导，使感觉麻木、肌无力、恶心、呕吐，严重者感觉失常甚至呼吸衰竭致麻痹、死亡。哺乳动物静脉注射半致死剂量 LD_{50} 为 2~10 μg/kg，皮下注射 LD_{50} 为 10~14 μg/kg，小鼠口服 LD_{50} 为 334 μg/kg，0.5 mg 的剂量即可导致 1 名体质量 75 kg 的成人死亡。河豚毒素在自然界中分布较为广泛，除河豚外，在其他水生、陆生动物，甚至在一些沉积物中也存在河豚毒素或其类似物。河豚毒素理化性质比较稳定，在中性和酸性条件下对热稳定，在碱水溶液中易分解，可降解为几种喹啉化合物。河豚毒素在加热到100℃、4 h 或115℃、3 h 时均能被破坏，在120℃时仅30 min就能将河豚毒素完全破坏。

3.4.2 水过敏原

过敏指机体和某一物质（抗原或过敏原）接触以后，使机体对这种物质的反应增强，当机体再与这种物质接触时候，抗原就会与体内对应的抗体反应，从而刺激机体细胞放出 5 - 羟色胺和组织胺等活性物质，使机体的血管通透性增强，产生水肿，作用于呼吸道、肠道、皮肤等，从而引起一系列过敏症状。据统计，全世界有

30%～40%的疾病由过敏引起，且发病率和死亡率呈逐年上升趋势。水产品中虾、龙虾、蟹和其他贝类常成为人体过敏原，它可使人体发生特异性皮肤炎症及毒性反应，从而危害人体健康。

1. 鱼类过敏原

各种鱼类的主要过敏原是一种广泛存在于肌肉组织中的称为小清蛋白的蛋白质。它是一种存在于细胞内的水溶性钙结合蛋白。罗非鱼中分离纯化出了 1 种胶原蛋白和它的 2 个亚基（α1 和 α2），并且证明这种蛋白具有 IgE 的结合活性，也就是说这种胶原蛋白及其两个亚基具有致敏性。武昌鱼中发现了两种新的过敏原——烯醇酶和肌酸激酶，并通过双向结合质谱的分析方法鉴定出这两种酶也会导致人过敏。

2. 甲壳类过敏原

虾类中的主要过敏源为原肌球蛋白，是生物体内肌原纤维的细肌丝中与肌动蛋白结合的一种结构蛋白，其是一种耐高温的糖蛋白，分子量为 35～38 Ku。它的空间结构由两个亚甲基组成，其中每个亚甲基呈 α 螺旋结构，同时与另一个亚甲基缠绕形成超螺旋的结构。原肌球蛋白除具备食品过敏原的一些通性外，还表现出酸性等电点、水溶性、较小相对分子质量等特点以及能穿透黏膜表面而容易被肌体吸收的特性，具有一定的热稳定性。

3. 软体动物类过敏原

软体类水产品像鱿鱼、牡蛎、文蛤等十分美味，但也有一些人食用后产生过敏的现象。软体动物体内有一种与甲壳类水产品相同的致敏蛋白——原肌球蛋白，主要存在于软体动物的肌纤维内，且在不同水产品中具有极高的相似性。软体类动物的原肌球蛋白同样具有与甲壳类动物原肌球蛋白相同的性质，因此导致人食用后产生过敏现象。

3.4.3　水产品加工过程中内源性毒素及过敏原控制

1. 环境污染监控

贝类毒素的染毒及毒力大小与赤潮的发生有着密切关系，如毒赤潮和赤潮毒素。因此，提前预防是避免和减少赤潮毒素造成人体危害的重要环节。在我国沿岸有毒赤潮多发区和重点海水养殖区设立关键性监测站，连续、定期进行水体和水产品取样分析，特别在有毒赤潮多发季节，更要进行密切监控。赤潮毒素警一旦超过警戒线，应禁止有关海域水产品的商业性捕捞和娱乐性采挖。如果确认海水中有有害浮游生物，应在贝类染毒前，将贝类移置到无毒水域，利用可杀灭有害浮游生物的生物或物理化学手段来去除水域中有害浮游生物。对于染毒的贝类，应把贝类置于无有害浮游生物的海水中暂养净化，使其体内的毒素自行代谢至无毒。在加工和食用贝类产品时，去除中肠腺等含毒较高部位，也是预防贝类毒素中毒的一个有效手段。

2. 贝类毒素控制

贝类毒素对人体造成危害的途径主要是通过食用含有毒素的水产品引起的。因此，首先要从水产品的质量入手，加强水产品管理，制定贝类毒素的安全限量标准和相应的监督体系，对含量超过限量规定禁止销售流通。贝类一旦染上毒素，其组织将毒素排除需要很长的一段时间，有些贝类甚至需要 3 年以上的时间才能排除毒素。贝类毒素排除方法主要包括温度刺激、盐度胁迫、电击处理、降低 pH 值、氯化处理以及臭氧处理法。东南亚联盟包括马来西亚、新加坡、泰国、菲律宾和印度尼西亚贝类净化系统主要采用紫外线系统。西班牙是欧盟中消费贝类最多的国家，主要采用含氯消毒剂消毒法。法国用臭氧法作为净化贝类的主要手段。

3. 组胺控制

产生组胺的细菌繁殖由于不合理的温度条件而被加速，通常表现为刚捕获的水产品由于冷藏不充分或不及时等原因，最终导致组胺产生菌大量繁殖，生成大量组胺。因此，尽量保证水产品的清洁，降低污染可能性，采用良好保藏条件，如冰藏保鲜、水冰保鲜法、冷海水或冷盐水保鲜法、微动保鲜及添加剂保鲜等，并加强鱼类生产、加工过程中的盐分、水分、温度等的调节，可大大降低水产品中组胺中毒发生的概率。随着科技不断进步，在水产加工过程中添加具有抗氧化活性的天然产物、溶菌酶复合保鲜剂、乳酸菌、葡萄糖氧化酶及生物制剂（如 Nisin）等均可起到对水产加工过程中组胺的控制作用。

4. 过敏原控制

对于过敏原的消除方法有物理法（如热处理、γ 辐照、微波和高压处理等），生化方法（如酶处理）等。超高压技术是非热加工技术之一，主要作用于蛋白质的三、四级结构的非共价键，当作用压力超过 200 MPa 时，蛋白质三级结构就会发生显著变化，蛋白质结构已经受到严重破坏，并且随着压力不断增大，蛋白分子间的静电力和疏水相互作用受到影响，蛋白分子产生了不可逆的变性，过敏原的表位遭到破坏。

3.5 水产质量安全管理措施

3.5.1 加强公共监管

水产品的质量安全作为公共产品的基本属性，决定了其保障体系必须由政府来建设并提供。市场为水产品行业的发展提供了丰富的资源和交易的平台，而政府将为水产品行业的稳定和可持续提供必要的制度约束和技术支撑。对水产品的监督检验工作不仅仅是政府部门的职责，消费者作为水产品的直接接触与消费者，也有监督水产品质量安全的义务。充分利用社会舆论，加强公民的水产品质量安全监督意识，使社会形成良好水产品消费监督系统。

3.5.2 健全相关法律法规体系

建立和完善我国水产行业相关法律法规，形成我国自主的技术性贸易措施机制。完善水产品养殖水体保护制度、水产苗种生产管理制度、水产养殖饲料和添加剂管理制度、渔药的管理和使用制度以及水产品质量的不定期监测制度，加大违规惩罚力度，严格执行休药期制度、水产养殖记录制度和养殖操作规程，从根本上杜绝影响水产品质量安全事件的发生。

3.5.3 完善我国水产品质量标准体系

要控制水产品安全质量，保障消费者的身体健康，完善的水产品质量安全体系是重要的保证。以食用健康为依据，建立和完善我国水产品的各项安全标准，为监测和监管水产品质量安全提供明确的官方依据，推行标准化养殖和标准化加工。在基本符合国际上所采用和实施的有关水产品加工的标准措施基础上，对我国现有的相关国家、行业和企业标准进行有机整合、统一规范，这不仅能够促进我国水产品加工市场长期健康、有序的发展，而且可以减少甚至消除出口时所遇到的贸易壁垒。

我国已出台的水产品卫生相关的标准见表 3 - 10。

表 3 – 10　水产品相关的卫生标准

标准分类		标准名称
水环境标准		《无公害食品　淡水养殖用水水质》（NY 5051—2001）、《农产品安全质量　无公害水产品产地环境要求》（GB/T 18407.4—2011）
污染物限量标准		《食品中污染物的限量》（GB 2762—2012）、《食品安全国家标准　食品中农药最大残留限量》（GB 2763—2012）、《无公害食品　水产品中渔药残留限量》（NY 5070—2002）、《无公害食品　渔用药物使用准则》（NY 5071—2002）、《无公害食品　水产品中有毒有害物质量》（NY 5073—2006）
加工标准		《水产品加工质量管理规范》（SC/T 3009—1999）
产品标准（按形态分）		《鲜、冻动物性水产品卫生标准》（GB 2733—2005）、《腌制生食动物性水产品卫生标准》（GB 10136—2005）、《动物性水产干制品卫生标准》（GB 10144—2005）、《农产品安全质量无公害水产品安全要求》（GB 18406.4—2001）等
产品标准（按类别分）	鱼	《鱼糜制品卫生标准》（GB 10132—2005）、《盐渍鱼卫生标准》（GB 10138—2005）、《鱼类罐头卫生标准》（GB 14939—2005）、《金枪鱼罐头》（GB/T 24403—2009）等
	虾	《中国对虾》（GB/T 19782—2005）、《冻虾》（SC/T 3113—2002）等
	蟹	《中华绒螯蟹》（GB/T 19783—2005）、《冻梭子蟹》（SC/T 3112—1996）
	贝	《冻扇贝》（SC/T 3111—2006）、《干贝》（SC/T 3207—2000）
	藻	《食用螺旋藻粉》（GB/T 16919—1997）、《藻类制品卫生标准》（GB 19643—2005）等

3.5.4　完善水产品加工安全控制体系

在生产环节采用适当的质量控制体系，是保障水产品质量安全的最直接而有效的手段。从产品设计到生产加工都必须考虑到原料、加工至消费者手中整个过程的安全及品质保障，着重分析可能出现安全和品质存在隐患的环节，并对这些关键点加强监控，消除隐患，建立质量保证体系并严格执行。目前，在我国已经开始发挥作用的水产品质量安全控制体制主要包括：HACCP（危害分析和关键控制点）体系；ISO 9000 族质量管理和质量保证体系；ISO 22000：2005 食品安全管理体系；GAP（良好农业规范）、GMP（良好操作规范）和 GVP（良好兽医规范）体系；SSOP（卫生标准操作程序）体系；CSA（社区支持型农业）体系等。但这些质量管理与控制体系及标准，仅在一些出口型或大型企业开始实施，很多企业对 HACCP体系的内涵和意义认识不够。与发达国家相比，我国水产品质量标准体系不完善，现行标准中有许多可操作性和指导性不强，产品中的安全卫生指标较少。以 HACCP为基础的质量管理规范在世界范围内逐渐推行，这些趋势对我国对水产品的质量管理又提出了更高的要求。

本章小结

本章主要介绍了水产品质量安全的4类主要危害：化学性危害、物理性危害、生物性危害、海洋生物毒素及过敏原，并针对各危害因子归纳了主要的控制消除应对措施。

1. 化学性危害：指通过环境蓄积、生物蓄积、生物转化或化学反应等方式损害人类身体健康和生命安全，或者接触对人体具有严重危害和具有潜在危险的化学品而造成的污染和危害。随着化学试剂的广泛使用，水产品的化学污染问题也越来越引起人们的广泛关注，其主要包括添加剂、农药残留、渔药残留及重金属等。

2. 物理性危害：包括发现的任何不正常的潜在的有害外来物，消费者误食后可能造成伤害或其他不利于健康的问题。一般是由原辅材料、包装材料以及在生产加工过程中由于设备、操作人员等带来的一些外来物质，如毛发、玻璃、金属、石头、塑料、蝇虫尸体等。

3. 生物性危害：指微生物、寄生虫、昆虫等生物对水产品污染，进而危及人类身体健康和生命安全。在水产品加工、贮存、运输、销售直到食用整个过程中，每一个环节都有可能因受到生物污染而造成生物性危害。生物性污染主要包括致病性细菌，霍乱弧菌、沙门氏菌、副溶血性弧菌、大肠杆菌等细菌和其他病原微生物。

4. 海洋生物毒素及过敏原：指在海洋动物、植物和微生物中发现的对人和动物有毒的有机物，如组胺、河豚毒素、腹泻性贝毒、记忆缺失性贝毒等。海洋动物中这些物质有的由本身合成，有的则通过食物链或共栖关系从其他生物（如单细胞藻类、细菌）获取。

思考题

1. 简要论述影响水产品质量安全的主要化学性危害因子及控制方法。

2. 以一种水产加工品为例，简要论述影响其质量安全的主要生物性危害因子及控制方法。

3. 简要论述影响水产品质量安全的主要生物毒素。

参考文献

国家卫生和计划生育委员会.2015.GB 2760—2014 食品安全国家标准 食品添加剂使用标准[S].北京:中国标准出版社.

寇晓霞.2007.水体和贝类中食源性病毒分子检测研究及污染调查[D].武汉:中国科学院研究生院.

李学鹏,励建荣,李婷婷,等.2011.冷杀菌技术在水产品贮藏与加工中的应用[J].食品研究与开发,32(6):173-179.

林洪,杜淑媛.2013.我国水产品出口存在的主要质量安全问题与对策[J].食品科学技术学报,31(2):7-10.

孟娣,谭志军,刘永涛,等.2015.水产品中农药残留限量标准的对比分析[J].中国农学通报,31(14):56-63.

乔庆林.2009.水产品特有的食源性危害与控制研究的进展[J].现代渔业信息,24(6):9-15.

谢雯雯,熊善柏.2013.水产品中甲醛的残留及控制[J].农产品加工,(1):20-26.

张悦,胡志和.2013.超高压技术对水产品过敏原消减的研究进展[J].食品工业科技,34(6):381-388.

赵永强,张红杰,李来好,等.2015.水产品非热杀菌技术研究进展[J].食品工业科技,36(11):394-399.

朱松明,苏光明,王春芳,等.2014.水产品超高压加工技术研究与应用[J].农业机械学报,45(1):168-177.

第4章 冰鲜水产品生产安全控制技术

教学目标

1. 掌握主要鱼贝类水产品死后品质的变化规律和主要影响因素，了解其中的变化机制。
2. 熟悉冰鲜水产品生产技术，了解不同冰鲜技术的保藏或者保鲜原理。
3. 掌握冰鲜水产品中常见的危害种类，了解不同危害因素的来源及特点。
4. 掌握冰鲜水产品生产过程危害因素的控制措施。

水产品死后肌肉会发生一系列与活体时不同的生物化学和生物学变化，在各种化学、物理、微生物作用下其肉质也会发生相应的改变，进而影响产品的品质和安全性，因此，水产品在加工、储藏过程中的保鲜就显得尤为重要。本章讲述冰鲜水产品在加工、储藏过程中的品质变化、冰鲜水产品生产技术及基本原理；重点介绍冰鲜水产品在生产过程中存在的危害种类及特性，并针对冰鲜水产品生产过程中的典型危害，详细介绍其控制方法、技术特点及应用情况等。

4.1 鱼贝类贮藏过程的肉质变化

鱼贝类等水产品与畜禽产品死后的肉质变化过程有一定差异，其变化可分为：初期生化反应和僵硬、解僵和自溶、细菌腐败 3 个阶段。

4.1.1 初期生化反应和僵硬阶段

1. 初期生化反应

由于水产品肌肉中糖原和 ATP 分解产生乳酸、磷酸，使得组织 pH 值下降、酸性增强。一般活鱼肌肉 pH 值在 7.2~7.4，洄游性红肉鱼因糖原含量较高（0.4%~1.0%），死后最低 pH 值可达 5.6~6.0，而底栖性白肉鱼糖原较低（0.4%），最低 pH 值为 6.0~6.4。肌肉 pH 值下降的同时，还产生大量的热量（如 ATP 脱去一分子磷酸就产生 7 000 Kcal 热量），从而使鱼贝类体温上升，进一步促进组织水解酶的作用和微生物的繁殖。因此，当鱼类捕获后，如不立刻进行冷却，抑制其生化反应热，就不能有效地延缓以上反应。

2. 僵硬

活着的水产动物肌肉柔软而有透明感，死后出现硬化和不透明感，肌肉收缩程度减弱，进而失去弹性或伸展性，持水性下降，这种现象称为死后僵硬（Rigor mortis）。以鱼体为例，其死后肌肉僵硬的原理：鱼刚死时，肌动蛋白和肌球蛋白呈溶解状态，此时肌肉是软的。当 ATP 分解时，肌动蛋白纤维向肌球蛋白滑动，并凝聚成僵硬的肌动球蛋白，由于肌动蛋白和肌球蛋白的纤维重叠交叉导致肌肉中的肌节增厚短缩，于是肌肉失去伸展性而变得僵硬。此现象类似活体的肌肉收缩，不同的是死后的肌肉收缩缓慢，而且是不可逆的。肌肉出现僵硬的时间与肌肉中发生的各种生物化学反应速度有关，也受到动物种类、营养状态、贮藏温度、生理状态、疲劳程度、渔获方法等因素影响，一般死后几分钟至几十小时出现僵硬，并可持续5~22 h。保存温度越低，僵硬期开始得越迟，僵硬期持续时间越长。在夏天气温中，僵硬期不超过数小时，在冬天或尽快的冰藏条件下则可维持数天。

4.1.2 解僵和自溶阶段

当鱼体肌肉中的 ATP 分解完后，鱼体开始逐渐软化，这种现象称为自溶现象

（Autolysis）。鱼体的自溶主要是鱼肉蛋白质被分解，是存在于肌肉中的内源性蛋白酶或来自腐败菌的外源性蛋白酶作用的结果，具体包括蛋白酶、脂肪酶、淀粉酶等。经过僵硬阶段的鱼体，由于组织中的水解酶（特别是蛋白酶）的作用使蛋白质逐渐分解为氨基酸以及较多的低分子碱性物质，所以鱼体肌肉组织的 pH 值由最初的酸性又转向中性，肌肉组织逐渐变软，失去固有弹性。

影响肌肉自溶的因素主要有：水产品种类、盐类、pH 值和温度。其中，温度变化是一个重要影响因素，鱼肉自溶是在一定温度范围内发生的，温度每升高 10℃，其分解速度就以一定的倍率增加，通常以下列公式表示其自溶速度和温度的关系：$Q_{10} = K_{t+10}/K_t$，其中 Q_{10} 为自溶速度的温度系数；K_t 为在 t℃ 时自溶作用的速度；K_{t+10} 为在 $t+10$℃ 时的自溶作用的速度。

4.1.3　细菌腐败阶段

在微生物作用下，鱼体中蛋白质、氨基酸及其他含氮物质被分解为氨、三甲胺、吲哚、硫化氢、组胺等低级产物，使鱼体产生具有腐败特征的臭味，这个过程就是细菌腐败。具体表现在鱼的体表、眼球、鳃、腹部、肌肉的色泽、组织状态以及气味等方面。事实上，鱼体死后细菌繁殖就已经开始；初期，蛋白质中的氮源是巨大分子，不能直接被细菌所利用；僵硬期鱼肉 pH 值下降，酸性条件不利于细菌生长繁殖，所以对鱼体质量尚无明显影响；解僵和自溶阶段，作为营养源的小分子含氮物质增多，细菌繁殖加快，腐败变质的征象逐步出现。另外，鱼的种类、pH 值、温度以及最初细菌负荷都会影响腐败变质的速度和程度。研究发现，引起水产品腐败变质的微生物多为需氧性细菌，如假单胞菌属、无色杆菌属、黄色杆菌属、小球菌属等，都是嗜冷性微生物，生长的最低温度为 $-10 \sim 5$℃，最适温度为 $10 \sim 20$℃。

综上所述，水产品品质的变化主要是由机体内所含各种酶类以及体表附着和消化道内的细菌共同作用的结果。同时，机体中脂肪在此过程也会受到自由基、氧气、金属、光照等影响而发生氧化酸败，尤其是脂肪含量较高的鱼类，如金枪鱼、鳗鱼、鲇鱼等。

4.2　冰鲜水产品的生产及保鲜原理

鲜活水产品、冰温水产品和冰冻水产品是人们对水产品消费的主要形式，其中最受欢迎的是鲜活水产品。但是，就经济成本、营养价值和口感的综合评价来看，冰鲜水产品优于鲜活水产品和冰冻水产品，尤其是对于深海或者远洋捕获的水产品来说，要在较长时间内保持鲜活状态是目前的保鲜技术还无法实现的。因此，冰温保鲜技术（简称冰鲜技术）是目前水产品保鲜的重要发展技术。

适宜的温度和水分是酶发挥作用和细菌生长繁殖的必要条件，因此水产品的冷藏保鲜技术便是利用了低温能抑制相关的酶活，同时还能降低细胞水分活度，进而抑制细胞中生理生化作用的正常发挥。目前，常见的水产品冷藏保鲜技术主要有：冰藏保鲜、冷海水保鲜、冰温保鲜和微冻保鲜，由于以上技术均是基于外源性冰制冷以及内源性冰晶形成温度和速度的调节达到保鲜的目的，因此在这些技术保藏下的水产品又被称作"冰鲜水产品"。

4.2.1 冰藏保鲜

冰藏保鲜是以冰为介质使鱼贝类的温度降低至接近冰的溶点，并在此温度下进行保藏。该方法的优点是冷却容量较大，对人体无毒害，价格便宜，相较于水更易携带，且融化后的水可以起到清洗鱼体、增加鱼体表面湿润度和光泽度的作用。传统冰藏的缺点是使鱼体中心温度降低至与体表温度一致所需时间较长，且冰的棱角会刺伤体表皮肤。目前，根据环境温度、鱼体大小和肌肉厚度等因素进行了相应的调整，比如采用层冰层鱼的放置，制取不同形状和大小的冰块以及冷藏前去除腮和内脏等。即便如此，研究发现采用冰藏技术使水产品保持较高新鲜度的时间一般不超过1周，具体保鲜时间因鱼种而异。

4.2.2 冷海水保鲜

冷海水保鲜技术是将渔获物浸渍在 -1~0℃ 的海水中进行贮藏保鲜。冷海水保鲜技术特别适合于品种单一、渔获量高度集中的围网捕获的中、上层鱼类，这些鱼大多数是红色鱼肉，活动能力强，入舱后剧烈挣扎，很难做到层冰层鱼，加之鱼体血液多、组织酶活性强、胃内充满腐败饵料，如不立即冷却将造成鱼肉鲜度迅速下降。冷海水保鲜主要应用于渔船或罐头厂。冷海水保鲜装置由制冷机、海水冷却器、鱼舱、海水循环管路、水泵等组成。

冷海水因制备时利用的冷源不同可分为冰制冷海水（CSW）和机制冷海水（RSW）。冰制冷海水是用碎冰和海水混合制得，机制冷海水是用机械制冷的方法冷却海水制得。渔船用冷海水保鲜装置采用制冷机和碎冰相结合的供冷方式较为适宜。因为冰具有较大的融解潜热，可以借助碎冰快速冷却刚入舱的渔获物，接下来是保持渔舱温度在 -1~0℃，在此期间每天只需借用少量的冷量即可补偿外界传入鱼舱的热量，因此可选用小型制冷机组进行制冷、保冷，从而减小渔船动力和安装面积。

4.2.3　冰温保鲜

现代冰温保鲜技术是将鱼贝类放置在0℃以下至冻结点之间的温度带进行保藏的方法，始于20世纪70年代初期。冰温技术在日本、美国等发达国家已取得迅速发展，主要应用领域包括冰温贮藏、冰点调节贮藏、冰温流通、超冰温贮藏以及冰温干燥等。研究表明，蛇、青蛙、肉食品等体内含有糖、蛋白质、醇类等不冻液物质，使其冻结点下降至0℃以下，所以它们处于冬眠状态时可以保持其细胞的活体状态。这一结果说明了生与死的温度界限，并非0℃而是低于0℃的某一温度值，即当环境温度高于冰点时，细胞始终处于活体状态，而在这样的状态下贮藏产品达到一种近似"冬眠"的状态，这时产品新陈代谢率最小，所消耗的能量最小，因而可以有效保存产品的品质和能量，并使生命达到最长。有人通过实验研究证实，在冰温区域内贮藏松叶蟹，150 d后全部存活。

冰温贮藏是将水产品贮藏在0℃以下至各自的冻结点的范围内，属于非冻结保存，是继冷藏、气调贮藏后的第三代保鲜技术。在贮藏效果方面，和传统保鲜技术相比，冰温技术有以下优点：①不破坏细胞；②最大限度地抑制有害微生物的活动；③最大限度地抑制呼吸作用，延长保鲜期；④在一定程度上提高贮藏产品的品质。2006年，在日本政府资助下，天津商业大学和日本大青工业株式会社共同成立了"中日冰温研究室"，并进行了有关的研究，得到了一系列研究成果，发现了实现冰温贮藏效果的主要关键技术。

4.2.4　微冻保鲜

微冻（Partial freezing）又名超冷却（Super chilling）或者轻度冷冻（Light freezing）。微冻保鲜是将水产品的温度降至略低于其细胞质液的冻结点，并在该温度左右下（-3℃）进行保藏的一种保鲜方法。

长期以来的认识是食品在进行冻结时应快速通过-1~5℃这个最大冰晶生成带，否则会因缓慢冻结而影响水产品的质量，所以将微冻作为保鲜方法的研究与应用受到了限制。由微冻而引起的蛋白质变性问题，各国观点不同。德国有专家认为，贮藏温度略低于冻结点，就会因蛋白质冷冻变性而使肌肉组织破坏，汁液流失量增加。但日本专家认为-3℃鱼肉蛋白质不易变性，与-10℃以下的温度相比，蛋白质的变性减轻。关于这个问题至今尚有争议。

目前微冻技术得到改善，应用较多的是冰盐混合微冻。当盐掺在碎冰里，盐就会在冰中融解而发生吸热作用，使冰的温度降低。冰盐混合在一起，在同一时间内会发生两种作用：一种是冰的融化热；另一种是盐的溶解吸收溶解热。因此，在短时间能吸收大量的热，从而使冰盐混合物温度迅速下降，它比单纯冰的温度要低得多。

4.3 冰鲜水产品生产过程中存在的危害分析

水产品中存在的危害就其性质而言可分为 3 类：生物性危害、化学性危害和物理性危害。就其来源可分为：原料性带入和生产过程引入的二次污染或者影响。

4.3.1 生物性危害

水产品生物性危害可分为致病菌、病毒和寄生虫危害。在水产品中生物危害占全部危害的 80% 左右，且引起生物性危害存在的因素大多不确定，控制难度大。根据污染途径来分析，在冰藏保鲜水产品过程中，生物性危害一是来源于水产品本身在养殖过程所感染和携带；二是在加工过程引入的二次污染。

1. 水产品中的主要致病菌

来源于水产品本身的致病菌及其特性，见表 4 - 1 和表 4 - 2。人或动物体内的细菌（非自身原有致病菌）的生长限制因子见表 4 - 3。

表 4 - 1　来源于水产品中的致病菌

种类		作用方式		毒素热稳定性	最小感染计量
		感染性	毒素前体		
自身原有致病菌	肉毒梭菌（Clostridium botulinum）		+	低	—
	弧菌属（Vibrio）	+			高
	霍乱弧菌（Vibrio. cholerae）				—
	副溶血性弧菌（Vibrio. parahemolyticus）				$>10^6/g$
	其他弧菌（other vibrios）、创伤弧菌（Vibrio vulnificus）				—
非自身原有致病菌	单核细胞增生李斯特氏菌（Listeria monocytogenes）	+			未知/可变
	沙门氏菌属（Salmonella）	+			从 $<10^2$ 到 $>10^6$
	志贺氏菌属（Shigella）	+			$10^1 \sim 10^2$
	金黄色葡萄球菌（Staphylococcus aureus）		+	高	

表4－2 水产品自身原有致病菌的生长限制因子和耐热性

致病菌	温度/℃		pH值	水分活度 A_w	NaCl（%）	耐热性
	最小	最适	最小	最小	最大	
肉毒梭菌分解蛋白型 A. B. C.	10	35	4.0~4.6	0.94	10	D_{12}（芽孢）=0.1~0.25 min
非分解蛋白型	3.3	30	5.0	0.97	3~5	$D_{82.2}$=0.15~2.0 min（肉汤中）
D_{80}=4.5~10.5 min（产品含高脂高蛋白）						
弧菌	5~8	37	5.0			D_{71}=0.3 min
霍乱弧菌	5	37	6.0	0.97	<8	D_{55}=0.24 min
副溶血性弧菌	5	37	4.8	0.93	8~10	60℃、5 min 时，在常用对数坐标上从7开始下降
创伤弧菌	8	37	5.0	0.94	5	
气单胞菌	0~4	20~35	4.0		4~5	D_{55}=0.17 min
邻单胞菌	8	37	4.0		4~5	60℃、30 min 无存活
单核细胞增生李斯特氏菌	1	30~37	5.0S	0.92	10	D_{60}=2.4~16.7 min（肉制品中）
D_{60}=1.95~4.48 min（鱼体上）						

表4－3 人或动物体内的细菌（非自身原有致病菌）的生长限制因子

病原菌	温度/℃			pH值	NaCl/%	水分活度 A_w	耐热性
	最小	最适	最大	最小	最小	最小	
沙门氏菌	7	37	45~47	4.0	4~5	0.94	
志贺氏菌	7~10	37	44~46	5.5	4~5		D_{60}=0.2~6.5min（60℃/5 min）
金黄色葡萄球菌	7	37	48	4.0	10~15	0.83	D_{60}=0.443~7.9 min
金黄色葡萄球菌毒素	15	40~45	46	5.0	10	0.86	

（1）肉毒梭菌（*Clostridium botulinum*）：是一种生长在缺氧环境下的细菌，在罐

头食品及密封腌渍食物中具有极强的生存能力，是一种致命病菌，原因是在其繁殖过程中分泌的肉毒毒素，是目前已知的最剧毒物之一。据调查统计表明，水产品及其加工制品中肉毒素引起人体中毒的概率和危险性差别较大，其中轻腌制品（熏制、发酵）是最具危险性的，而新鲜、冷藏、冷冻水产品危险性几乎没有，其原因是在毒素产生之前经这些贮藏条件下的水产品已经腐败并禁止出售了，另外，这些水产品大都是要经过高温烹调以后食用，菌体和毒素已经死亡或者失去活性。水产品加工制品中肉毒毒素特征，见表 4 - 4。

表 4 - 4　水产品加工中肉毒毒素特征

水产品加工、贮藏方式	增加毒素危险性的因素	降低毒素中毒危险性的因素	产品安全保障	风险类别
新鲜、冷冻	真空密封包装	传统冷藏、产毒前已腐败	食前烹调	无风险
经巴氏消毒	保存时间长、腐败前毒素产生、真空密封包装、卫生条件差	冷藏（<3℃）、消除协同作用的需氧菌群	食前烹调、冷藏	烹调后无风险、生食风险高
冷藏	保存时间长、腐败前毒素产生、真空密封包装、卫生条件差、未冷藏、未经烹调食用	冷藏、盐制（盐浓度 > 3%）、未腐败产品中的高氧化能力	冷藏、加工控制（生原料或适当盐腌）	高风险
发酵	发酵慢、发酵温度高、食前未烹调	盐渍（NaCl 浓度大于 3%）	加工控制、冷藏	风险高
半防腐保藏	食前未烹调	使用盐、酸等处理、冷藏	加工控制	风险低
全防腐保藏	密封罐装、食前未烹调	高压灭菌	加工控制（密封罐头）	风险低

（2）弧菌属（*Vibrio*）：是需氧或兼性厌氧，分解葡萄糖，产酸不产气，氧化酶阳性，赖氨酸脱羧酶阳性，精氨酸水解酶阴性，嗜碱，耐盐，不耐酸。此属细菌种类多，分布广泛，尤其是水中最为常见。大多数弧菌能够产生很强的肠毒素，因此弧菌引发的中毒或者疾病主要是表现为胃肠道症状，如霍乱弧菌毒素常引起肠液过度分泌，病人上吐下泻，排出大量米泔样排泄物，造成严重脱水、肌肉痉挛、周围循环衰竭等症状。霍乱弧菌在不同食品中的存活时间如表 4 - 5 所示。

表4－5　霍乱弧菌的存活时间

食物	存活时间/d
贮藏于3～8℃的鱼	14～25
贮藏于－20℃的冰	8
冷冻虾	180
贮藏于20℃，潮湿室中的蔬菜	10
胡萝卜	10
花椰菜	20
江河水	210

副溶血性弧菌（*Vibrio parahemolyticus*）是一种嗜盐弧菌，存在于近海岸的海水、海底沉积物以及鱼类、贝类之中，又可分为致病和非致病性菌株。目前已经发现致病性副溶血弧菌可产生一种耐热性溶血素（Vp－TDH）。霍乱弧菌（*Vibrio cholerae*）以生的贝类为主要载体，在淡水龙虾中曾经检测出霍乱弧菌，但是非致病性的。

（3）单核细胞增生李斯特菌（*Listeria monocytogenes*）：简称单增李斯特菌，是一种人畜共患病的病原菌。感染后主要表现为败血症、脑膜炎和单核细胞增多。它广泛存在于自然界中，食品中存在的单增李斯特菌对人类的安全具有危险，该菌在4℃环境中仍可生长繁殖，是冷藏食品威胁人类健康的主要病原菌之一。从海产品中常得到分离菌株，因此推测海产品可能在单核细胞增生李斯特菌的传播中起重要作用。

（4）沙门氏菌属（*Salmonella*）：属肠杆菌科（Enterobacteriaceae），这类嗜温菌遍布全世界，有的专对人类致病，有的只对动物致病，也有对人和动物都致病。据统计，在世界各国的细菌性食物中毒中，沙门氏菌引起的食物中毒常列榜首。沙门氏菌属在港湾环境里可繁殖和存活数周。贝类由于其生活的水体污染严重而成为沙门氏菌的主要感染者，热带的养殖虾也常带沙门氏菌。

（5）志贺氏菌属（*Shigella*）：属于肠杆菌科，特别容易寄生于人和高等灵长类动物中，它的出现与粪便污染有关。据报道，志贺氏菌菌株在水中存活时间可高达6个月，其主要对灵长类动物发生感染作用。志贺氏菌导致的志贺氏菌病，属肠道感染，经口摄入少量此菌（一般在10^3以内），即可引起感染。水产品中志贺氏菌的存在，是由于原料被污染或由于不讲卫生的带菌者污染了食物造成的。

（6）金黄色葡萄球菌（*Staphylococcus aureus*）：广泛分布于水、空气、尘土、乳品、污物、地面以及与人接触的所有物体上，并能够良好地生长。金黄色葡萄球菌主要寄居地是人或动物的鼻腔、咽喉和皮肤。人类带菌率可达健康人数的60%，平均有25%~30%的人对产生肠毒素的菌株呈阳性反应。金黄色葡萄球菌的某些菌株能产生一种引起急性肠胃炎的肠毒素。肠毒素是一种可溶性蛋白质，耐高温，100℃、30 min仍保持部分毒性。

金黄色葡萄球菌具有嗜温性，最低生长温度为10℃，但产生毒素需要较高的温度（大于15℃）。金黄色葡萄球菌耐盐，能生长于水分活度低至0.86的环境中，生长的最小pH值为4.5。但其生存竞争能力差，在有其他微生物存在时不易生长。所以在被自然污染的食品中，金黄色葡萄球菌的存在对安全危害不大。但对于已预煮过的产品，如果再污染此菌，且生长时间或温度适宜，金黄色葡萄球菌则会很快繁殖并产生毒素。所以对于预煮水产品的加工，危害分析中必须要考虑到金黄色葡萄球菌的再污染问题。

2. 水产品中的主要病毒

能够感染水产品并引起相关疾病的病毒，常见的有甲型肝炎病毒（Hepatitis - type A，HAV）、诺如病毒（Norwalk Viruses，NV）等。

病毒在水中或者水产品上不繁殖，水产品中的病毒一般是由带病毒的食品加工者或者水体污染而致。滤食性贝类会过滤大量的水，例如，一只牡蛎每天过滤的水量高达700~1 000 L，因此这些贝类体内富集的病毒相当高。被记录在世界病毒感染史册上的1988年上海30万人甲肝病大流行，就是因为感染者食用了被甲肝病毒污染又没充分加热的毛蚶而引起的。毛蚶等蚶类生活在近海海域，而中国沿海城市和农村的居民以及在海上作业的人群，他们的粪便以及受污染的生活用水都直接、间接地排入海域，使海水含有一定量的甲肝病毒。毛蚶体内的甲肝病毒比海水高数十倍甚至数千倍，食用此类毛蚶后人感染肝炎的概率极大。

3. 水产品中的寄生虫

鱼体中的寄生虫是极为常见的，大多数与公众健康关系不大。目前已知鱼体和贝类中有50多种蠕虫寄生虫引起人类疾病，有些还会造成严重的潜在健康危害。最常见的蠕虫寄生虫见表4-6。

表 4 – 6　通过鱼和贝类传播的病原寄生虫

寄生虫	已知的地理分布	鱼类和贝类
线虫（Nematodes 或 Roundworms）		
Anisakis simpler	北大西洋	鲱鱼
Pseudoterranova dicipiens	北大西洋	鳕鱼
颚口线虫属（*Gnathostoma*）	亚洲	淡水鱼、蛙
毛细线虫属（*Capillaria*）	亚洲	淡水鱼
血管圆线虫属（*Angiostrongylus*）	亚洲、南美洲、非洲	淡水虾、蜗牛、鱼
绦虫（Cestodes 或 tape worms）		
二叶槽绦虫属（*Diphyllobothriumlatum*）	北半球	淡水鱼
太平洋二叶槽绦虫（*D. pacificum*）	秘鲁、智利、日本	海水鱼
吸虫（Trematoda 或 Fluke）		
枝睾（吸虫）属（*Clonorchis*）	亚洲	淡水鱼、蜗牛
后睾（吸虫）属（*Opisthorchis*）	亚洲	淡水鱼
横川后殖吸虫（*Metagonimus yokagawai*）	远东	
异形吸虫属（*Heterophyes*）	中东、远东	蜗牛、淡水鱼、半咸水鱼
并殖吸虫属（*Paragonimus*）	亚洲、美洲、非洲	蜗牛、甲壳类、鱼类
棘口吸虫属（*Echinostoma*）	亚洲	蛤、淡水鱼、蜗牛

目前，存在于我国水产品中且对人类健康危害较大的寄生虫有线虫、吸虫和绦虫。其中，比较常见的有线虫中的异尖线虫、广州管圆线虫和刚棘颚口线虫，吸虫中的肝吸虫和肺吸虫，绦虫中的曼氏迭宫绦虫。

（1）线虫（Nematodes）：线虫动物门是动物界中最大的门之一，为假体腔动物，有超过 28 000 个已被记录的物种。绝大多数体小呈圆柱形，又称圆虫（Roundworms），它们在淡水、海水、陆地上随处可见，不论是个体数或物种数都往往超越其他动物，并在极端的环境如南极和海沟都可发现。线虫会造成寄主身体基因改变、生理改变、组织液的改变、神经系统受损、皮肤黏膜代谢发生异常以及各种消化道疾病，各种器官的病变，各种栓塞，肌肉纹理的改变等，致使代谢和免疫力受损，严重的造成死亡。

（2）绦虫（Cestodes）：属于扁形动物门的绦虫纲（Cestoda），是一种巨大的肠道寄生虫，普通成虫的体长可以达到 72 英尺（21. 945 6 m）。绦虫广泛地寄生于人、家畜、家禽、鱼和其他经济动物的体内，引起各种绦虫病和绦虫蚴病。成虫寄生于脊椎动物，幼虫主要寄生于无脊椎动物或以脊椎动物为中间宿主。水产品感染绦虫的途径主要是绦虫妊娠节片和虫卵随人的粪便排到水体中，从而引起鱼体等感染。

（3）吸虫（*Trematoda*）：亦作 Fluke。扁形动物门吸虫纲动物，近 6 000 种，世界性分布。幼虫期所寄生的宿主为中间宿主，成虫的寄生称终末宿主，一般生活史要包括卵、毛蚴、无性世代的胞蚴、雷蚴、尾蚴和囊蚴。尾蚴寄生于水生或陆生软体动物的腹足类，囊蚴分别寄生于甲壳动物的虾、蟹、昆虫、软体动物、鱼类、植物等生物体上。2005 年 6 月至 2006 年 11 月，福建厦门海域 570 尾野生鱼类样本，单殖吸虫检出率为 20.5%，其中 16 种鱼类的鳃或体表上发现有单殖吸虫寄生，占检查鱼种类的 41%。

吸虫绝大多数是各类脊椎动物的寄生虫病的病原，软体动物等因被吸虫的幼虫期所寄生亦受损害。因此，人及各类经济动物均可受到不同程度危害。如腹口吸虫目及前口吸虫目的孔肠科等吸虫是鱼类寄生虫，幼虫期寄生在双壳纲软体动物如贻贝、珍珠贝、缢蛏等上，产生严重危害。在前口目中的裂体科、并殖科、双腔科、片形科、同盘科、后睾科及棘口科等均有人体和家畜、家禽及鱼类等经济动物重要吸虫病的病原。多种吸虫病原可使家畜消瘦，甚至大批死亡。

（4）寄生虫在水产品中的常见寄生部位：①鱼内脏：异尖线虫和刚棘颚口线虫寄生于鱼的肝脏、肠等部位。不同的鱼种中异尖线虫的寄生部位不同：在黑头鱼中，异尖线虫多寄生于胃的外表面；在牙鲆中，异尖线虫在泄殖腔周围大量寄生；而在真鲷中，异尖线虫在内脏器官的各个部位均匀寄生。这种类型的寄生虫对喜食鱼肝、鱼子的人群是一种潜在的威胁。②鱼体表：肝吸虫、肺吸虫的囊蚴经常寄生于淡水鱼的腹部、背部及头部。③鱼体肌肉：异尖线虫和刚棘颚口线虫经常寄生于鱼的肌肉里，多种绦虫蚴寄生于海水和淡水鱼的肌肉部位，鱼的去内脏加工丝毫不能消除鱼肉内的寄生虫对人体的威胁。这种类型的寄生虫对人的危害最大。④腹足类动物如螺类、甲壳类动物（如虾和蟹）体内：广州管圆线虫、肺吸虫囊蚴可寄生于这一类水产品中，人类如果食用了未经完全加工熟的这类水产品（如醉螺、醉蟹），就有可能感染上这种寄生虫。

4.3.2 化学性危害

水产品中的化学性危害分为生物毒素、化学添加物和环境污染 3 大类。

1. 生物毒素类

（1）河豚毒素（Tetrodotoxin，TTX）：河豚毒素的 LD_{50} 为 8.7 μg/g（小鼠腹腔注射），其毒性比氰化钠强 1 000 倍，是一种生物碱类天然毒素。在河豚体内发现含河豚毒素的器官或组织有肝脏、卵巢、皮肤、肠、肌肉、精巢、血液、胆囊和肾等。

有些种类的河豚，地理分布不同，其体内毒素分布的部位、含量和毒性也有所不同，如台湾海域的纹腹叉鼻鲀（*Arothron Hispidus*），其肌肉就有毒性，而在南海海域，肌肉中则没有河豚毒素分布。又如，东海南部的横纹东方鲀（*Takifugu oblongus*），仅卵巢、肝脏和肠中含河豚毒素，而在台湾沿海的横纹东方鲀，体内河豚毒素分布较为广泛，在卵巢、肝脏、肠、胆囊、精巢、肌肉和皮肤中均有分布。

根据目前研究报道，河豚毒素中毒机理是通过阻抑神经和肌肉的电信号传导，阻止肌肉、神经细胞膜的离子通道，使神经末梢及神经中枢麻痹，使机体不能运动。毒素量大时，迷走神经麻痹，呼吸减慢至停止，迅速死亡。

（2）鱼肉毒素（西加鱼，*Ciguatera*）：西加鱼毒（Ciguatera fish poisoning，CFP）是指加勒比海地区除河豚中毒之外的所有鱼肉中毒现象，它包含雪卡毒素（Ciguatoxin，CTX）、刺尾鱼毒（Maitotoxin，MTX）。含有雪卡毒素的海鱼有 400 多种，限于取食藻类和珊瑚礁碎渣的鱼及较大的珊瑚礁食肉鱼，如海鳝、黑真鲷鱼、双棘石斑鱼、西班牙鲭鱼、斜纹鱼等。雪卡毒素在鱼的肝和其他内脏中浓度最高。

雪卡毒素引起中毒症状广泛而又复杂，其致病机理尚待深入研究。目前已经阐明的中毒机理："钠通道毒素"指能兴奋神经及骨骼肌细胞膜的钠通道，增加膜对钠的通透性；另外，通过对肾上腺神经末梢的强烈刺激，释放大量的去甲肾上腺素，作用于平滑肌细胞；雪卡毒素还是胆碱酯酶抑制剂。全世界鱼肉毒素感染率每年约有 5 万例，其中死亡率约为 12%。

（3）贝类毒素：海洋毒素种类繁多，其中贝类毒素是危害较大者之一。贝类毒素包括麻痹性贝类毒素（PSP）、腹泻性贝类毒素（DSP）、神经性贝类毒素（NSP）和记忆缺失性贝类毒素（ASP）。

麻痹性贝类毒素是毒性很强的毒素之一，其毒性与河豚毒素相当。它由 20 多种结构不同的甲藻产生的毒素组成，这些甲藻既可在热带水域和温带水域生长。这种毒素溶于水且对酸稳定，在碱性条件下易分解失活；对热也稳定，一般加热不会使其毒性失效。麻痹性贝类毒素的毒理主要是通过对细胞钠通道的阻断，造成神经系统传输障碍而产生麻痹作用。

腹泻性贝类毒素是从紫贻贝的肝胰腺中分离出来的一种脂溶性毒素，因被人食用后产生以腹泻为特征的中毒效应而得名。它主要来自于鳍藻属（*Dinophysis*），原甲藻属（*Prorocentrum*）等藻类，它们在世界许多海域都可生长。腹泻性贝类毒素由 3 种不同聚醚化合物组成：软海绵酸主要作用于小肠，可导致腹泻及吸收上皮细胞的退化，同时它也是很强的肿瘤促进剂；栉膜毒素通过小鼠实验表明是一种肝脏毒素，当对小鼠进行腹膜内注射时会导致肝脏坏死；硫化物毒素会对小鼠的心肌造成损伤。

神经性贝类毒素因人类一旦食用这些染毒贝类便会引起以麻痹为主要特征的食物中毒，或在赤潮区吸入含有有毒藻类的气雾，会引起气喘、咳嗽、呼吸困难等中毒症状而得名。神经性贝类毒素是贝类毒素中唯一的可以通过吸入导致中毒的毒素。神经性贝类毒素主要来自于短裸甲藻（*Gymnodinium Breve*）、剧毒冈比甲藻（*Gambierdiscums toxincus*）等藻类。神经性贝类毒素属于高度脂溶性毒素，结构为多环聚醚化合物，主要为短裸甲藻毒素，其毒理是：与麻痹性毒素相似，作用于钠通道，作用位点与石房蛤毒素不同，引起钠通道维持开放状态，从而引起钠离子内流，造成神经细胞膜去极化。对新鲜的、冷冻的或罐装制品的牡蛎、蛤类和贻贝的神经性贝类毒素最大允许限量为 20 MU/100 g。

记忆缺失性贝类毒素是一种强烈的神经毒性物质，因可导致记忆功能的长久性损害而得名。这类毒素主要来自于硅藻（*Diatoms nitzschiapungens*）和菱形藻（*Nitzschia pseudodelicatissima*）。记忆缺失性贝类毒素主要来自于软骨藻酸，软骨藻酸被证明是一种强烈的神经毒性物质，可作用于中枢神经系统红藻酸受体，导致去极化、钙的内流以及最终导致细胞的死亡。而且软骨藻酸与其他兴奋性氨基酸如谷氨酸的协同作用可使提取物的毒性更强。

蓝藻毒素：蓝藻毒素和异味物质是蓝藻所产生的次生代谢产物，也是藻源次生代谢产物中对水环境影响最大的两类物质。蓝藻毒素，顾名思义，即蓝藻产生的毒素，根据它们的功能特性目前主要分为 3 类：作用于肝脏的肝毒素，作用于神经系统的神经毒素及细胞毒素；异味物质，即异味及导致异味的挥发性化合物，异味是借助于人的感觉器官（鼻、口和舌）而被感知的，它包括嗅觉异味和味觉异味。

（4）组胺：是广泛存在于动植物体内的一种生物胺，是由组氨酸脱羧而形成的，通常贮存于组织的肥大细胞中。大量检测表明，海产鱼中的青皮红肉鱼类含组胺较高，当鱼不新鲜或腐败时，鱼体中游离的组胺酸经脱羧酶作用产生组胺。

一般来说，就算是新鲜度很高的鱼，或多或少都含有微量的组胺。美国食品药物管理局对新鲜鱼肉含有组胺的上限是每千克鱼肉含 50 mg，在此剂量内，正常人的体内酶可以将其轻易分解。但如果鱼体遭到细菌污染，鲜度降低，就会生成大量组胺，此时食用就容易发生过敏性中毒。在各种鱼类中，则以鲭科鱼类，如鲭鱼、鲣鱼、鲔鱼等生肉或加工品，特别容易带有较高量的组胺。

2. 添加物

冰鲜水产品在生产过程一般是降低温贮藏技术和其他化学、生物保鲜方法结合使用以达到更好的保鲜效果，如过量使用二氧化硫（SO_2）延缓虾壳变黑，过量添加或者违法添加磷酸盐等保水剂来保持鱼体的水分等。因此，造成水产品中一些化学物质的大量残留。

3. 环境污染

环境污染物是指无意或者偶然地混入水产品中的化合物质，详见表4-7。

表4-7　我国水产品中常见化学物残留限量标准

项　目	指　标
汞（以 Hg 计）/（mg/kg）	≤1.0（贝类及肉食性鱼类），≤0.5（其他水产品）
甲基汞（以 Hg 计）/（mg/kg）	≤0.5（所有水产品）
砷（以 As 计）/（mg/kg）	≤0.5（淡水鱼）
无机砷（以 As 计）/（mg/kg）	≤1.0（贝类、甲壳类、其他海产品），≤0.5（海水鱼）
铅（以 Pb 计）/（mg/kg）	≤1.0（软体动物），≤0.5（其他水产品）
镉（以 Cd 计）/（mg/kg）	≤1.0（软体动物），≤0.5（甲壳类），≤0.1（鱼类）
铜（以 Cu 计）/（mg/kg）	≤50（所有水产品）
硒（以 Se 计）/（mg/kg）	≤1.0（鱼类）
氟（以 F 计）/（mg/kg）	≤2.0（淡水鱼类）
铬（以 Cr 计）/（mg/kg）	≤2.0（鱼贝类）
组胺/（mg/100 g）	≤100（鲐鲹鱼类），≤30（其他海水鱼类）
多氯联苯（PCBs）/（mg/kg）	≤0.2（海产品）
甲醛	不得检出（所有水产品）
六六六/（mg/kg）	≤2（所有水产品）
滴滴涕/（mg/kg）	≤1（所有水产品）
麻痹性贝类毒素（PSP）/（μg/kg）	≤80（贝类）
腹泻性贝类毒素（DSP）/（μg/kg）	不得检出（贝类）

（1）药物残留：在防治水产动物疾病中使用渔药，在饲养过程中使用饲料药物添加剂等均可导致药物在水产品中残留。由于养殖的集约化，饲料药物添加剂和亚治疗量的各类抗生素在生产中广泛应用以及用药混乱及不合理规范等因素存在，使水产品药物残留问题日益突出。现在国际上比较重视的残留药物有抗生素类（链霉素、新霉素、四环素族、氯霉素）、磺胺类、呋喃类、喹诺酮类等。

（2）有毒有害元素和化合物：重金属作为一种持久性污染物已越来越多地被关注和重视。如加拿大、美国、日本因河流被污染，大量鱼、贝类的汞含量超过规定标准，诸如此类的问题给人类带来了严重危害，通常水产品中需要重点监测的重金属项目有无机砷、铅、镉和甲基汞，其中砷属于非金属，但常将其纳入重金属类加以考虑。

（3）其他化学药品：在对水产品养殖环境进行杀菌消毒或者保鲜贮藏过程往往会用到如次氯酸钠等清洁消毒剂。我国对某些水产品如扇贝柱的加工中有时候会使用次氯酸钠浸泡，以降低细菌总数。此外，直接与食品接触的包装材料、标签等有可能含有和释放有毒害的化学品以及为了增加产品的光鲜度认为涂抹于鱼体表面和鱼鳃等部位的化学颜料，常见的有黄鱼、带鱼等。这些化学物质转移到水产品以后很难清除。

4.3.3 物理性危害

在冰鲜水产品中常见物理危害是金属，其来源可能：①捕捞过程遗留在鱼体中的鱼钩，或在捕捞船上由捕捞工具混入的金属物质；②生产过程中设备、工具损坏而混入；③有意插入，例如虾、鲳鱼中插入钉子等。另外，玻璃碎片也常被发现混入冰鲜水产品中，主要来源于照明灯、玻璃温度计、紫外消毒灯等。

4.4 冰鲜水产品质量与安全控制

冰鲜水产品的加工或保鲜方式，大都是 0～4℃低温保藏条件下进行，而在此温度下产品的安全性和品质极易受到影响。冰鲜水产品的生产与配送条件非常苛刻，必须有全过程的冷链和卫生控制为保障，"鲜、冷、净"三大要素缺一不可。"鲜"：从捕捞、宰杀、分割、包装、运输、冷藏、配送到食用，要在短短几天内完成；"冷"：产品必须全程保持 0～4℃冷藏温度；"净"：特别是生食品种，由于是不经加热食用，一旦被致病菌、寄生虫等污染，将直接导致食客患病。

4.4.1 冰鲜水产品中微生物的控制

1. 冰鲜水产品原料中微生物的控制

冰鲜水产品加工过程中，原料微生物含量对其生产过程的操作深度和成品微生物含量有很大影响。因此，在水产品生产过程中对微生物的监控，首先要从源头抓起。①微生物广泛分布在土壤、动物体及其排泄物、空气和水中，对原料的选取应从源头开始，选择水源无污染或污染程度较低的地域的水产品。②微生物易生长、易传播、繁殖能力强等特点，决定了整个生产和贮存过程中都不能忽视微生物监控，以防止水产品二次污染。因此，一定要加强对工作人员无菌加工理念的培养，严格按照冰鲜水产品加工工艺进行生产，如原料清洗杀菌、操作用具消毒、操作人员工装及帽子等接触原料的消毒等，必须按照要求执行。③微生物传播途径很广，可通过水源、空气传播，也可通过动物携带传播，其中苍蝇、蚊虫的携带传播尤为常见，因此做好原料的防蝇、防蚊措施，可有效避免蚊蝇带来的微生物源。

2. 冰鲜水产品生产过程中的微生物控制

在冰鲜水产品生产过程中，对微生物的监控尤为重要。一方面生产过程中的微生物检测可保证产品合格，使生产出来的冰鲜产品微生物含量符合要求。另一方面，可对冷冻水产品的再次检测，防止微生物污染的蔓延。在生产过程中对微生物进行监控时，首先要注意操作间的无菌环境。①受污染的原料或废弃原料等应及时清理，同时要采用动态杀菌机对操作间进行杀菌处理，以保持操作间人员、空气的清洁。②成品快速包装并及时送到冰藏保鲜库，对于不能及时包装的半成品也应第一时间送到保鲜库。③生产设备、生产用具的定期清洗、消毒也可有效控制微生物的生长与繁殖。④在冰鲜水产品生产过程中加大微生物检测，如扩大微生物检测的取样范围和增加检测次数等，以降低微生物污染概率和及时发现微生物危害并处理。⑤在进行冰鲜处理各类水产品时，一定要尽量减少人员操作和器械造成的物理损伤，如鱼表鳞片脱落、皮肤破损等，避免微生物的大量滋生。

另外，为确保冰鲜水产品质量，美国 FDA 规定了鱼类水产品在死后和进行冰鲜等处理之前暴露于空气或水中的温度和时间，即高于 28.3℃ 条件下不能超过 6 h；在 28.3℃ 或低于此温度时不能超过 9 h；如果是在除去了内脏条件下不能超过 12 h；如果将捕获后鱼体处死放置在鱼体生活的水体中且温度低于 18.3℃ 时，则存放时间不能超过 24 h。

3. 冰鲜水产品运输过程中的微生物监控

在运输过程中，冰鲜水产品由于脱离了生产车间和存储车间的高度清洁环境，在与外界环境接触的过程中易发生二次污染。因此，在运输中需要保证运输条件的洁净、无毒、无异味及无污染。具体做法如下。

（1）对运输工具进行彻底清洁，然后采用紫外线照射方式进行杀菌消毒处理，也可用次氯酸钠等安全性较高的消毒剂进行消毒。注意尽量避免使用含有较强异味、易挥发、扩散的消毒剂，因为产品运输过程几乎是密闭的环境，易造成这些异味物质转移至产品中。

（2）在进行产品装箱之前最好对运输工具进行冷却，以减少与产品之间的温差。另外，在如集装箱四周边缘加保温层，以避免外缘产品的温度在长时间运输途中温度上升较多。如果夏天高温条件下长途运输，应该在一定时间内进行温度控制，及时监测产品温度变化并采取相应的冷却措施。

4.4.2 冰鲜水产品寄生虫危害的控制

美国 FDA 的 HACCP 法规中指出，冰鲜水产品加工者要有寄生虫方面的知识，并要求若加工过程未杀死寄生虫，应向消费者声明或贴标签说明。欧盟指令明确要求部分水产品必须要予以冷冻，且必须在 −20℃ 以下冷冻至少 24 h，具体如生食或几乎是生食的鱼或做冷烟熏加工的内部温度低于 60℃ 的鲱鱼、鲭鱼、小鲱鱼、野生大西洋和太平洋马哈鱼等以及加工过程不足以杀灭线虫幼体的醋渍和腌制鲱鱼等。

对于冰鲜水产品在生产过程寄生虫的危害控制，与病原微生物或者腐败菌的控制方法以及注意事项相同。此外，由于寄生虫在不同水产品中寄生方式和存在部位各异，可对部分寄生虫感染的产品进行一些前处理，以限制或者阻止寄生虫的扩散和滋生。

（1）去内脏。内脏中含有大量寄生虫，如异尖线虫、刚棘颚口线虫和绦虫，加工去除内脏可彻底清除肝、肠等部位的寄生虫。

（2）剔除幼体。在加工中剔除含有寄生虫幼体、囊蚴的鱼肉。欧盟等发达组织或国家规定，含有寄生虫幼体、囊蚴的鱼肉不得投入市场流通和进行深加工。

（3）冷冻。−21℃ 下冻结 24 h，鱼虾体内异尖线虫幼虫就会被杀死。荷兰政府规定用做生食的鱼，必须在 −21℃ 下冷冻 24 h，致使其荷兰寄生虫病发病率大幅度下降。

（4）酸渍。鱼肉在浓醋中浸渍 5 h 以上，可有效杀死异尖线虫幼虫。除此之外，还有腌制、高温、高压等处理方式可杀死寄生虫，但是不适宜用于冰鲜水产品的生产加工。

4.4.3 冰鲜水产品的化学污染控制

要预防和控制水产品中的化学污染，从根本上要控制或消除污染源，如科学合理地使用农药和渔药、加强环境保护力度、加快城市垃圾处理能力、工业污水处理的建设等。在制度上，要制定和完善食品安全法规和食品安全标准体系，明确水产品安全生产链上各个环节的法律义务和责任。在科学研究方面，加大对水产品安全科学领域的研究投入，如产品安全控制技术的风险性评估分析和研究。此外，加强宣传并提高全民食品安全意识，也是解决水产品安全性问题所必须推进的工作。

对于冰鲜水产品而言，在加工过程还应注意清洗、制冷、制冰水体的洁净与卫生，以免遭受化学物质二次污染。加工过程中注意保证鱼体表面的完整性，以免化学污染物质进入到产品肉质，从而增加危险性。还要严禁给产品着色以掩盖其真实质量问题。

4.5 不同冰鲜技术对水产品品质的影响和控制

尽管冰鲜水产品的加工方式，都是以维持一定低温水平来达到保鲜、保质的目的，但是不同加工方式的作用机制或基于的作用原理仍然有较大差异。随着人们对冰鲜水产品品质的要求越来越高，冰鲜技术不仅要考虑延长保质期和安全性，更要考虑产品的口感品质。

4.5.1 冰藏保鲜

冰藏的用冰量要考虑水产品冷却的冰量和保鲜过程中维持低温所需的冰量。水产品冷却所需的冰量，与水产品和温度呈简单的比例关系。以冷却鱼类为例，即将 t℃鱼类，冷却到0℃所需的冰量（%）为 $0.8t/80 \times 100$。式中0.8为鱼体比热，80为冰的溶解热。

冰藏保鲜的用冰方法，要注意用冰量充足，不能脱冰；轧碎的冰粒要细，分层均匀撒布，每层冰层要薄，使水产品能迅速得到完全的冷却。冷藏保鲜制冰设备简单、操作方便，能在短时间内处理大批水产品，但保藏时间较短，保藏中若堆积过厚过高，水产品受到挤压，加上布冰不匀，会导致局部发热引起腐败变质。常见冰藏保鲜根据冷却方法不同分为以下两种。

（1）撒冰法。撒冰法是将碎冰直接撒到水产品表面。它的好处是简便，融化的冰水又可清洗水产品表面，除去细菌和黏液，还具有防止表面氧化与干燥的作用。对鱼来说，撒冰法一般用于整条鱼，操作方法为：洗净→理鱼→撒冰装箱（撒冰要均匀，一层冰一层鱼）。对特种鱼或大鱼，必要时可去腮、剖腹除内脏→洗净→腹内抱冰→撒冰装箱或装桶（容器底、壁及鱼表面需均匀撒冰）。

（2）水冰法。水冰法即先用冰把清水或海水降温，然后把鱼类浸泡在水冰中，其优点是冷却速度快，适用于死后僵硬快的或捕获量大的鱼类，如鲐鱼、沙丁鱼等。水冰法应注意：①海水或淡水要预冷（海水 −1℃，淡水近0℃）。②水舱或水池要防止摇动，避免擦伤水产品。③用冰要充足，水面要被冰覆盖，若无浮冰，应及时加冰。④水产品应洗净后才放入，避免污染冰水。若被污染，需及时更换，严重时还需对容器进行消毒。⑤当水产品品温冷却到0℃左右时，即取出，改用撒冰保鲜贮藏。

4.5.2　冷海水保鲜

冷海水保鲜的最大优点就是冷却速度快，操作简单迅速，如若配以吸鱼泵协同操作，便可大大降低装卸劳动强度。冷海水保鲜期因鱼种而异，一般为 10 ~ 14 d。该技术的缺点是：高浓度盐水长时间浸泡使鱼体损伤或脱磷，且当血水较多时会污染冷海水，导致鱼体鲜度下降速率比同温度冰藏鱼更快；另外，冷海水保鲜装置对船舱制作要求较高，在一定程度上影响了此项技术的推广和应用。目前，国内外为克服上述缺点，采取了一些方法，如利用冷海水将鱼体温度降至0℃以后转为冰藏保鲜，另一种是缩短冷海水保鲜时间至 3 ~ 5 d 或者更短，还有就是向冷海水中冲入一定量二氧化碳来降低水体 pH 值至 4.2，可更好地抑制细菌生长，从而延长渔获物的保鲜期。

4.5.3　冰温保鲜

近年来，我国冰温技术在水产品冰温保鲜、无水保活等方面的研究越来越多，已取得了一定的研究成果。Bahuaud 等在 -1.5℃条件下贮藏大西洋鲑鱼，比冷藏条件下货架期延长了4周。王真真等研究冰温下包装方式对大黄鱼保鲜效果的发现，冰温条件下真空包装法对贮藏过程中鱼的细菌总数、TBA 值、TVB - N 均有抑制作用，保鲜时间比空气包装组延长了 6 ~ 7 d。Gallart - jornet 等研究新鲜大西洋鲑鱼肉片分别在冰温、冷藏和冻藏 3 种不同条件下的品质变化，结果表明，冰温条件比冰藏的货架期延长了9 d，且对鱼肉蛋白质的降解、变性程度、结构的变化等均有明显的改善。

4.5.4　微冻保鲜

为取得更好的保鲜效果，目前普遍采用冰盐混合物进行微冻保鲜。冰盐混合物的温度高低，是依据冰中掺入盐的百分数而决定的，如用盐量为冰的 29% 时，最低温度可达 -21℃。因此，利用冰盐混合物，可以进行鱼贝类的冷却和冻结。要使鱼贝类达到微冻温度 -3℃，一般可在冰中掺入占其重量3%的食盐。保鲜过程中，由于冰融化快，冷却温度也低；冰融化后，冰水吸热温度回升，鱼贝类温度的回升也较快。因此，在冰盐微冻过程中，需要逐日补充适当的冰和盐，以期保温效果最佳。

本章小结

1. 鱼贝类贮藏过程的肉质变化：水产品死后肌肉会在各种化学、物理、微生物的作用下发生相应的改变，进而影响产品的品质和安全性。鱼贝类等水产品死后肉质变化过程为：初期生化反应和僵硬、解僵和自溶、细菌腐败三个阶段。

2. 冰鲜水产品的生产及保鲜原理：适宜温度和水分是酶发挥作用和细菌生长繁殖的必要条件，因此水产品冷藏保鲜便是利用了低温能抑制相关酶活，同时降低细胞水分活度，进而抑制细胞中生理生化作用的正常发挥。常见的水产品冷藏保鲜技术有：冰藏保鲜、冷海水保鲜、冰温保鲜和微冻保鲜。

3. 冰鲜水产品生产过程的生物性危害：弧菌属、单增生李斯特菌、沙门氏菌属、金黄色葡萄球菌、线虫及吸虫等；化学性危害：生物毒素类、鱼肉毒素、贝类毒素、组胺、有毒有害元素和化合物等；物理性危害等。

4. 冰鲜水产品质量与安全控制：在原料筛选过程加强对产品生活环境、捕捞过程等相关信息了解和分析，保障原料安全性；在加工过程中，针对不同产品特性、品质要求和实际生产采用相应保鲜技术，防止外界环境对产品的二次污染；在包装、运输及贮藏等环节，围绕温度稳定进行安全性控制。

思考题

1. 冰鲜水产品的危害来源和分类有哪些？
2. 水产品中常见的生物性危害有哪些？
3. 冰鲜水产品的主要生产加工技术及其原理有哪些？
4. 如何控制冰鲜水产品生产过程中的危害？

参考文献

刁石强,李来好,岑剑伟,等.2011.冰温臭氧水对鲩保鲜效果的研究[J].南方水产科学,7(3):7
　－13.

高红岩,胡瑞卿,王丽娜,等.2010.流化冰预冷与冰温贮藏新鲜鳕鱼片质量特性分析研究[J].制冷
　学报,31(2):48－52.

龚婷.2008.生鲜草鱼片冰温气调保鲜的研究[D].武汉:华中农业大学.

韩利英,张慜.2009.鲫鱼块冰点调节剂的研究[J].食品与生物技术学报,28(6):759－763.

李辉,刘莲凤,杨博峰,等.2011.冰温保鲜条件下牙鲆的鲜度及质构变化[J].渔业科学进展,32(3):
　63－68.

励建荣.2010.生鲜食品保鲜技术研究进展[J].中国食品学报,10(3):1－12.

梁琼,万金庆,王国强.2010.青鱼片冰温贮藏研究[J].食品科学,31(6):270－273.

王真真,董士远,刘尊英.2009.冰温下包装方式对大黄鱼的保鲜效果研究[J].水产科学,28(8):
　431－434.

熊善柏.2007.水产品保鲜储运与检验[M].北京:化学工业出版社,1－3.

张昆明,朱志强,农绍庄,等.2011.冰温结合气调包装对葡萄贮藏保鲜效果的影响[J].食品研究与
　开发,32(1):126－130.

Bahuaud,Markare,Langsrud,et al. 2008. Effects of －1.5℃ Super － chilling on quality of Atlantic salmon
　(*Salmo salar*) pre － rigor Fillets:Cathepsin activity,muscle histology,texture and liquid leakage [J].
　Food Chemistry,111:329－339.

Christian J,Violaine S,Stephen J J. 2009. The freezing and supercooling of garlic (*Allium sativum* L.)
　[J]. International Journal of refrigeration,32:253－260.

第5章　干制水产品生产安全控制技术

教学目标

1. 掌握水产品干制目的、生产原理及干制过程中品质变化规律。
2. 掌握干制水产品加工过程中存在的危害种类及影响因素。
3. 掌握HACCP体系在干制水产品生产过程中的应用。
4. 了解干制水产品的种类和加工工艺。

　　鱼、虾、贝类等水产品中含有大量水分，若不经处理，极易腐败变质。利用干燥方法可减少水产品的水分含量或降低水分活度，从而抑制微生物生长和相关化学反应，达到防腐的目的。干制保藏是一种古老的水产品保藏方法，早在人类进入文明时代之前，人们就利用自然晒干或风干等方法来保藏水产品。本章详细介绍水产品的干制原理及方法，重点分析干制水产品生产过程中存在的危害种类及特点，并针对存在的危害因素，讲述干制水产品生产过程的安全控制体系及技术方法等。

5.1　干制水产品生产原理

5.1.1　干制的目的

水产品干燥是指在自然条件或人工控制条件下使水产品中水分蒸发的过程。干燥方法主要有自然干燥和人工干燥两大类。

自然干燥如晒干、风干等方法由来已久，人类很早就利用自然干燥来干燥谷类、果蔬、鱼、肉等制品，以延长食品的贮藏期。即使在经济发达国家，自然干燥仍是常用的水产品干燥方法。我国沿海地区对水产品的干制加工，最早用的也是自然干燥，如海带、鱼干、贝类干制品等。但自然干燥也有很大的局限性，如占地面积大、生产效率低及受气候影响较大，产品容易遭受灰尘、杂质、昆虫等污染和鸟类、啮齿动物等的侵袭，使产品的质量与安全性较难保证。

随着社会经济的发展，自然干燥已经不能满足水产品加工的需要，因此，人工干燥法如热空气干燥、真空干燥及冷冻干燥法等应运而生。人工干燥法在室内进行，不再受气候条件限制，干燥时间缩短，易于控制，产品质量显著提高，逐渐成为了主要的干燥方法。1878 年，德国人研制了第一台辐射热干燥器，4 年后真空干燥器也诞生了。到 20 世纪初，热风脱水干燥法已进行大规模工业化应用，随后发展了热风隧道式干燥以及气流式、流化床式和喷雾式干燥法。

无论哪种干燥法，干燥的目的不仅要将水产品中的水分降低到一定水平，达到干藏的水分要求，还要使水产品品质变化最小，有时还要改善水产品质量。水产品干燥过程综合了化学、物理化学、生物化学和流变学变化过程，因此科学地选择干燥方法和设备，控制最适干燥条件，是水产品干燥面临的主要问题。

5.1.2　干制原理

水产品的干燥过程由表面水分蒸发和内部水分向表面扩散两部分组成。在干燥的介质（空气）中，干燥初期水产品表面的水分开始蒸发，表面水分含量不断降低，导致表面和内部的水分含量形成浓度差；干燥继续进行使得内部的水分向表面扩散，表面的水分再继续蒸发；最后水产品表面和内部水分达到平衡，干燥过程结束。

水产品中水分由内部向表面的扩散是符合费克定律的，其扩散速度与水分浓度梯度成比例。具体干燥过程分为 3 个阶段：快速干燥阶段、等速干燥阶段和减速干燥阶段。干燥初期属于快速干燥阶段，此时在单位时间内水产品水分的蒸发速度不断增加，主要表现为水产品表面温度上升和水分的蒸发。随着干燥的进行，水产品表面的水分蒸发量与内部水分向表面扩散量逐渐趋于相等，此时蒸发速率相等，属于等速干燥阶段，主要表现为水分的蒸发，水产品表面的温度不再上升。当水分蒸发到某一程度时，物料的肌纤维收缩且相互间紧密连接，使水的通路受堵，再加上水产品表层肌肉变硬，导致水分向表面的扩散以及从表面蒸发的速率下降，此时便进入了减速干燥阶段，这时主要表现为水分蒸发减少，水产品温度又开始上升。至减速干燥结束时，水产品中的水分已很难再蒸发。若经过干燥后还不能达到加工要求，则需进一步蒸发水分。此时可将已干燥的水产品堆积在室内，蒙盖一层厚布，放置 1~2 d，停止水分蒸发，促进由内向外扩散使表面水分略增，有助于次日再进行日晒时，其内部水分继续向外扩散，以支撑表面蒸发，这一操作称为罨蒸。此时，干制品的水分含量更低，而水分在内部的分布也更均匀。

在水产品干制过程中，要避免急速干燥。因为急速干燥脱水会造成内部水分向表面的扩散速度跟不上表面水分的蒸发速度，从而造成水产品表面的干燥效应，形成表层硬壳。此时，内部的水分已很难再通过表面蒸发出来，而这时水产品内部的水分含量仍很高，不易久藏。因此，适当延长等速干燥的时间，有利于水产品的脱水干燥。

不同的水产品，内部水分扩散速度不同。同一水产品在干燥过程中，由于组织结构起了变化，其内部水分扩散速度也不同。因此，要想达到表面水分蒸发速度与内部水分扩散速度相协调，对不同的水产品要选择不同的干燥条件（温度、空气流速等）。此外，对同一水产品在干燥过程中的不同阶段，也要采用不同的干燥条件。

由于干燥的温度又会影响到水产品的其他成分（如脂肪、维生素等），所以为了减少水产品在干燥过程中的营养成分损失，通常可采用真空冷冻干燥。真空冷冻干燥原理是基于水的三态（固态、液态和气态）变化理论，在高真空状态下，利用升华原理，水产品中使预先冻结的水分，不经过冰的融化，直接以冰态升华为水蒸气而被除去，从而达到冷冻干燥的目的。真空冷冻干燥产品可确保水产品中蛋白质、维生素等各种营养成分，特别是那些易挥发、热敏性成分损失较小，因而能最大限度地保持原有的营养成分，有效地防止干燥过程中的氧化、营养成分转化和状态变化。冻干水产制品呈海绵状，无干缩，复水性极好，食用方便，含水分极少，包装后可在常温下长时间保存和运输。

5.1.3 影响干制的因素

1. 水产品表面积

为加速湿热交换，水产品常被分割成薄片或小片后，再进行脱水干制，如鳕鱼片。这样可以缩短热量向水产品中心传递和水分从水产品中心外逸的距离，增加水产品和加热介质相互接触的表面积，加速水分外逸。水产品表面积越大，干燥速度越快。

2. 温度

传热介质和水产品间温度差越大，热量向水产品传递的速度也越快。

3. 空气流速

空气流速越快，干燥速度越快，因此加速空气流动速度，不仅可以及时带走水产品表面的饱和湿空气，还可以增加空气与水产品表面的接触，显著加速水产品中水分的蒸发。

4. 空气湿度

如果用空气做干燥介质，空气越干燥水产品干燥速度也就越快。当空气湿度接近饱和时，其吸收水分的能力降至最低。

5. 大气压力和真空度

常压下，水的沸点为100℃。大气压力下降，水的沸点也就下降，即气压越低，沸点也就越低，这也是真空干燥能在较低温度下进行的原因。

5.1.4 水产干制的方法

1. 日光干燥脱水法

这是渔区最常用的方法。首先选择自然场地，将被干鱼品平摊在竹帘、草席上或吊挂在木、竹架上，利用日光进行脱水干燥。这种方法不需特殊设备和技术，是比较经济的方法。由于干燥条件只依靠当时大气的自然条件，不能根据各类鱼品的特性掌握其干燥脱水条件，以致在高温、高湿或阴雨季节，会晒出不同类型、不同程度的变质干制品来。为克服这些缺点，近几十年来各种人工干燥脱水的方法也应运而生，如利用空气输送机械进行热风或冷风干燥，可以提高鱼品的干燥效率，避免气候环境影响；此外，还有利用太阳能来进行水产品干燥。

2. 热风、冷风干燥脱水法

热风法是利用空气输送机械，使加热后的空气循环，流经水产品表面，加速水产品的水分蒸发，同时带走其表面的湿空气，从而达到干燥脱水的目的。常用的热风干燥脱水机主要有：箱式和隧道式。其中，具有代表性的箱式热风干燥是将水产品摊排在网状托盘上，再将这些托盘插入箱式干燥脱水机中进行干燥脱水，此法已在干制水产品生产中得以广泛应用。在大规模生产中，则多用隧道式干燥脱水，即将原料摊排在托盘车的网状托盘架在上，再将多辆托盘车顺次推进通有热风的隧道内，在缓慢移动中进行干燥脱水。

冷风干燥脱水法是以除湿的冷风代替热风，在空气湿度增高时，通过制冷装置予以冷却除湿。这种干燥脱水方法是通过原料鱼体与冷风之间的蒸汽压差来进行的，同时由于鱼体几乎不被加热，故不易出现因脂肪氧化和美拉德反应引起的褐变问题，如小型多脂的整鱼体最适合采用冷风干燥脱水，可采用 18～20℃ 低温、空气相对湿度 30%～40%、1.5～2.5 m/s 风速进行干燥脱水。

3. 自然冻干法

自然冻干法主要是利用部分地区（如北方）冬季夜间寒冷的气温，将被干物料置于室外冻结，白天则借着气温上升使被干物料解冻流出水分，经反复数日，水产品便自然冻干成为干制品。

4. 真空冻干法

真空冻干法也称作真空冷冻干燥法，其与自然冻干不同的是将水产品冻结后置于真空状态下，使冰直接升华成为水蒸气而逸出以达到干燥目的。纯水由固态直接升华为气态的温度为 0℃、压力 626.6 Pa。鱼、虾类等肌肉的水分结冰点较低，升华温度在 -4℃、压力 533.2 Pa 以下。真空干燥装置由冻结器、真空泵、干燥室、冷凝器等组成。真空冷冻干燥因干燥温度低，可有效地防止鱼肉蛋白质变性和脂肪氧化，使制品具有良好复水性和色香味。此外，采用真空冷冻装置干燥水产品，干燥脱水速度较快，制品品质较高，复水后的组织结构接近于原料。但真空冷冻干燥装置价格较高，且能耗较大，仅多用于虾类、海参等经济价值较高且形体较小的水产品。

5. 烘干法

烘干法是一种利用燃烧木柴、炭火、电能、煤气等热源，以较高温度将水产品烘熟的方法。例如，现今市场上销售的调味鱼干片就是利用远红外线（加热）烘干机，将调味的原料搁放在机器网状传送带上，以140℃的高温烤熟制成。此外，在渔区加工虾、贝类熟干品，遇到阴雨天气时，也常利用炭火或木柴火补充烘干。

6. 真空干燥脱水法

真空干燥脱水法是将水产品放置在密封容器中，从外部缓缓加热，同时用真空泵予以排气使之干燥脱水的方法。在容器被抽空之初，物料迅速干燥脱水，且由于给蒸发水分提供了潜热，水产品会被很快冷却。假如能供给足够的热量去阻止因蒸发冷却而出现的冻结，或将抽空室内的水蒸气压上升到高于冰的水蒸气压时，则水产品的干燥脱水速率几乎与空气干燥脱水速率相同；但如供热不足，则会出现水产品被冻结现象（在缺乏外部供热情况下，水产品蒸发15%水分后会冻结）。

7. 微波真空干燥法

微波真空干燥法是随着微波干燥技术和真空干燥技术发展起来的一种新型联合干燥方法，其集微波干燥和真空干燥的优势于一体，克服了单纯依靠真空干燥热传导速度慢和干燥效率低的缺点，既能保证水产品干燥过程中的品质又满足了生产效益，还能较好地保持水产品原有的营养成分及感官特性。微波真空干燥技术的优势具体表现为：微波为真空干燥提供热源，克服了真空状态下常规热传导速率慢的缺点；真空缺氧环境提供了较低的干燥温度，并与氧气隔绝，对保证水产品营养成分和改善品质（如褐变）有明显优势；还能缩短干燥时间，提高生产效率。

8. 远红外干燥法

远红外干燥法是利用远红外辐射加热物料使水分蒸发的干燥方法。波长在2～50 μm范围的远红外线，可以有效地被干燥物料吸收后转变为热能，从而使其中的水分蒸发。远红外辐射发生器由金属或陶瓷作为基体，在其表面涂覆能发生远红外线的涂层。涂层材料常用金属氧化物，如氧化钴、氧化铁、氧化锆和氧化钇等。干燥时采用电热或者煤气、炽热烟气等通过加热基体使涂层发出远红外线，同时为了加速干燥，一般可加配送风辅助装置。

5.1.5 干制水产品的种类

干制水产品的种类很多，大致可分为生干品、煮干品、盐干品和调味干制品 4 大类。

1. 生干品

生干品是指原料不经盐渍、调味或煮熟处理而直接干燥的制品。生干品的原料大多是体型小、肉质薄、易于迅速干燥的水产品，如墨鱼、鱿鱼、鳗鱼、鱼卵、鱼肚（鱼胶）、小杂鱼虾、紫菜及海带等。在干燥初期，不宜使用太高的温度，以防止酶的分解作用，一般以 20~40℃ 为宜。

生干品的优点：①在良好干燥条件下，原料组成、结构性质变化较少，因此复水性好。②原料组织中的水溶性营养物质流失少，基本能保持原有品种的风味。

生干品的缺点：①因原料水产品未经过盐渍、预煮等预处理，其水分含量较高，水产品中的微生物和组织中的酶类仍有活性，易造成腐败变质。②某些水产品在干燥过程中常引起色泽、风味的变化。

2. 煮干品

煮干品是以新鲜原料经煮熟后进行干燥的制品，其在南方渔区干制加工中占有重要地位。蒸煮加工过程除具有脱水作用外，还有杀菌作用，同时可破坏水产品自身所含的消化酶类。在蒸煮过程中，温度的控制对制品的品质有重要影响。若温度过高，水产品筋肉因凝固过速、收缩过度而产生爆裂或扭转现象；若温度过低，水产品中蛋白质凝固不足，可溶性成分易于流失，制品形状易伸长变形。因此，在蒸煮时，需要随原料种类及新鲜程度的不同，对加热温度与时间进行适当的调节。煮干品主要由小鱼、贝、虾类加工而成，如海参、鲍鱼、干贝、虾皮等。

煮干品的优点：①原料在煮熟过程中能脱去部分水分，从而降低了原料中的水分含量，有利于缩短干燥时间，提高干燥设备的利用率，也节省了人工和燃料；同时，由于炊煮加热的灭菌作用，使制品在干燥过程中不易腐败。②煮熟加热作用对鲜水产品中各种酶类的破坏作用，可以阻止或减少干燥过程中的自溶作用和制品保藏过程中某些色泽、气味变化。③煮干品质量较好，贮藏时间长，食用方便，其中不少是经济价值高的制品。

煮干品的缺点：①原料经水煮后，部分可溶性物质溶解到煮汤中，影响制品的风味和成品率。②干燥后的成品复水性差，组织坚韧，不易咀嚼。③煮过的鱼虾皮层和肌肉组织易破碎，在干燥过程中容易引起断头、破腹或破碎。

3. 盐干品

盐干品是经过盐渍后干燥的制品。盐干工艺是利用食盐和干燥的防腐作用，把腌制和干制结合起来的一种加工工艺。一般都用于不宜进行生干和煮干的大、中型鱼类和来不及进行煮干的小杂鱼类。盐干品有两类：一种是腌渍后直接进行晒干的干制品；一种是腌渍后经漂淡再行干燥的干制品。例如，主要的盐干品有黄鱼干、鳗干、盐干鳓鱼、盐干带鱼及盐干小杂鱼等。

盐干品的优点：加工操作比较简便，适合于高温和阴雨季节的加工，制品的保藏期限较长。

盐干品的缺点：不经漂淡处理的制品味道太咸，而漂淡干燥品的肉质干硬，复水性差，易发生脂肪氧化现象，风味变差。因此，加工时应选用新鲜原料、少用盐、短时间腌渍、及时漂淡干燥，以避免风味变差。

4. 调味干制品

调味干制品是指原料经调味料拌和或浸渍后干燥的制品，也可以是先将原料干燥至半干后浸调味料再进行干燥。调味干制品脱水的方法主要是烘烤。

调味干制品的优点：加工工艺简单、处理量大；设备条件要求不高、包装简单；运输方便，还能够保藏；营养丰富、鲜香美味。此外，其对原料要求不高，中、上层鱼类、海产软体动物或低值鱼类、藻类均可，如鲨鱼、小杂鱼、小带鱼、黄鲫、海带及紫菜等。调味干制品主要有五香烤鱼、五香鱼脯、五香海龟肉干、香甜鱼肉干、调味海带、调味紫菜、调味马面鱼干、珍味烤鱼及龙虾片等。

5.1.6 干制水产品的质量变化

1. 干燥中的质量变化

鲜水产品经过速干、盐干等加工后，其肉质发生了一定的变化：一方面，干燥脱水使肉质硬化；另一方面，水产品鲜度降低，肉蛋白质变性，次黄嘌呤核苷酸消失及脂肪酸败等。

2. 贮藏中的质量变化

（1）吸湿：将干制品置于相对湿度高于其水分活度（A_w）所对应的相对湿度

（RH）时，则会出现吸湿现象，反之则干燥。吸湿或干燥作用会持续到干制品水分活度所对应的相对湿度与环境空气的相对湿度相等为止，即使塑料薄膜袋密封（空气透过性）的干制品也会由于所处空气的相对湿度变化而出现吸湿或干燥。此外，由于一年四季相对湿度变化较大，因而对于干制品的水分管理较为困难。干制品在贮藏中如发生干燥，重量会减轻，因而无法确保内容物的分量；干制品吸湿后如使包装袋中相对湿度达到80%以上，则会引起发霉现象。

干制品的包装有惰性气体封藏法和真空包装法。对于不能完全隔绝干制品与空气接触的包装方式，在贮藏中必须尽可能使周围的空气与干制品水分活度对应的相对湿度接近或相同，以避免干制品出现吸湿或干燥现象。

（2）发霉：干制品在加工时干燥不够完全，或者干燥完全的干制品在贮藏过程中吸湿，都可引起干制品的发霉。因为，在干燥过程中不能完全杀灭微生物和酶类，当干制品吸湿（水分增加）后使微生物具备了繁殖条件和环境，从而引起干制品发霉、发黏、发红、褐变、褪色及产生异味等现象，严重影响干制品质量和缩短保藏期。

防止干制品发霉的措施有：①制定严格的检验制度，严格按照标准检验干制品的水分含量和水分活度，不符合规定的干制品，不包装进库。②干制品仓库应有较好的防潮条件，尽可能保持低而稳定的仓储温度和湿度，定期检查温、湿度记录和库存制品质量状况，并及时处理和翻晒。③采用防潮性能较好的包装材料进行包装，必要时放入干燥剂保存。

（3）油烧：干制品中的脂肪在空气中氧化，使其外观变为似烧烤后的橙色或赤褐色现象称为"油烧"。鱼类脂肪与陆上动物脂肪相比较，因其不饱和程度高，易于氧化，当其暴露在空气中时，即被氧化分解生成各种氧化物、醛类、酮类等复杂化合物，致使干制品产生特有的苦涩味和不愉快臭味，从而影响干制品外观和食用的质量。脂肪含量高的中上层鱼类干制品，在加工与保藏中"油烧"现象较为普遍。一般鱼类在腹部脂肪多的部位也易因"油烧"而发黄。干制品"油烧"现象主要是由鱼体脂肪与空气接触所引起，但加工贮藏过程中光和热的作用也可促进脂肪氧化，因此脂肪多的鱼类在日干和烘干过程中极易迅速氧化"油烧"。

防止干制品"油烧"变质的方法有：①减少干制品与空气接触，包装时可用真空密封或充气包装（氮气、二氧化碳等），控制包装内含氧量在1%～2%。②添加抗氧化剂或去氧剂一起密封，并在低温下保存。

（4）虫害：鱼贝类干制品在干燥及贮藏中易受到苍蝇类、蛀虫类的侵害。自然干燥初期，苍蝇可能在水分较多的鱼体上群集，传播腐败细菌和病原菌，而且在肉的缝隙间和鱼鳃等处产卵，较短时间内就能形成蛆，显著地损害商品价值。

防止虫害最有效的方法是将干制品放在不适合害虫生活和活动的环境下贮藏。例如，必须保持干燥场地及周围的清洁，以阻止苍蝇进入；大多数害虫在环境温度10～15℃以下几乎停止活动，所以利用冷藏很有效。此外，害虫在没有氧气条件下不能生存，故对干制品采用真空包装及充入惰性气体密封也是有效的；使用杀虫剂时，必须充分注意不能让药剂直接接触到干制品。

5.2　干制水产品生产过程中存在的危害分析

干制水产品中存在的危害来源从源头污染、水质污染、饲料污染到饲养人为添加再到干制品生产加工阶段，几乎涵盖了所有污染物进入干制品的途径。

5.2.1　生物性危害

干制品生物性危害主要是致病菌，大多来自于养殖水域或加工环境。水产品自身原有致病菌有肉毒梭菌、霍乱弧菌、副溶血性弧菌、单核细胞增生李斯特氏菌等；非自身原有（生产过程中被污染）致病菌有沙门氏菌属、志贺氏菌属、金黄色葡萄球菌等。这些致病菌的生长受加工环境温度、酸碱度、水分活度和含盐量的影响。

5.2.2　化学性危害

1. 组胺（生物胺）

鲭科鱼类（金枪鱼、鲐鱼等）在死后通过组氨酸细菌脱羧产生组胺，一旦鲭科鱼类产生组胺，经加热、冷冻等处理均不能被消除。组胺中毒属化学中毒，会导致食用者过敏，影响消化系统和神经系统。

2. 过氧化值和酸价

过氧化值和酸价是反映盐干水产品质量好坏的重要指标，具体反映了水产品中脂肪酸败的程度。脂肪酸败的产物不但能破坏水产品本身的营养和影响感官气味，还能损害食用者体内的酶系统及可能引发癌变。目前，我国干制鱼的加工主要还是延用直接曝晒的方法，因此鱼体内脂肪极易酸败，再加上贮藏不当时，可使干制鱼过氧化值和酸价不断上升。

3. 甲醛

干制水产品（典型如鱿鱼类干制品）在贮藏过程中会产生甲醛，且随着贮藏时间的延长，甲醛含量会不断增加。甲醛具有强烈的刺激气味，对人的神经系统、肺、肝脏均可产生损害。

4. 外源添加物

非法使用化学添加物、超范围或超量使用食品添加剂是影响干制水产品质量与安全的重要因素，如用双氧水为不新鲜的虾脱色；使用工业染料酸性大红、亮藏花精及胭脂红、柠檬黄等为虾米"整容"，增加产品的新鲜感等。

5. 氟

氟在水产品中的蓄积与水体中氟含量有密切关系，鱼和软体动物可以从水和食物链中吸收氟，富集部位主要集中在软体动物的外骨骼和鱼的骨头，并且最终通过食物链影响人类健康。降低水产品中的氟含量，可采取的措施有：①保护环境。严禁向环境中排放含氟的"三废"物质，加强养殖水体氟含量监测。②改进工艺，降低干制品中氟含量。如鱼片和海米加工，鱼片和海米熟化前先将鱼骨、虾壳剔除，避免氟从鱼骨、虾壳转移到鱼肉和海米中。③研究开发水产品降氟剂，如研究发现醋酸对南极磷虾氟含量的脱除效果较好。④标准研发。从加工工艺角度研究干制水产品氟的风险性评估，为消费者安全食用提供参考。世界卫生组织和我国干制水产品氟含量要求，建议成人每日烤鱼片摄入量不超过 160 g，15 岁以下儿童每天最多摄入不超过 96 g 烤鱼片。

6. 药物残留

在水产品养殖过程中，为防止鱼病、虾病等而使用抗生素类药物甚至禁用药物，这些药物及其代谢产物在水产品中易残留和积累，被消费者食用后可引发健康隐患。在我国使用或出现过水产品中药物残留超标有氯霉素、噁喹酸、土霉素、四环素、喹诺酮、呋喃唑酮及孔雀石绿等。

7. 农药残留

目前，种类繁多的农药也被用于水产养殖业中，虽然其中有一些低毒和微毒农药，如激素和生物性农药，但相当多使用的仍是剧毒和中等毒性农药。如敌百虫用于治疗寄生于鱼体表面和鳃上的甲壳类动物、吸虫等，杀灭水体中的浮游动物和水生昆虫，还可用于越冬前杀灭耗氧生物。此外，还有辛硫磷粉、氯氰菊酯溶液、精制马拉硫磷溶液、强效灭虫精及杀毙王、B 型灭虫精、杀虫净等商品鱼药等，其均为有机磷或菊酯类药物的单一或复配制剂，在杀灭鱼体外和水中的寄生虫的同时，残留毒性仍较强。农业生产中使用农药在污染水产养殖地的同时，通过生物富集作用，直接影响到最终水产品质量与安全，影响较大的农药包括六六六、滴滴涕、杀虫脒、双甲脒、毒杀芬、三唑磷等。此外，在干制过程中，有些不法商家为了防止干制水产品生蛆，加工时使用敌敌畏、敌百虫等农药。

8. 重金属

由于水体污染或养殖过程中使用含有重金属的药物，可造成水产品中重金属含量超过国家标准。例如，鱼药中含有硫酸铜、硫酸亚铁粉、高锰酸钾、硝酸亚汞、复方醋酸铅散剂、亚砷酸钾溶液、福尔马林、食盐或氯石灰等，过量使用可引起水产品多种重金属污染。目前，在水产养殖上国外已禁用甘汞、硝酸亚汞、醋酸汞和吡啶基醋酸汞等化合物。

9. 清洁用化学药品残留

用于清洁用的化学药品残留也会导致水产品的污染。我国使用清洁消毒剂较多是以次氯酸钠为主体的氯制剂消毒；不同国家对氯制消毒剂残留要求不同，如欧盟要求鱼片表面余氯不超过 0.5 mg/kg，日本不允许在肉类生产中使用二氧化氯类消毒剂。在我国，对某些干制水产品加工中，有的工厂使用次氯酸钠溶液浸泡以降低细菌数。

10. 包装物料中的化学药品

直接与干制水产品接触的包装物料、标签等中均可能含有有害的化学药品，如荧光物质、消毒剂残留等。日本曾要求我国出口水产品用于产品直接接触的包装纸（硫酸纸）和标签（对虾品牌规格标签）不含荧光物质。

5.2.3　物理性危害

物理性危害包括任何在干制水产品中发现的不正常的、潜在的有害外来物，消费者误食后可能造成伤害或其他不利于健康的问题。常见物理危害如鱼钩，设备、工作器具损坏而混入金属物质以及玻璃碎片等。

5.3　干制水产品生产过程质量与安全控制

干制水产品生产过程的各个环节中可能存在的潜在危害，可从生物、化学、物理等方面进行分析。应用 HACCP 的相关原理确定关键控制点（CCP）及关键极限值（CL），并制定相应的预防措施，建立行之有效的监测方法，从而将生产过程中的危害因素降低到最低程度。下面以鳕鱼干和醉鱼干生产为例，介绍 HACCP 在干制水产品生产中的应用。

5.3.1　HACCP 体系在鳕鱼干制品生产中的应用

通过对鳕鱼干制品的质量跟踪调查和在加工环节中影响产品质量安全的潜在危害因素分析，找出产品质量的关键控制点，设定了关键限值，并制定监控程序和纠偏措施，进一步完善验证程序，从而确保鳕鱼干制品质量安全，促进水产品加工业的健康发展。

1. 鳕鱼干制品生产加工过程危害分析

（1）鳕鱼干制品生产加工工艺流程

鳕鱼干制品生产加工工艺流程见图 5 - 1。

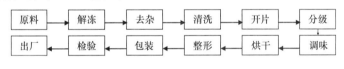

图 5 - 1　鳕鱼干加工工艺流程

（2）鳕鱼干制品生产加工过程中的危害分析

常规鳕鱼干制品生产过程中，没有高温或专门杀菌工艺，从而导致该产品由微生物、寄生虫等生物因素引发的污染危害较为严重，而由化学和物理因素引发的危害相对较轻。因此，在鳕鱼干制品生产加工过程中引入 HACCP 体系，生物性危害是控制的重点。

由生物因素引起的危害：从表 5 - 1 可以看出，在所调查 5 种样品中，均检出大肠杆菌；3 种样品菌落总数超 10^6 CFU/g；3 种样品霉菌量超 10^3 CFU/g，此 3 种鳕鱼干制品样品整体卫生状况较差。因此，若不采取措施对加工过程中微生物污染进行控制，最终产品将难以保证食用安全。鳕鱼干制品生产加工过程存在的生物危害引发原因有：因生活水域受到污染；鳕鱼原料本身携带微生物如大肠杆菌、志贺氏菌和副溶血弧菌等；异尖线虫、棘头虫和锥吻目绦虫等寄生虫危害；冷冻鳕鱼解冻时，温度过高，致使微生物繁殖；鳕鱼去杂和清洗不彻底，导致微生物和寄生虫残留；人工开片、分级及整形过程中，操作人员手脚未消毒，带菌上岗；操作人员手上有创伤等情况，可能会造成产品的金黄色葡萄球菌污染；烘干过程未彻底去除产品中的污染微生物；包装和搬运过程中发生包装破损，导致产品受到微生物和其他生物的二次污染和侵害等。

表 5 - 1　鳕鱼干制品卫生情况调查（未辐照杀菌）

样品序号	品名	菌落总数/（×10⁴ CFU/g）	大肠菌群/（MPN/g）	霉菌/（×10² CFU/g）
1	辣味鳕鱼块	79	24	7.9
2	咸味鳕鱼块	120	15	9.8
3	鳕鱼块	760	2.3	16.9
4	鳕鱼条	980	4.3	35
5	鳕鱼丝	48	9.3	21

由物理和化学因素引起的危害：鳕鱼干制品在生产加工过程中也存在一些物理和化学危害。例如，鳕鱼的生活水域或捕捞后贮存设施可能受到三废污染，导致重金属含量超标；加工和包装过程中可能带入金属杂质；为了保持鳕鱼的鲜度，厂家可能会人为添加一些防腐和抑菌剂；操作工人治疗手上创伤外敷使用抗生素，可能导致产品抗生素超标；生产车间使用消毒剂可能会造成产品有毒有机物污染；运输和周转过程中包装破损导致产品外露而直接受损等。

建立鳕鱼干制品危害分析表：通过对鳕鱼干制品生产过程中各工序的生物危害、化学危害和物理危害进行分析以及对干制鳕鱼制品企业产品的跟踪调查，评估各种危害发生的风险，提出防止显著危害发生的预防措施，形成鳕鱼干制品加工危害分析工作表，如表 5 - 2 所示。

表 5 - 2　鳕鱼干制品加工危害分析工作单

产品加工流程工序	潜在的危害因素			发生危害的可能性或严重性	预防措施	是否为关键控制点（CCP）
	生物危害	物理危害	化学危害			
原料检验	可能受到大肠杆菌、副溶血弧菌等致病菌以及异尖线虫、棘头虫等寄生虫污染	重金属超标	抗生素、防腐剂污染	+ + +	拒收	是

续表

产品加工流程工序	潜在的危害因素			发生危害的可能性或严重性	预防措施	是否为关键控制点（CCP）
	生物危害	物理危害	化学危害			
解冻	车间内微生物含量高，解冻温度高和时间长导致微生物大量繁殖	解冻温度过高导致产品变质	—	＋＋	30万级洁净车间，控制温度在15℃以下	否
去杂	内脏去除不彻底，致病菌、寄生虫污染	金属刀具或碎片	—	＋＋＋	彻底清洗	是
清洗	不彻底，导致致病菌和寄生虫残留	—	—	＋	清洗彻底	否
开片	操作时间过长导致机械表面微生物污染严重	机械润滑油污染	—	＋	定时清洗机械，防止机械润滑油外泄	否
分级	人员可能带入致病菌	—	人员可能带有抗生素	＋	进行SSOP控制	否
调味	调味料中微生物超标	—	调味料中含有违禁添加剂	＋	使用卫生达标的调味料和合法添加剂	否
烘干/晾晒	烘干时间和温度掌握不当导致微生物大量繁殖	烘干用具带入金属杂物	加工设备或车间墙面残留消毒剂	＋＋＋	控制产品水分和烘干温度时间，清洁设备车间	是
整形	操作人员可能带入致病菌	—	操作人员可能带入抗生素	＋	进行SSOP控制	否
包装	—	破损	操作人员可能带入抗生素	＋＋＋	包装达到一定强度	否
成品检验/出厂	未按照规范步骤检验致使卫生超标产品出厂	—	—	＋＋＋	按规范抽检	是

2. 鳕鱼干制品加工过程的关键控制点与关键限值的确定

（1）原料检验：鳕鱼干制品的原料应采用鱼体完整、鱼鳞坚实附于鱼体上、肌肉富有弹性、肉紧密连接的冰冻鳕鱼，其新鲜度应达到良好等级，挥发性盐基氮含量应小于 30 mg /100 g，气味正常。卫生质量应符合《鲜、冻动物性水产品卫生标准要求》（GB 2733—2005），菌落总数应小于 3.0×10^6 CFU/g。

（2）去杂：鳕鱼去杂包括去头、去鳍、去鳞、去脏和去皮。先将解冻好的鳕鱼整鱼去头，去鳍，再去鳞；去鳞时，不得损坏鱼体；剖开鱼腹，去净内脏，并除去主血筋；剖腹时，应从中间进刀至肛门；操作过程中，应小心谨慎，避免弄破鱼胆。去皮有两种方法：一是人工去皮，效率较低；二是机械去皮，效率较高，但要控制使鱼皮去净。

（3）烘干/晾晒：烘干或晾晒是鳕鱼干制品加工的一个重要环节，直接影响产品的最终质量和卫生指标。烘干温度一般控制在（40 ± 1）℃，时间为 4 h 左右。烘干后产品水分含量应在 22% 以下。烘干后样品应及时进行包装，不可长时间放在烘架上。采用晾晒方法进行干制，特别要注意器具和场地卫生，防止蝇虫污染危害产品，干燥后产品也要及时包装。该工艺执行完毕后，要及时将产品放入冷库。

（4）成品检验：成品检验参照《水产品抽样方法》（SC/T 3016—2004）要求进行；微生物指标依据《动物性水产干制品卫生标准》（GB 10144—2005）的要求，即大肠菌群要小于 0.3 MPN/g，致病菌（沙门氏菌、金黄色葡萄球菌、志贺氏菌、副溶血性弧菌）不得检出，产品菌落总数小于 1.0×10^3 CFU/g；不含有金属、塑料等杂物；重金属含量和药物残留必须达到《绿色食品干制水产品》（NY/T 1712—2009）的要求。如果产品是出口产品，则需要考虑进口国的相关标准和要求。

（5）建立鳕鱼干制品生产加工过程的 HACCP 计划表，如表 5 - 3 所示。

表 5 - 3　鳕鱼干制品生产加工 HACCP 计划表

工序	显著危害	关键控制点临界值	监控				纠正措施	验证程序和频度	记录
			对象	方法	频度	人员			
原料检验	微生物严重超标	微生物 < 3.0 × 10^6 CFU/g	鳕鱼鱼体	菌落总数检测	1 次/批	质检	不允许入库、停止加工	检验报告，1 次/批	入库记录验证纠偏
去杂	肠鳃等未去除干净	鱼体中残留有肠鳃等	鳕鱼	观察	1 次/批	流水线	肠鳃等去除干净	每批检查	加工检查记录
烘干/晾晒	微生物大量滋生	温度控制（40 ± 1）℃，时间 4 h 左右，烘干后产品水分含量 ≤22%	鳕鱼半成品	观察、监测	1 次/批	质检	监控烘干温度和时间，检测产品水分含量及场地卫生	每批检查	加工检查记录

工序	显著危害	关键控制点临界值	监控				纠正措施	验证程序和频度	记录
			对象	方法	频度	人员			
成品检验	微生物负载超标、发现金属等杂物	菌落总数<1.0×10³ CFU/g，无致病菌检出，金属等杂物不可见	鳕鱼终产品	观察、检测	1次/批	质检	调整生产工艺、控制原辅料来源	每批检查	加工检查记录

3. 鳕鱼干制品生产加工 HACCP 监控记录

鳕鱼干制品生产加工 HACCP 监控记录是 HACCP 体系的重要内容，它反映出该体系的实施状况和有效性。鳕鱼干制品 HACCP 工作必须由一系列记录来体现，包括原料检验、去杂、烘干/晾晒和成品检验等关键工序记录；关键控制点出现失控时的内容、场所、时间、原因及处理方法记录；车间设备器具消毒、清洁的频率、过程，所用时间和当事人，蝇虫鼠害的防治，生产工人的卫生状况等一般管理记录。HACCP 记录至少保留 3 年。HACCP 质量管理体系并不是一个零风险的体系，需要GMP 和 SSOP 等的支撑，建立完整基于 HACCP 的鳕鱼干制品安全管理体系，需从工厂设计到日常的运行质量控制等方面都要规划和控制。

5.3.2 HACCP 体系在醉鱼干生产中的应用

我国的水产加工企业，特别是以生产出口水产为主的企业，绝大部分已经实施HACCP 系统管理方案。但是，一些以生产内销产品为主的企业，对于 HACCP 概念理解还不深，应用更加少。下面以某企业醉鱼干生产为例，介绍 HACCP 系统在水产干制品加工中的应用。

醉鱼干是一种以鲜活草鱼为主要原料，经剖杀、腌制、干燥、切段、调味、杀菌等加工工序加工而成的一种常温下保存的即食干制水产食品。醉鱼干适用于一般人群消费，为一种营养丰富、味道鲜美食用方便的大众水产食品。

建立小组：该企业小组由总经理、品管人员、生产人员、技术人员、化验员等组成。

建立产品工艺流程图和验证：醉鱼干加工工艺（图 5-2）。

1. 醉鱼干制品生产加工过程的危害分析

醉鱼干制品生产加工过程中的危害分析。醉鱼干加工过程中危害有：生物性危

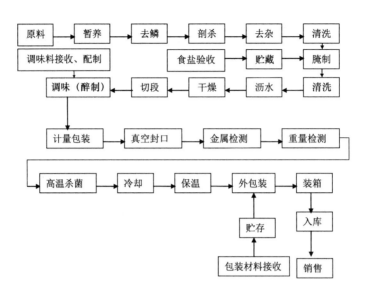

图 5 - 2　醉鱼干加工工艺流程

害主要有致病菌污染、寄生虫污染；化学性危害主要有抗生素残留；物理性危害主要有金属杂质、食盐中杂质残留。具体危害分析和控制点，见表 5 - 4。

表 5 - 4　危害分析与关键控制点

（1）加工工序	（2）潜在的危害因素	（3）潜在食品危害是否显著	（4）对第（3）栏的判断依据	（5）防止显著危害的方法	（6）是否为关键控制点
原料鱼接收	生物的：病原菌污染、寄生虫污染 化学的：抗生素残留 物理的：无	是 是	水产品是陆上病原体的寄主 养殖鱼类可能残留抗生素	杀菌可杀灭大量的微生物 控制原料来源，拒收不合格原料	是
调味料接收	生物的：病原菌污染 化学的：无 物理的：杂质残留	否	病原菌污染 产品会含有部分杂质如细沙等	只接收合格产品	否
活体运输（暂养）	生物的：死鱼会导致病原菌污染 化学的：鱼体死后发生腐败等现象 物理的：无	否 是	活鱼运输、暂养过程中会发生死亡	加工过程可以去除、剔除死鱼，拒绝接收	否

续表

（1）加工工序	（2）潜在的危害因素	（3）潜在食品危害是否显著	（4）对第（3）栏的判断依据	（5）防止显著危害的方法	（6）是否为关键控制点
去鳞剖杀	生物的：病原菌生长、病原菌污染 化学的：无 物理的：金属碎片残留	否 是	操作控制温度和时间 可能会有金属碎片的残留	由 GMP 保证，由 SSOP 控制 金属检测可以剔除	否
清洗	生物的：病原菌生长、病原菌污染 化学的：无 物理的：无	否	控制操作温度、时间和用水余氯	用水余氯控制在 0.2 ~ 0.5 mg/kg	否
腌制	生物的：病原菌生长、病原菌污染 化学的：无 物理的：食盐中杂质残留	否 是	控制作用温度和操作环境 清洗时可以去除	由 SSOP 控制，适当地进行冷杀菌	否
沥水	生物的：病原菌生长 化学的：无 物理的：无	否	操作时间短	由 SSOP 控制	否
干燥	生物的：病原菌生长 化学的：脂肪氧化 物理的：无	否	控制操作环境 控制操作温度和时间	对加工车间定期进行消毒	否
切段	生物的：病原菌生长 化学的：无 物理的：金属碎片残留	否 是	控制操作温度 可能会有金属碎片的残留	由 SSOP 控制 金属检测可以剔除	否
调味	生物的：病原菌生长、病原菌污染 化学的：无 物理的：调味料杂质	否 是	控制操作温度和操作环境 使用前进行去杂	控制调味温度在 15℃ 以下，定期进行杀菌处理 可以去除杂质	否
计量包装	生物的：病原菌生长 化学的：无 物理的：金属碎片残留	否 是	控制操作温度 可能会有金属碎片的残留	车间温度控制在 20℃ 以下，定期进行杀菌处理 金属检测可以剔除	否

（1）加工工序	(2)潜在的危害因素	(3)潜在食品危害是否显著	(4)对第（3）栏的判断依据	(5)防止显著危害的方法	(6)是否为关键控制点
真空封口	生物的：病原菌生长 化学的：无 物理的：封口牢度不强	否 是	控制操作温度 杀菌时可能成为破包、造成废品	由SSOP控制 改变封口参数	是
金属检测	生物的：无 化学的：无 物理的：金属异物残留	是	金属异物的存在会危害人体健康	逐包进行金属探测	是
重量检测	生物的：无 化学的：无 物理的：造成产品重量不合格	否	通过检测可以避免	逐包进行自动检测	否
高温杀菌	生物的：病原菌残留 化学的：无 物理的：无	是	控制杀菌温度和时间	充分的杀菌时间和温度	是
保温	生物的：无 化学的：无 物理的：破包和胀包的出现	是	控制操作强度和杀菌条件	进行逐包检查	否
包装、入库	生物的、化学的、物理的：无				否

2. 醉鱼干制品加工过程的关键控制点与关键限值的确定

HACCP计划表见表5-5。

表 5 – 5　HACCP 计划表

(1)	(2)	(3)	(4)	(5)	(6)	(7)	(8)	(9)	(10)
				监控					
关键控制点	危害因素	关键限值	什么	方法	频率	谁	纠偏措施	记录	验证
原料鱼接收	抗生素残留	不得检出	原料鱼	仪器检测	每个原料供应商	检验部门	拒绝接收	记录原料供应商的情况	审查记录
真空封口	破包和胀包	不得检出	包装口	人工	定时	质检员	对前一段时间的产品进行隔离检查	记录真空封口参数	开机时和使用中定期检查包装牢度审查记录
杀菌	病原菌	商业无菌	包装好的半成品	微生物检验	每批次抽检	质检员	调整杀菌公式，偏离期间的产品返工	记录每锅次杀菌的详细情况	审查每锅次的记录
金属检测	金属物的残留	Fe 1.0 mm；SUS 2.0 mm	包装好的半成品	金属探测仪检测	全检	金属探测仪	有残留的应当返工或销毁	记录仪器的监测情况和检出的产品情况	开机时和使用中定时用标准试件检测仪器的灵敏度，审查记录

在醉鱼干加工生产中，通过对 HACCP 理论与方法的应用，对其生产中危害因素进行详细分析，从而确定了原料鱼、真空包装、金属检测、高温杀菌等工艺过程为关键控制点，并进行有效的控制和管理，对其他工序进行 GMP、SSOP 控制和管理，对操作人员进行相关培训和有效管理。在醉鱼干加工生产中采用 HACCP 管理体系，能显著提高产品质量，确保产品安全，提高企业经济效益。

本章小结

水产品干制就是在自然或者人工控制的条件下使水产原料水分脱除的工艺过程。干制品按其干燥之前的前处理方法和干燥工艺的不同可分为淡干品、盐干品、煮干品、冻干品、焙烤干制品、熏干品和调味干制品等。

HACCP 体系（危害分析与关键控制点），是一种最有效的确保食品安全的控制管理体系，干制水产品生产过程的各个环节都存在潜在危害，应用 HACCP 的相关原理确定相应的关键控制点（CCP）及关键极限值（CL），并制定相应的预防措施，建立行之有效的监测方法，从而将生产过程中的危害因素降到最低程度。

思考题：

1. 什么是水产品干制加工？
2. 我国干制水产品大致分为哪几类？举例说明各自适合的原料。
3. 干燥过程可分几个阶段？各阶段特点是什么？
4. 简述 HACCP 在干制水产品中的应用。

参考文献

廖天录.2011.海产干制品的农兽药污染状况调查[J].北京农业,5:105 – 106.

刘丽,孙春云,郑志伟,等.2009.海产及其干制品中重金属和农兽药残留状况概述[J].中国卫生检验杂志,19(11):2722 – 2724.

刘丽艳,汪昌保,赵永富,等.2014.HACCP 体系在鳕鱼干制品加工中的应用[J].江苏农业科学,42(10):243 – 245.

孙雷.2008.南极磷虾营养与安全性评价和加工利用[D].上海:上海水产大学.

王宏海,戴志远,张燕平,等.2004.HACCP 系统在醉鱼干加工中的应用[J].食品研究与开发,25(6):24 – 28.

吴娟,马强,程美蓉,等.2011.远红外辅助热泵干燥鳐鱼片工艺[J].上海交通大学学报:农业科学版,29(5):87 – 94.

辛学倩,薛勇,薛长湖,等.2011.鱿鱼丝贮藏过程中甲醛含量变化动力学研究[J].食品研究与开发,32(9):12 – 15.

张常松,张良,刘书成,等.2010.微波真空干燥波纹巴非蛤肉工艺的研究[J].广东海洋大学学报,30(3):95 – 98.

张国琛,母刚,王隽冬,等.2012.仿刺参微波真空干燥工艺的研究[J].大连海洋大学学报,27(2):186 – 189.

张孙现.2013.鲍鱼微波真空干燥的品质特性及机理研究[D].福州:福建农林大学,10.

第6章 腌制水产品生产安全控制技术

教学目标

1. 掌握腌制水产品的生产原理。
2. 掌握腌制水产品中存在的危害因素。
3. 了解腌制剂的作用和腌制过程中发生的品质改变。
4. 掌握腌制水产品生产安全控制技术。

　　水产品腌制加工是具有悠久历史的加工保藏方法之一，腌制水产品也是我国传统的风味食品。水产品的腌制除了盐腌外，还常与干制、熏制、发酵等传统方法相结合，现已发展成为风味各异的特色食品，如云南、贵州的侗乡腌鱼，湖北、安徽的腊鱼，四川、湖南的熏鱼，江西、福建的酒糟鱼等。

　　本章就腌制水产品的生产原理、腌制过程中品质变化、腌制水产品生产中存在的危害因素等方面进行介绍，并举例说明腌制水产品生产的安全控制技术。

6.1　腌制水产品的生产原理

水产品的腐败主要是由于细菌和酶的作用结果，水分含量多少直接影响细菌的活性和酶的作用。生鲜水产品的含水量在70%~80%（部分甚至在95%以上，如鲜海蜇），细菌容易生长繁殖。此外，水产品中酶含量很高，活性也强，致使鲜水产品迅速腐败。

水产品的腌制是指用食盐、糖等腌制剂处理水产品原料，通过扩散和渗透作用进入组织，排出大量的水，从而减少水产品的含水量，降低水分活度，并有选择性地抑制腐败微生物和酶的活动，促进有益微生物的活动，从而延缓或防止水产品的腐败。水产品的腌制也可以起到增加食品风味、稳定食品颜色、改善食品结构、延长食品保藏期的目的。

水产品的腌制实质上包括盐渍和成熟两个阶段。盐渍过程就是食盐向水产品中渗入的过程，随着盐渍过程的不断进行，被腌制的产品内盐分逐渐增加，水分不断减少，这样就在一定程度上抑制了细菌的活动和酶的作用。腌制水产品的成熟是一种生物化学过程，水产品组织中仍发生着生物化学变化，这些变化是由能降解蛋白质和脂肪的酶类引起的。在酶的作用下，盐渍水产品蛋白质和脂肪分解，逐渐产生芳香气味，称为成熟的腌制品。

6.1.1　腌制剂的作用

1. 细胞脱水作用

食盐的主要成分是氯化钠，在溶液中完全解离为钠离子和氯离子，其质子数比同浓度的非电解质要高得多，因此食盐溶液具有很高的渗透压。1%的食盐溶液可产生61.7 kPa渗透压，而大多数微生物细胞内的耐受渗透压为30.7~61.5 kPa。当微生物处于高渗透压的食盐溶液（>1%）中，细胞内的水分就会透过原生质向外渗透，造成细胞的原生质因脱水而与细胞壁发生质壁分离，并最终使细胞变形，微生物的生长活动受到抑制，脱水严重时还会造成微生物的死亡，从而达到防腐的目的。

同样，饱和糖液也会产生很高的渗透压，致使微生物脱水，从而抑制微生物的生长繁殖，达到防腐的目的。渗透压与腌制剂的分子量及浓度有一定关系，为了达到同样的渗透压，糖的浓度要比食盐浓度大得多。此外，不同的糖类，其渗透压也不相同。

2. 生理毒害作用

食盐溶液中的一些离子，如钠离子、镁离子、钾离子和氯离子等，在高浓度时能对微生物产生毒害作用。钠离子能和细胞原生质的阴离子结合产生毒害作用，而且这种作用随着溶液 pH 值的下降而加强。一般情况下，酵母菌在 20% 的食盐溶液中才会被抑制，但在酸性条件下，14% 的食盐溶液就能抑制其生长。氯化钠对微生物的毒害作用也可能来自氯离子，因为氯离子也会与细胞原生质结合，从而促使细胞死亡。蔗糖溶液对微生物是否产生毒害作用，目前尚缺乏实验数据。

3. 酶活力的影响

微生物分泌出来的酶的活力常在低浓度盐溶液中就遭到了破坏，这是由于钠离子与氯离子可分别与酶蛋白的肽键等结合，而使酶失去了其催化能力。

4. 降低环境的水分活度

食盐溶于水后，离解出来的钠离子与氯离子与极性的水分子通过静电吸引力的作用，形成水化离子，食盐的浓度越高，所吸收的水分子也就越多，导致了水分子由自由状态（自由水）转变为结合状态（结合水），致使水分活度（A_w）降低。水分活度越低，其渗透压越高。饱和盐溶液（浓度为 26.5%），由于水分全部被离子吸引，几乎没有自由水，此时 A_w 为 0.75，在这种条件下，细菌、酵母等微生物都难以生长。蔗糖在水中的溶解度很大，其饱和溶液能使 A_w 降低到 0.85 以下，因此，也能防止大多数微生物的生长繁殖，起到防腐作用。

5. 氧气含量下降

氧气在水中具有一定的溶解度，盐溶液浓度高，食品腌制时使用的盐水或者渗入食品组织内形成的盐溶液浓度很大，使氧气的溶解度下降，从而造成缺氧环境，需氧菌难以生长。蔗糖溶液也是如此。此外，缺氧环境不仅能防止维生素 C 等物质的氧化，而且能抑制好气性微生物的活动。

6.1.2 微生物对腌制剂的耐受性

在腌制水产品生产过程中，通常选用食盐做为腌制剂，但在有些调味腌制品中，也会加入一些糖。微生物对腌制剂的耐受性，决定了在腌制过程中腌制剂的选择和浓度。

1. 食盐与微生物

一般来说，微生物均能耐受一定的盐或糖浓度。盐浓度在1%以下，微生物的生理活动不会受到任何影响；当盐浓度为1%~3%时，大多数的微生物将会受到暂时性抑制；当盐浓度为6%~8%时，大肠杆菌、沙门氏菌和肉毒杆菌受到抑制；当盐浓度达到10%后，大多数杆菌即停止生长，但酵母仍能生长；球菌在盐浓度为15%时被抑制，其中葡萄球菌则要在盐浓度达到20%时，才能被杀死；霉菌必须在盐浓度达到20%~25%时才能被抑制。在腌制过程中，几种微生物所耐受的最高食盐溶液量见表6-1。

表6-1　微生物所耐受的最高食盐溶液浓度

微生物	所耐受的食盐浓度（%）
乳酸菌 Bact. brassicae fermentati	12
乳酸菌 Bact. cueumeris fermentati	13
乳酸菌 Bact. aderholdi fermentati	8
大肠杆菌 Escherichia coli	6
丁酸菌 Bact. amylobacter fermentati	8
变形杆菌 Bact. prateus vulgare	10
肉毒杆菌 Bact. botulinus	6

从表6-1可以看出，一些细菌对食盐的耐受力较差，为此，掌握适当的食盐浓度就可以抑制这些细菌的活动，达到防腐效果。但一般来说，高浓度的盐溶液只是使多数微生物的生长短时间受到抑制，不一定能杀死微生物，一旦再次遇到适宜环境时，仍有可能恢复正常的生理活动。

有些耐盐菌不论在高浓度或低浓度盐溶液中都能生长。细菌中的耐盐菌如小球菌（Micrococcus）、海洋细菌（Halobacteriurn）、假单胞菌（Pseudomonas）、黄杆菌（Flavobaterium）和八联球菌（Sarcina）等。球菌的耐盐性一般较杆菌强，非病原菌耐盐性通常比病原菌强。

水产品因其所生长的环境一般都是在低温、高盐度、高渗透压的环境下，体内会有一些耐低温、耐盐甚至嗜盐的细菌。因此，在加工中尤其要注意选取合适的腌制剂浓度以及腌制条件。

2. 糖与微生物

糖的种类不同，它们对微生物的影响作用也不一样。例如，35%~40%葡萄糖或50%~60%蔗糖可抑制能引起食物中毒的金黄色葡萄球菌的生长，这种细菌在40%~50%葡萄糖溶液或在60%~70%蔗糖溶液中就会死亡。相同浓度下，葡萄糖和果糖对微生物的抑制作用比蔗糖和乳糖大。一般情况下，相对分子质量越小的糖液，含有分子数越多，渗透压也就越大，其对微生物的抑制作用也越大。

糖的浓度对微生物也有重要影响。1%~10%低浓度的糖液会促进某些菌类的生长，50%糖液浓度则会阻止大多数酵母菌的生长。通常情况下，糖液浓度达到65%~85%时，才能抑制细菌和霉菌的生长。在高浓度糖液中，霉菌和酵母菌的生存能力较细菌强，因此，用糖渍的方法保藏加工食品，主要应防止霉菌和酵母菌的作用。在水产品腌制加工中，很少单独采用高浓度的糖作为腌制剂，一般以糖作为腌制剂的辅助制剂或者调味剂使用。

6.1.3　腌制过程中的质量变化

1. 物理变化

（1）重量变化：盐渍过程中，盐分渗入的同时鱼体中的水渗出，一般表现为重量减少。干盐渍法（干腌法），通常鱼体总是脱水，因而重量减少，其减少程度与用盐量成正比。盐水渍法（湿腌法）在某种浓度（临界盐浓度，一般为10%~15%）以上鱼体脱水、重量减少，某种浓度以下可能会重量增加。我国使用盐水腌制浓度一般大于临界浓度，所以水产品经腌制后表现为失水，质量减少20%~30%。

（2）肌肉组织收缩：盐渍时水分的渗出伴随着一定程度的组织收缩，这是由于吸附在蛋白质周围的水分失去后，蛋白质分子间相互移动，使静电作用的效果加强所致。可见，肌肉组织收缩的物理变化，伴随着蛋白质脱水的化学变化。

2. 化学变化

（1）蛋白质与脂质分解：腌制时，水产品在微生物酶的作用，蛋白质和脂质逐渐被分解，致使游离氨基酸和游离脂肪酸增加。分解的程度与食盐的浓度成反比，但高浓度的饱和盐浓度并不能完全抑制这种分解反应；此外，温度越高，蛋白质和脂质分解程度越大。鱼种之间以红色肉鱼分解大；同一种水产品，保留内脏的整品比去内脏的产品分解程度大。某些鱼种的腌制品（如酶香鳓鱼），具有独特的柔软性并呈良好香味，主要是与其组织蛋白酶有关，这种现象称为腌制熟成（成熟）。

（2）脂质氧化：盐渍特别是干盐渍时，脂质（游离脂肪酸）易被空气氧化，且氧化产物中存在着毒性物质。防止脂质的氧化，可添加抗氧化剂并采用低温盐渍处理。多脂性的鱼种（如鲱）在较低盐浓度（＜10%）、较低温度（＜10℃）条件下，采用盐水渍或避免暴露空气的状态下盐渍条件为宜。

（3）蛋白质变性：咸鱼与鲜鱼的质地相差较大，特别是高盐渍鱼组织变得较硬，这种变化与来自于组织的收缩以及蛋白质的变性作用有关。盐渍后，肌肉中的主要蛋白质——肌球蛋白失去溶解性和酶的活性。鱼肉内的盐浓度在8%～10%时，组织迅速脱水，致使蛋白质变性而发生不溶化现象，故盐渍水产品蛋白质变性的直接原因是鱼肉内产生的盐浓度。

（4）肌肉成分溶出：即盐渍过程中，肌肉中可溶性成分的溶出。溶出成分中的氮化物主要是蛋白质和氨基酸，溶出量以氮计达10%～30%。一般盐水渍较干盐渍、高温盐渍较低温盐渍、鱼片较整个鱼体，肌肉成分溶出程度更大。

（5）结晶性物质析出：盐渍水产品（如鳕鱼、鲑鱼）表面有时会产生白色的结晶性物质，这种物质主要是正磷酸盐（$Na_2HPO_4 \cdot 2H_2O$）。此外，水产品肌肉中的核苷酸物质，由于酶的分解而游离出的磷酸基，因盐过饱和而被析出。特别是当原料鲜度差、低温盐渍或者被干燥的条件下，更加易于产生。这种盐在空气中放置，脱水后变成粉末状的$Na_2HPO_4 \cdot 2H_2O$。此外，这种结晶物的存在与贮藏性无关，但可表明腌制制品的品质不佳。

3. 微生物引起的变质

（1）腐败分解：盐渍在一定程度上能抑制细菌的生长，但不能完全抑制细菌的作用，有时也会引起腐败分解，腐败的细菌种类与新鲜鱼中存在的一样。引起腌制水产品腐败的细菌主要有：耐盐菌和好盐菌（又叫嗜盐菌）。

（2）变色现象：①红变：当腌制水产品感染了有色的嗜盐性细菌后，蛋白质被其分解，表面产生红色斑点，逐渐蔓延并进入水产品内部，这种现象称为"红变"。产红细菌主要有两种嗜盐菌：八叠球菌属中的一种（*Sarcina littoralis*）和假单胞菌属中的一种（*Pseudomonas salinaria*）。它们都能分解蛋白质，而后者则主要使咸鱼产生令人讨厌的气味。这两种细菌主要由食盐带入，在温度超过15℃时就容易生长繁殖，而发生"红变"现象。感染"红变"细菌的水产品和盐，可以把细菌传染给其他工具和水产品。因此，进行水产品腌制和保藏的企业，必须防止这类细菌的产生、发展和蔓延。②褐变：在盐渍鱼的表面产生褐色斑点，使制品品质下降。这是一种嗜盐性霉菌孢子在鱼体表面生长而引发的。这种霉菌适于在食盐浓度10%～15%、相对湿度75%、温度为25℃环境中繁殖，有些菌株有分解蛋白质的活性，但未达到使咸鱼软化的程度。

6.1.4 腌制水产品的分类

1. 盐腌方法

盐腌是以食盐为主,根据不同原料添加其他盐类,如亚硝酸钠、硝酸钾、多聚磷酸盐等,对其进行腌制处理。按照用盐方式不同,可分为干腌法、湿腌法和混合腌制法3种。

(1)干腌法:是将食盐直接撒布于原料表面进行腌制的方法,食盐产生的高渗透压使原料脱水,同时食盐溶化为盐水并扩散到产品组织内部,使其在原料内部分布均匀。由于开始腌制时仅加食盐不加盐水,故称为干腌法。此种方法最适宜腌制低脂水产品及各种小型鱼类。

干腌法的优点:所用设备简单,操作方便,用盐量较少,腌制品含水量低,利于贮存,同时蛋白质和浸出物等营养成分流失较其他腌制方法少。其缺点是食盐撒布难以均匀,从而影响产品内部盐分的均匀分布,且产品脱水量大、减重多(肌肉为10%~20%,副产品达35%~40%),特别是肌肉脂肪含量少的部位;一定程度上降低了产品的滋味和营养价值;直接使用干盐盐渍,延长了腌制时间,当盐卤不能完全浸没原料时,易引起产品劣变(如发生"油烧");在大量生产时难以实行机械化操作,需要繁重的手工劳动。

(2)湿腌法:是将完整或剖开的鲜鱼或其他水产品原料,浸没在盛有配置好的一定浓度食盐溶液的容器中,利用溶液的扩散和渗透作用使盐溶液均匀地渗入原料组织内部进行腌制的方法。这种方法适用于生产半咸水产品,作为热熏鱼或其他制品的半制品。

湿腌法的优点:能保证原料组织中盐分均匀分布,又能避免原料接触空气出现氧化变质现象。其缺点是用盐多,易造成原料营养成分较多流失,并因制品含水量高,不利于贮存;此外,湿腌法需用容器设备多,工厂占地面积大;与干腌法相比,湿腌制品含盐量较低,因而鱼类常用饱和食盐溶液腌制。

(3)混合腌制法:是采用干腌法和湿腌法相结合的一种腌制方法。将敷有干盐的水产品,逐层排列到底部盛有人工盐水的容器中,使之同时受到干盐和盐水的渗透作用。采用此法的优点是可迅速形成盐水,避免鱼体在空气中停留过长时间而导致的脂肪氧化现象,增加贮藏时的稳定性,防止产品过度脱水,避免营养物质过分损失。这种方法适用于腌制肥壮的大型鱼类。

(4)低温盐渍法:①冷却盐渍法:是一种使水产品在盐渍容器中(碎冰冷却),

在0~5℃时进行盐渍的方法；有冷冻设备的地方，利用温度为0~7℃的冷藏库进行盐渍也属此类方法。在后一种方法中，也应当在容器中的各层产品间撒布适量的碎冰，以加速其冷却作用，在腌制大型或肥壮的鱼体时尤应如此。此种盐渍的目的，是在盐渍过程中阻止鱼肉组织中的自溶作用和细菌分解作用，以保证腌制质量。冷却盐渍法的用盐量，应按照加冰量的多少而定，因为冰融化时会稀释盐水的浓度，因此在确定用盐量时，必须将冰融化为水的因素考虑在内。②冷冻盐渍法：与冷却盐渍法的区别在于预先将产品冰冻，再进行盐渍。这种操作是为了防止在盐渍过程中产品深处发生变质。该方法尤其适合大型而肥壮的鱼体，因为其盐渍过程一般较为缓慢。此种先经过冷冻再行盐渍方法，在保持产品质量上更加有效，因为冷冻本身就是一种保存手段，而且盐渍过程只有在冰融化时才能进行。冷冻盐渍法操作较为繁琐，所以它只适用于制作熏制或干制的半制品，或用于盐渍大型而肥壮的贵重鱼品。

2. 糖渍方法

对于水产品单纯采用糖渍的方法进行腌制的较少。糖一般都作为盐腌的辅助腌制剂或调味的添加剂加入产品中。在不以腌制品为最终状态的水产制品中，采用糖进行中间过程的腌制要尤为注意，因盐腌和糖渍对制品的作用效果不同，直接影响着制品的贮藏性。例如：传统的干海参是加盐腌制后干燥制得的（也有淡干海参，甚至冻干海参），而市场上所谓的"糖干海参"则是加糖进行腌制，掺糖的比例可达到30%甚至50%。采用糖进行腌制可将海参增重，使其成本大幅度降低，与其他盐干海参甚至淡干海参相比较更有价格优势，但缺点是不易贮存。符合标准的"盐干海参""淡干海参"，在常温条件下可保存3~5年，而"糖干海参"在常温阴凉处保存很容易发霉变质，保存期仅为数月。

3. 发酵腌制法

某些水产品在盐渍过程中，经自然发酵熟成或盐渍时直接添加各种促进发酵与增加风味的辅助材料，如酒糟、酒酿、醋等复合腌制的方法，称为发酵腌制法。比较典型的发酵腌制产品有：酶香鱼、糟制品、鱼酢制品和醋渍品等。

6.1.5 主要腌制品的加工

1. 咸鱼制品

鲜鱼经食盐腌制加工而成的制品。主要有咸鳓鱼、咸带鱼、咸大马哈鱼、咸鲱鱼、咸鳀鱼、咸鳕鱼和咸鲐鱼等。

（1）咸鳓鱼：又称曹白鱼，暖水性中上层经济鱼类，中国沿海均产。以三泡鳓鱼（即经3次盐渍而成）的咸鳓鱼为上品。鳓鱼原料鱼不剖割，用细竹条由鳃孔刺入腹腔直至肛门，使盐分容易渗入。第一次盐渍时用10%的干盐或浸入鱼卤中，通过盐渍排出血卤；第二次用22%食盐，采用体外抹盐，鳃和腹腔塞盐，分层码放，封盐，压实；3~4 d后进行第三次盐渍使之熟成。咸鳓鱼制品具特有风味，但因脂肪含量高，易氧化，须注意保藏。

（2）咸带鱼：中国沿海地区的传统咸鱼产品之一。采用倾斜排列盐渍、垛盐渍、抄盐渍等方法进行腌制。以倾斜排列盐渍质量最好，垛盐渍、抄盐渍是在盐渍设施不足或原料鱼很多来不及处理时采用的方法。带鱼原料鱼不剖割，洗净并加盐后，鱼头倾斜向下，腹部向上，整齐排列在池或桶中层鱼层盐，满桶后压实。倾斜排列盐制品能保持形体平直，鳞皮完整光亮，风味好，垛盐制品易"油烧"发黄，抄盐制品大多体形弯曲，鳞皮脱落。

（3）咸大马哈鱼：这是俄罗斯、日本、加拿大、美国等国的传统咸鱼制品。中国乌苏里江地区亦有生产。原料鱼体大、肉厚、脂肪多，故需开腹、去鳃和内脏后进行盐渍。为使背部易于渗盐，可沿腹腔内脊骨用刀划渗盐线，并在鳃腹部塞盐，然后灌卤贮藏。用盐量为鱼重的30%~40%。轻腌制品用盐量为15%~25%，低温保藏。

（4）咸鲐鱼：鲐鱼易变质，为保证原料新鲜须及时加工，常在船上进行操作。中型或大型鱼自背部剖开，除去内脏、洗净，用池（桶）腌制。用盐量为30%左右，成品率约60%，保藏期不超过1个月。小型鲐鱼用拌盐腌制法，有重腌和轻腌之分。重腌多在船上先剖背，去内脏，用盐水或海水浸洗，除去血污，然后用干盐渍法在桶中腌制，靠岸后再分级复腌，用盐量30%~40%。轻腌鲐鱼是将剖开、洗净的鱼体在20%食盐水盐渍1 h，置冷库贮藏待售。另有咸鲐鱼片（中国北方称为血片），用盐量仅为8%~10%，保藏期短，应及时销售或再次腌制。

2. 海蜇制品

新鲜海蜇体内水分含量达95%以上，夏季温度高，单用食盐腌制不足以迅速脱水阻止腐败作用，在食盐中拌入一定比例明矾则可加速脱水腌制，并使制品形成特有的口感。海蜇经3次盐矾加工，即制成三矾制品。拌明矾的作用主要是利用硫酸铝在水溶液中解离形成的弱酸性和三价铝离子，对鲜蜇体组织蛋白质有很强的凝固力，使组织收缩脱水；初矾和二矾期间的脱水及弱酸性的抑菌作用，对维持海蜇质地挺脆尤为重要。腌制前先用竹刀将口腕和胴体割开，刮出血衣并清洗后，然后用盐矾水或使用过的二矾卤水对其进行腌渍脱水：用盐量 4% ~ 6%，用矾量 0.2% ~ 0.6%（对鲜海蜇重），腌渍时间 10 ~ 40 h，称为初矾。二矾采用撒布食盐和矾粉的方法：用盐量 12% ~ 20%，用矾量 0.4% ~ 0.6%（对初矾海蜇重），腌渍时间为 4 ~ 10 d，具体视初矾的脱水程度而增减。三矾仍用撒布法：用盐量 10% ~ 30%，用矾量 0.1% ~ 0.3%（对二矾海蜇重），视二矾海蜇的脱水程度而增减，腌渍时间为 5 ~ 10 d。三次盐矾腌渍后，可使海蜇的水分含量降到 70% 以下，水分活度（A_w）达到 0.75 左右。海蜇腌制需要选用优质的渔盐和明矾，掌握适当用量，如用矾过多制品易发酥；加工过程中防止雨淋日晒；器具要洁净。优质的海蜇皮（或海蜇头）形状完整，呈鲜润白色或淡黄色（海蜇头一般为淡红色），肉质坚脆，具特有风味。

3. 鱼卵腌制品

鱼卵中含有很高的蛋白质、磷脂及维生素等，其最常见的加工品是腌渍品。加工鱼种有鲑、鳟、鲱、鳕和金枪鱼等。

（1）咸鲑鱼卵：咸鲑鱼卵的加工方法各地略有差异。日本制法是将整块鲑卵放在饱和盐水中腌渍 30 ~ 40 min，取出加 3% ~ 4% 干盐放进冷库贮藏。俄罗斯和中国的制法是将卵粒分散后，在饱和盐水中盐渍 12 ~ 18 min，取出沥干，冷库贮藏。中国多俗称为咸大马哈鱼子，主要产于乌苏里江。鲑鱼卵原料要求新鲜，一般在捕获后 6 h 以内加工，鱼卵不可过熟，加工后制品呈橘红色。

（2）咸鲟鱼卵：鲟科鱼类鱼卵的盐渍品，也称鱼子酱。原料主要是鲟鱼卵，但也有鳇鱼卵。鳇鱼体长达 5 m，一条 500 kg 的雌鱼卵重达 90 kg，黑龙江有产。加工时，先将鱼卵粒分散，用 10% 食盐进行干盐渍，或者在饱和盐水中浸渍 1 h，取出沥干，装入瓷制或陶制容器中，密封保存在 5℃ 左右使之熟成。鲟鱼卵膜较硬，可加入溶菌酶使其软化，或者盐渍时将卵膜压破。咸鲟鱼卵制品呈绿色或灰色。

（3）盐渍鲱鱼卵：盐渍鲱鱼卵一般取卵囊膜完好的鱼卵，也有少数加工分散粒状。要求鲱鱼原料新鲜成熟度好，除去血污，采用过氧化氢处理可以除净残留血液和褐变物质。盐渍鲱鱼卵制品的颜色和形状与鲜品相似，外观呈透明黄色，具有坚韧的齿感和沙粒样舌感。

4. 发酵腌制品

发酵腌制品是指盐渍过程自然发酵熟成或盐渍时直接添加各种促进发酵与增加风味的辅助材料加工而成的水产制品。多为别具风味的传统名产品，其中有盐渍中依靠鱼虾等本身的酶类和嗜盐菌类对蛋白质分解制得的制品，如中国的酶香鱼、虾蟹酱、鱼露，日本的盐辛，北欧的香料渍鲱等；添加辅助发酵材料的制品如有鱼酢制品、糠渍制品以及其他一些使用酒酿、酒糟、米醋、酱油等材料腌制发酵的制品，如中国的糟醉制品、欧洲的醋渍制品和日本的酱油渍制品等。

（1）酶香鱼：广东、福建等气温较高地区的一种盐渍自然发酵制品，如酶香黄鱼和酶香鳓鱼（曹白鱼）。在盐渍过程中利用鱼体酶类的自溶作用以及微生物在食盐抑制下的部分分解作用，使蛋白质等分解为氨基酸类呈味物质，最终成为具有所谓特殊酶香气味的制品。要注意原料鱼必须新鲜，不宜采用冰鲜鱼。制造时，不剖割，掀开鳃盖用小木棒将食盐压入腹腔，然后下池腌制或干盐埋腌，压实，控制温度在 24～26℃发酵，2～3 d 后开始产生酶香气味。

（2）糟制鱼：以鱼类等为原料，使用酒酿、酒糟和酒类进行腌制而成的产品，亦称糟醉制品或糟渍制品。中国的糟制鱼多用米酿造的酒酿和酒加入适量砂糖和花椒等糟腌制辅料。原料鱼大多为青鱼、草鱼、鲤鱼和鳓、鲳、海鳗，经剖切、洗，加入 20%～23% 食盐，盐渍 7～10 d 后取出晒干或风干，装入小口缸，再加入配好的腌材，密封贮藏 1～3 个月熟成后，分装玻璃瓶或陶瓷罐出售。糟制鱼制品肉质坚实红润，香醇爽口。

（3）鱼酢制品：鱼类盐渍后加米饭发酵而制得的制品。公元 6 世纪，贾思勰《齐民要术》中有做鱼酢的详细记载。后来传入日本，中国反而不再生产。日本著名的琵琶湖鲫酢的加工方法，是将春季产卵前的鲫除去内脏后，在腹内和外部加盐渍至立夏前，取出，在腹内塞米饭，再层饭层鱼装桶压紧，4～6 个月熟成。鱼酢制造时依靠盐渍脱水后进行乳酸发酵制成，如鲫酢的乳酸含量约 1%。

（4）醋渍品：用食盐和米醋进行腌制的鱼类制品。醋酸可降低制品 pH 值，增加其保藏性，并赋予制品风味。欧洲加有香辛料的鲱类醋渍品最为著名。醋渍品有冷醋制品、熟醋渍品和油炸醋渍品之分。冷醋制品是将盐渍后的鱼片于常温下，在盐和醋酸溶液中盐渍 3～7 d，成熟后装入马口铁罐或陶罐，加卤制和香料密封。熟醋渍品是将盐渍后的鱼片放在 85℃的盐醋溶液中加热 10～15 min，放冷后同法装罐。油炸制品是将盐渍后的鱼片拌粉油炸后，装罐，加卤汁和香辛料后封罐。所有卤汁均含有 1%～2% 醋酸和 2%～5% 食盐。所用香辛料为胡椒、芥末、辣椒、月桂叶和洋葱等。此类制品为非杀菌的密封罐藏食品。pH 值接近 4.0，在 27～30℃下只能保持 20 d，宜在 5～10℃下贮藏。

6.2 腌制水产品生产过程中存在的危害分析

随着经济的发展和科学的进步，越来越多的消费者开始关注腌制水产品的质量安全问题。

6.2.1 腌制水产品中食盐的安全性问题

我国国家标准《食用盐》（GB 5461—2000）将食盐分类为精制盐、粉碎洗净盐、日晒盐，等级分为一级和二级。腌制水产品用食盐有 3 种来源：晒盐是蒸发盐水而制得的，盐水取自海洋或内陆盐湖；矿盐通称为岩盐，是从地表以下 300 多米甚至更深的矿井中采得的；有些盐是利用水作为传送介质，从更深的地下盐沉积层，泵吸出来的，称为井盐。

食盐主要成分是氯化钠，尚有少量水分、铁、磷、碘及杂质。利用阳光蒸发制得的晒盐含有化学杂质如氯化镁、氯化钙、硫酸镁等，还存在着嗜盐和耐盐细菌，给人类食用带来安全隐患。我国矿盐中硫酸盐含量高，除少量钙盐外，主要是硫酸钠，食盐中的硫酸盐使食盐味道不佳，发苦、发涩，且影响人的消化吸收。食盐中的可溶性钡盐是肌肉毒，一次大量食入可引起慢性中毒，全身麻木刺痛，四肢无力，严重时出现迟缓性瘫痪。

6.2.2 腌制水产品中亚硝酸盐的安全性问题

1. 亚硝酸盐的来源

（1）生产中添加：腌制过程中，在腌制剂的使用上，除了食盐作为主要的腌制剂之外，硝酸盐和亚硝酸盐也常作为辅助添加物。它们具有多方面作用：能改善色泽（呈色或发色）；具有抗氧化作用；使肉嫩化；提供特别的风味；最重要的是，它们能抑制腐败菌，尤其是肉毒杆菌的生长与繁殖。在腌制过程中，亚硝酸盐的生成含量随着温度的升高而增加；当盐含量为 5% 时，温度在 37℃ 左右时所产生的亚硝酸盐最多，10% 的盐水次之，15% 的盐水则不论温度在 15~20℃，亚硝酸盐都没有明显的变化。此外，在最初 2~4 d 腌制过程中，亚硝酸盐有所增加，7~8 d 达到最高，至 9 d 后则趋于下降。

（2）贮藏中产生：除了添加之外，水产品由于其原料的特殊性，从渔船上运回工厂加工时，处理所用盐类多为粗盐。粗盐中含有硝酸盐、亚硝酸盐，其中硝酸盐在微生物作用下，可被还原成亚硝酸盐，其是水产腌制品中亚硝酸盐形成的主要原因。在自然界中有 100 多种菌株具有硝酸还原能力，在腌制过程中能使硝酸盐还原到亚硝酸盐的阶段而终止，从而使亚硝酸盐蓄积起来。此外，有些地区用苦井水（硝酸盐含量较多的井成为苦井）来加工水产品，并在不卫生的条件下存放过久，则亚硝酸盐含量也会大幅增加，甚至会引起食物中毒。

2. 亚硝酸盐的危害

（1）急性毒性：人体摄取大量亚硝酸盐，可使血管扩张，血液中血红蛋白的铁被氧化而不能与氧结合，产生氧化血红蛋白血液病，使血液的输氧能力降低，引发人体中毒。一般人体摄入 0.3 ~ 0.5 g 亚硝酸盐即可引起中毒，超过 3 g 则可致死。

（2）致癌作用：亚硝酸盐是 N - 亚硝基化合物的前体物质。亚硝酸盐与水产品中的蛋白质分解物，在微生物作用下可转化为 N - 亚硝基化合物和 N - 亚硝胺。亚硝胺类在动物体内、人体内、食品中以及环境中皆可由亚硝酸盐合成；胺类化合物在酸性介质条件下，经亚硝基化合物作用也易生成亚硝胺。亚硝胺是一种致癌物质，据动物试验验证发现，一次多量或长期摄入均可引起癌症。亚硝胺在体内微粒体羟化酶作用下，经过一系列代谢转化，可使细胞产生突变或癌变。

（3）致畸作用：亚硝酸盐能够透过胎盘进入胎儿体内，6 个月以内的婴儿对亚硝酸盐特别敏感，5 岁以下儿童发生脑癌的相对危险度增高与母体经食物摄入亚硝酸盐量有关。此外，亚硝酸盐还可通过乳汁进入婴儿体内，造成婴儿机体组织缺氧，皮肤、黏膜出现青紫斑等。

3. 亚硝酸盐的限量要求及降低方法

（1）限量要求：世界各国对食品中亚硝酸盐残留量要求日趋严格（表6-2）。

表6-2　部分国家和组织对食品中亚硝酸盐残留量要求

国家或组织	限量要求
联合国粮农组织 世界卫生组织	摄入量：硝酸钾或钠：0.5 mg/kg 亚硝酸钾或钠：0.2 mg/kg 残留量：1.25×10^{-4} mg/kg
中国	残留量：$\leqslant 3.0 \times 10^{-5}$ mg/kg
日本	残留量：$\leqslant 7.0 \times 10^{-5}$ mg/kg

（2）降低腌制品中亚硝酸盐含量的方法：①化学方法：在腌制品中通过添加天然物质可以降低亚硝酸盐含量，同时能增加产品风味等感官质量，还可以阻断致癌

物质亚硝胺的化学合成，具体物质如蒜汁、姜汁、芦荟汁等。添加抑菌剂部分替代亚硝酸盐的作用，如山梨酸盐、延胡索酸甲酯、延胡索酸乙酯等都对肉毒杆菌有抑制作用。某些有机酸如抗坏血酸、柠檬酸等，其作用机理是阻断亚硝基与仲胺的结合，防止亚硝胺的产生；添加一些能起到类似亚硝酸盐发色或防腐作用的物质，如红曲色素、抗坏血酸等，也可减少亚硝酸盐的添加。②生物方法：某些微生物可以产生亚硝酸还原酶以降解亚硝酸盐含量。以乳酸菌为例，研究认为乳酸菌对亚硝酸盐的降解，分为酶降解和酸降解两个阶段：发酵前期（pH 值 > 4.5），以酶降解为主；发酵后期（pH 值 < 4.0），以酸降解为主。另外，还有很多学者利用多菌种进行发酵产酸或者产酶，并应用于腌制水产品中，用于大幅度降低亚硝酸盐的残留量，提高了产品的质量与安全。③酶法处理：研究从巨大芽孢杆菌中分离纯化得到亚硝酸盐还原酶，该酶的最适反应温度为 40℃，最适 pH 值为 6.5，热稳定性好，80℃下保温 4 h 后仍有 70%~80% 酶活力。在腌制过程中加入该酶和特异性辅酶组成的复合酶制剂，在不改变加工工艺条件下，可使亚硝酸盐的残留量比原来降低 70%以上。

6.2.3　腌制品中铝超标问题

铝元素是地壳中含量最丰富的金属元素，过去一直被认为对人体安全无害。随着科学技术的发展和进步，人们环境意识和保健意识得到增强，铝的生物毒性效应逐渐为人所知。研究证实，铝虽然是低毒元素，但长期过量摄入铝可引起人体神经系统、免疫系统、骨骼系统和生殖系统的病变；过量铝的摄入，还可能引起脑部疾病，促发老年痴呆症。目前，广为使用的含铝食品添加剂，主要含有硫酸铝钾、硫酸铝铵、酸性磷酸铝钠等成分以及含有抗结剂硅铝酸钠等，常用于面制品、膨化食品、水产品等食品的加工环节。

铝是常量元素，其在不同食品中铝含量本底值的差异很大，而含铝食品添加剂的判断标准是"不得检出"或"总铝含量不大于 100 mg/kg"，区分本底值与"不得检出"成为执行该标准的一个关键问题。部分贝类、海蜇等水产品中总铝的含量已经超过 100 mg/kg 的国家限量标准。

在《食品添加剂使用标准》（GB 2760—2014）中规定，水产品等食品中铝的含量限值为不大于 100 mg/kg。部分水产品（湿样）中铝本底值，抽样调查结果见表6-3。贝类海产品（湿重）铝含量超过 100 mg/kg 限值样品占 30%，海蜇最低测定值就已经超过限值，其他水产品 97% 的铝测定值小于 10 mg/kg，说明此类产品铝的本底值就很高，这表明对于贝类及海蜇等海产品规定的"总铝含量不得超过

100 mg/kg"的限量标准与该食品中铝的本底值有所矛盾。对这类食品需针对铝的形态进行进一步研究，通过食品安全风险评估，给出合适的限值，从而合理有效地管理该类食品加工过程中含铝食品添加剂的使用。

表 6-3　水产品（湿样）中铝本底值测定结果及分析

样品类型	抽检总份数	测定结果范围/mg/kg		高含量样品所占比例
		最小值	最大值	
贝类	207	2	500	>100 mg/kg 64 份，占 31%
海蜇	70	186	2 541	>500 mg/kg 38 份，占 54%
				>1 000 mg/kg 17 份，占 24%
水产品	280	<1	45	>10 mg/kg 7 份，占 3%

6.2.4　腌制水产品中的生物胺超标问题

生物胺是一类具有生物活性含氮的低分子量有机化合物的总称。微量的生物胺是人体必需的正常活性成分，在细胞中具有重要的生理功能。但当人体摄入生物胺过量时，则会引起头痛、恶心、心悸、血压变化、呼吸紊乱等过敏反应，严重时甚至会危及人的生命。每年因食用金枪鱼、鲣鱼等鲭科鱼类，而引起的生物胺中毒事件屡见不鲜。在腌制水产品中，由于微生物产生脱羧酶，使得水产品中的氨基酸发生脱羧反应，形成大量的生物胺，所以生物胺含量已成为了评价一种腌制水产品质量与安全的重要因素之一。

1. 生物胺的分类

根据生物胺的结构可分为：脂肪族、芳香族和杂环胺。根据其组成成分又可以分为：单胺、二胺和多胺（表6-4）。

2. 生物胺的危害作用

腌制水产品在腌制发酵过程中不可避免地会产生一定量的生物胺，生物胺含量的高低直接关系到人体的健康。少量生物胺对维持人体正常的生理活动十分重要，它们是体内氮的来源之一，也是体内荷尔蒙、生物碱 DNA、RNA、蛋白质的合成前体。而摄入过量的生物胺对人体会产生很大的危害，其中对人体健康影响最大的是组胺。

表 6－4　常见生物胺及其毒性作用

种类1	生物胺	种类2	前体	毒性作用
单胺	组胺	杂环胺	组氨酸	头痛、出汗、面部潮红、皮疹、目眩、水肿、腹泻、呼吸困难、期外收缩、心率过快、支气管痉挛、血压偏高或偏低
	色胺		色氨酸	增加血压、面部红潮、消化系统失调、心脏损害、哮喘
	酪胺	芳香族	酪氨酸	偏头痛、神经系统疾病、恶心、呕吐、呼吸困难、高血压
	β苯乙胺		苯丙氨酸	释放交感神经系统中的去甲肾上腺素、高血压、偏头痛
二胺	腐胺	脂肪族	鸟氨酸	心率过快、低血压、破伤风、四肢痉挛、致癌
	尸胺		赖氨酸	低血压、心动过缓、破伤风、四肢痉挛
多胺	精胺		精氨酸	促肿瘤生长、对眼睛和皮肤有刺激
	亚精胺		精氨酸	促肿瘤生长

生物胺的毒性作用与很多因素有关，如胺类氧化酶的存在、其他生物胺、人体肠道解毒功能等，因此很难建立一个统一的标准来衡量其毒性阈值。食品中组胺和酪胺的最大允许范围分别为 5 ~ 10 mg/100 g 和 10 ~ 80 mg/100 g；组胺含量超过 50 mg/100 g 将会对人体造成极大的危害。此外，食品中苯乙胺的含量应控制在 3 mg/100 g 以下，关于腌制水产品中生物胺含量的相关标准较少。欧盟规定鲭科、鲱科类腌制鱼中，组胺含量应控制在 20 mg/100 g 以内。我国国家标准《盐渍鱼卫生标准》（GB 10138—2005）也规定了盐渍金枪鱼、盐渍鲐鱼组胺含量不得超过 100 mg/100 g，其他盐渍鱼组胺含量不得超过 30 mg/100 g，N－二甲基亚硝胺小于等于 4 g/kg。

3. 生物胺的形成机理

除某些水产品原料中带有少量生物胺外，腌制水产品中生物胺的形成机理同其他种类食品（如发酵食品）一致，主要有两种途径：其一是醛或酮通过氨基化和转胺作用产生生物胺；其二是游离氨基酸脱羧产生，即在适宜环境条件下，具有氨基酸脱羧能力的微生物分泌氨基酸脱羧酶作用于游离氨基酸，生成相应的生物胺，并伴随有二氧化碳的产生。腌制水产品中生物胺的产生主要以第二种途径为主，具体需要 3 个基本条件：即具有可充分利用的游离氨基酸、具有氨基酸脱羧酶活性的微生物存在和适合这些微生物生长以及氨基酸脱羧酶合成与作用的环境条件。

4. 生物胺的控制方法

目前，对于腌制水产品中生物胺控制方法的报道还很少，下面概括总结了近几年国内外的相关报道，并从物理控制方法、生物控制方法和化学控制方法 3 个方面做一介绍。

（1）物理控制方法：当前，应用于控制腌制水产品中生物胺的技术，包括干燥、辐照、包装、微波、加热等传统以及新兴的技术等。表 6-5 列举了一些物理方法对不同对象中生物胺的作用效果及影响机理。

表 6-5　物理方法对腌制水产品的作用效果

控制方法	作用对象	作用效果	影响机理
干燥（晒干、热风干燥、冷风干燥等）	遮目鱼	组胺含量低于 1.9 mg/100 g	低水分活度影响产组胺的微生物活性
辐射（辐照剂量 3 kGy）	熏鱼	控制生物胺量 减少李斯特菌、副溶血性弧菌的数量	杀灭其中大多数微生物，钝化氨基酸脱羧酶活性
电子束	腌鱼	组胺含量明显降低	
气调	传统腊鱼	对苯乙胺和色胺生成显著抑制	抑制苯丙氨酸脱羧酶和色氨酸脱羧酶的活性
壳聚糖涂膜			
微波		腐胺、尸胺、组胺、总生物胺下降	—
蒸制		降低总生物胺	—

（2）生物性控制方法：不同微生物之间存在着协同关系，但也存在着拮抗关系，因此，添加特定种类的菌株对于降低生物胺含量十分有效。表 6-6 列举了一些产品采用生物性方法控制组胺产生或者降解生物胺的作用效果。

（3）化学控制方法：有研究指出，特定食品添加剂对腌制发酵鱼中生物胺的产生具有抑制作用，如蔗糖、葡萄糖、山梨醇、谷氨酸、乳酸、柠檬酸、山梨酸等；其中，谷氨酸作用效果最为突出。控制腌制水产品中的生物胺含量还需考虑多方面因素，如保障原料品质、改进加工工艺以及保障良好的加工与贮藏环境等，均是减少生物胺的有力保障。此外，积极加强对腌制水产品中生物胺的形成机理研究，寻找降低腌制水产品中生物胺的方法，建立有效的腌制水产品安全评价体系等，也将成为以后研究及发展的重点。国外对食品中生物胺的控制方法，如采用高静压技术处理发酵香肠，有效降低了香肠中生物胺含量。还有报道，采用超声波处理技术，用于控制鲅鱼中的生物胺产生等。

表6-6 采用生物性方法控制组胺产生或者降解生物胺的作用效果

添加物质	作用对象	作用效果	作用机理
嗜盐四联球菌	腌制发酵沙丁鱼	组胺受到抑制	菌株本身或代谢产物有抑制生物胺产生或降解生物胺作用
木糖葡萄球菌	腌制发酵凤尾鱼	降解组胺和酪胺	
大蒜提取物		抑制生物胺生成	
红辣椒		减少酪胺、亚精胺生成	
姜	发酵凤尾鱼	减少酪胺、尸胺	抑制产生物胺的菌种生长
肉桂		减少组胺	
丁香		减少酪胺	

6.2.5 腌制品中微生物污染问题

水产品中比较常见的食源性致病菌有金黄色葡萄球菌、沙门氏菌、单核细胞增生李斯特氏菌、霍乱弧菌、创伤弧菌、副溶血性弧菌、溶藻弧菌等，这些致病菌在腌制过程中会有所减少，但是在腌制品贮存时间过长或者贮存环境不佳时，表面容易产生红色或者褐色的嗜盐菌，严重影响腌制水产品的感官评价，甚至可能会引起人类的肠道疾病。

目前，不同研究者对于不同种类的腌制水产品体内细菌的存在状态与新鲜状态和加工贮藏前后的菌相组成进行比较后发现，存在于新鲜鳕鱼体内的李斯特菌不会因为长时间的盐渍而消失，并且会在腌制鳕鱼复水后重新恢复生长；腌制大黄鱼体内腐败菌，贮藏初期菌相比较单一，在贮藏期间鱼体内菌相变化明显，在腌制鱼体中除了新鲜鱼体原有细菌之外，还出现了因盐渍而产生的嗜盐菌等。

6.3 腌制水产品生产过程质量与安全控制

6.3.1 腌制水产品的质量控制

在较长时间的腌制过程中，水产动植物失去了原来新鲜的组织状态和风味特点，肉质变软、氨基酸氮含量增加，形成了腌制水产品特有的风味。这一过程是水产腌制品形成自身感官性能和贮藏性能的重要过程，称为腌制熟成。水产品的腌制熟成是一种生物化学过程，是指蛋白质在外源微生物或内源酶的作用下分解为短肽、游离氨基酸和胺，同时肌肉产生可溶性成分溶出，导致鱼体发生物理变化和化学变化。

水产动植物一般栖息在低温环境中，由于自身活动和新陈代谢的需要，其体内都含有大量活力很强的酶。腌制过程中，参加分解作用的多种酶类，很可能来自鱼的消化系统、肌肉、鱼体上原来存在或盐渍中生长的细菌，其活力大小与食盐浓度、温度、不同鱼种的组织成分等因素密切相关。一般而言，盐浓度的提高会抑制酶的活力，但即使是饱和浓盐水也不能完全抑制腌制酶类的分解作用。

对于腌制品成熟的标准，目前一般都是通过感官检验进行判断。在凤尾鱼盐渍过程中，发现有机酸中有焦谷氨酸，可以用来作为判断成熟的典型指标。腌制品的贮藏性，由制品的最终含盐量来决定。15% 含盐量的制品，虽然已具有很好的贮藏性，但是在流通过程中最好仍需保持低温环境。20% 以上含盐量的制品可以在常温下流通，但有的腌制品在室温下放置 7 ~ 10 d 后，肉质也会发生软化现象。

6.3.2 腌制水产品的安全控制

1. 腌腊鱼

腌腊鱼制品是我国的传统水产加工食品，因其风味独特而深受广大消费者的喜爱。目前市场上的腌腊鱼主要由家庭作坊式的小生产企业以手工操作加工制作，其规模和投资小，生产效率和竞争力低，受自然气候条件的限制，其产品的食用风味品质较低，且产品批次之间存在较大的波动性。在腌腊鱼加工过程中，由于微生物和原料鱼中酶类的作用，发生硝酸盐的还原、蛋白质的水解、氨基酸的脱羧和脱胺、脂质的水解与氧化等生化变化，致使鱼体中酸度、挥发性含氮化合物、亚硝胺以及醛酮类物质含量增加。尤其是鱼肉中所含的脂肪酸主要为人体所必需的多不饱和脂肪酸，脂肪酸的过度氧化，会降低产品的营养品质，同时也导致消费者对腌腊鱼的安全性产生担忧。

腌制和干燥条件对腌腊鱼的品质的影响明显，低盐和高温环境会促进酶和微生物的作用，从而加快腌腊鱼品质变化；增加食盐用量时，腌腊鱼中的挥发性盐基氮含量下降；提高腌制温度时，腌腊鱼的 TBA 值和挥发性盐基氮含量均增加；降低食盐用量、提高腌制温度和延长腌制时间，均可提高腌腊鱼中某些游离氨基酸的含量。

2. 腌制生食贝类

腌制生食贝类产品由于没有热加工工艺，是高风险食品。原料贝类的卫生和加工过程中对病原微生物污染的控制这两方面都至关重要，尤其是原料贝类本身的卫生状况。就目前国内情形看，仅仅单纯依靠腌制生食贝类加工厂来把握控制贝类原料的卫生质量远远不够，当前应按照国家海水贝类监控计划，结合农业部的全国贝类养殖生产区域划型要求，通过全面推行贝类养殖场采捕场登记管理、海洋贝类养殖区污控与环境监测、贝类净化工厂建设、"区域性"贝类卫生控制体系认证、贝类食品卫生安全评价预警、贝类养殖过程中 HACCP 与 ISO 22000 等综合举措，实现贝类从养殖水体到餐桌整个食物链全程监控，以保障消费者的身体健康和生命安全。

（1）产品描述：腌制生食贝类是指以活的泥螺、蛏鼻等海水贝类为原料，采用以白酒、黄酒浸泡、食盐盐渍等加工制成的可直接食用的腌醉制贝类水产品。

（2）信息收集：收集保留实施危害分析所需要的法律规范和相关信息，形成文件并留有记录，并注意更新。例如，上海市近年来就规定每年 5 月 1 日至 10 月 31 日，对餐饮醉虾、醉蟹、咸蟹、醉泥螺等生食水产品实行季节性禁产、禁售。受福寿螺事件的影响，北京等地也相继规定了餐饮单位在特定时间内禁售生食淡水贝类产品。

（3）加工工艺：原料贝类→水养吐沙→盐渍→清洗→酒渍（醇杀菌）→调配→灌装→封口→装箱→冷藏待售。腌制生食贝类加工工艺比较简单，将鲜活贝类水产品吐沙后加入适量食盐盐渍，加入一定的酒、食糖、醋等调味品，放置一定时间后装瓶冷藏待售。对确定的工艺流程由 HACCP 管理组现场逐一核查，以验证流程的准确性和完整性。

（4）危害分析和关键控制点：重点分析腌制生食贝类中可能产生的食品卫生安全危害。鉴于贝类是一种"非选择性滤食"的海洋生物，对环境污染物包括病原微生物的"富集"能力强，不同沿海滩涂遭受各类污染物污染的程度不一，出产的贝类对人体健康造成的影响也不一致，一般包括以下几个方面：①致病菌：贝类水产品的致病菌可分为自身原有细菌和非自身原有细菌，自身原有细菌广泛存在于海水及其底质中。有调查证实，从海水和健康贝类内脏中曾多次分离到副溶血性弧菌。非自身原有细菌，则与水体污染和不卫生的加工环境、运输条件等密切关联。②病毒：国内外曾有多起生食牡蛎引起诺瓦克病毒性肠炎的报道，也有因生食毛蚶引起了上海、宁波等沿海居民甲型病毒性肝炎暴发流行。③贝类毒素：贝类染毒与甲藻赤潮密不可分，我国海域贝类携带的毒素以麻痹性贝类毒素和腹泻性贝类毒素为主导。④环境污染物：由于陆源性污染，大量生活污水和工农业废水排江排海，加上一些养殖水体中投放的养殖药物，使得贝类赖以生存的海水水质发生变化。而海水贝类多为定居性贝类品种为主，在海域受到污染时，为最先接触污染物质的潮间带生物，因其无回避能力，暴污时间较长，因而易将重金属、化学药剂、农药等有害物质富集于体内。

（5）危害分析：见表6-7。

（6）HACCP计划表：见表6-8。

（7）检验设施和项目：腌制生食贝类加工厂应设置检验室，并具备超净工作台、分析天平、干燥箱、灭菌锅、培养箱、光学显微镜及计量器具等检验设施。相关检验项目和评价，按照《腌制生食动物性水产品卫生标准》（GB 10136—2005）进行。

表6-7　危害因素分析及预防措施

加工步骤	确定潜在危害	是否显著危害	判断理由	预防措施	是否为CCP
原料验收	生物性：致病菌、病毒、寄生虫 化学性：重金属、有机污染物、养殖药物残留、农药残留 贝毒素：PSP、DSP、NSP、ASP 物理性：无（泥沙杂质）	是 是 是 否	因大量生活污水及工农业废水排江排海，使近岸水体受到各种病原微生物、重金属、有机污染物污染，养殖用药包括其他水产品养殖中的用药随水体排放入海，都可能对滩涂定居性贝类产生影响。赤潮的发生以及有毒甲藻的分布不一，使得部分地区部分时间贝类带毒	①按照采购供应程序，从已通过验证的供应商处进货；②根据国家海贝类监控计划和划型要求采购原料贝类；③原料贝有说明（采捕时间区域、冷链保存、必要标识等）；④进货时采用包装容器标签或交易记录对原料贝产地类别实施确认；⑤受过良好训练有相应经历的采购员、验收员	是 是 是 否
贮藏	生物性：致病菌	是	贮藏不当造成致病菌生长繁殖，冷藏设备不洁造成病原微生物交叉污染	定期清理清洗冷藏设备，尽可能缩短原料贝贮藏时间，冷藏温度控制在10℃以下	是
水养吐沙	生物性：致病菌	是	水养用水不符合卫生要求易造成病原微生物繁殖和交叉污染	采用SSOP预防控制。原料贝类水养用海水大肠菌群700 MPN/L以下，盐度2.5%，并随时更换海水或人工盐水	是
盐腌	生物性：致病菌	是	盐腌时间不当，容器不洁造成细菌污染和繁殖	采用前提方案和SSOP预防控制。腌制时间4~6 d	是

加工步骤	确定潜在危害	是否显著危害	判断理由	预防措施	是否CCP
清洗	生物性：致病菌	是	清洗操作、温度不当、容器不洁等，造成细菌污染和繁殖	采用前提方案和SSOP预防控制	是
酒渍	生物性：致病菌	是	醉制容器、操作人员手污染造成细菌污染或繁殖	采用前提方案和SSOP预防控制	是
调配	生物性：致病菌	是	加入的调味品使用过程中易受微生物污染	采用前提方案和SSOP预防控制	是
灌装	生物性：致病菌	是	玻璃瓶等灌装容器不洁造成细菌污染	采用前提方案和SSOP预防控制	是

3. 腌制泥螺

腌制泥螺是以新鲜泥螺为原料，采用食盐盐渍或白酒、黄酒浸泡加工制成的可直接食用的生吃海产制品，是江浙沿海一带的传统风味食品。该产品咸甜适宜，风味独特，已成为江浙沿海一带的传统特色产品。从20世纪80年代玻璃瓶装即食醉泥螺问世以来，腌制泥螺深受消费者喜爱，市场需求不断扩大，促进了泥螺加工的迅速发展。然而，由于泥螺腌制加工工艺简单，市场上出现的泥螺制品大多数以家庭作坊式、小型企业生产为主，其生产设备简陋，且工艺操作主观性较大，从而导致产品品质不稳定。另外，瓶装泥螺属生食食品，细菌污染普遍存在，加工过程中又不能添加抑菌剂、防腐剂；如果控制不当，极易导致致病菌超标，给产品带来安全隐患。下面介绍腌制泥螺的产品种类、加工工艺、产品污染状况、质量控制方法等，为规范泥螺生产、提高产品质量水平，促进泥螺加工行业的健康发展提供参考。

（1）产品种类：①咸泥螺：以鲜活泥螺为原料，经漂洗、吐沙、形态固定、清洗、腌制、软化、清洗、调味、包装、成品、冷藏等主要工艺，制成的不含酒精或者含有少量酒精且可直接食用的泥螺制品。咸泥螺可保留鲜活泥螺的原味，是很多海鲜爱好者的选择，但其盐分含量较高，保存时间不长，易沾染病菌，并使得微生物含量超标。吃了这种泥螺易引起腹泻，影响食用者身体健康。②醉泥螺：以鲜活泥螺为原料，经选料、冲洗、盐浸、冲洗、酒浸、分级、调味、包装、密封等主要工艺流程，或以咸泥螺为原料，经酒醉、调配、包装等主要工艺，制成酒精度大于5%且可直接食用的泥螺制品。醉泥螺酒浸过程时间较长，一般需10~15 d，同时加

表 6 - 8 HACCP 计划表

关键控制点	显著危害	关键限值	监控					纠错行动	验证
			对象	方法	频率				
贝类原料选购验收	生物性:致病菌、病毒、寄生虫 化学性:重金属、有机污染物、养殖药物残留、农药残留 贝毒素:PSP、DSP、NSP、ASP	①仅限于从已通过验证的供应商处进货	供应商	按照采购管理程序对供应商进行评定	每年一次及任更替供应商时		避免向不合格供应商进货	每月复核每天供应记录
		②按照国家海贝类监控计划和贝类养殖生产区域划型要求,供生食用的原料贝类必须产自一类区域,二、三类区域的贝类需净化合格后方可收购;与供应商订立贝类品质合同	每批贝类原料	查验随货附单、产地证明等,核查贝类卫生证明与文件,检查订货合同是否包括了相关卫生要求	每次订货时		避免订购不合格贝类原料	每月复核每天供应记录
		③供应商提供贝类养殖安全用药证明,海洋捕捞许可证,所属海水贝类划型区域的说明等材料	每批贝类原料	查验随货附单、相关证明和包装标签等	每次订货时		避免订购不合格贝类原料	每月复核每天供应记录
		④进货时通过包装容器标签或交易记录对原料贝类产地类别等(野生天然、养殖基地)实施确认	每批贝类原料标签与包装等	查验随货附单、相关证明和包装标签等	每次进货时		拒收并通知供货方	复查每天记录,每年送验两次以上,检测微生物、重金属、药残、农残等,遇海区赤潮增加贝类毒素项目
		⑤原料贝类附有情况说明(采捕时间和区域,养殖基地或滩涂特征,冷链保存情况,是否经过暂养净化,必要标识等);检验合格证明	每批贝类原料标签与包装等	查验随货附单、相关证明和包装标签等,温度计测量,查验卫生检测报告	每次进货时		拒收并通知供货方	

续表

关键控制点	显著危害	关键限值	监控			纠错行动	验证
			对象	方法	频率		
贝类原料选购验收	生物性:致病菌、病毒、寄生虫 化学性:重金属、有机物污染、养殖药物残留、农药残留 贝毒素:PSP、DSP、NSP、ASP	⑥对未经登记的海洋养殖场、采捕场的原料贝类不予接纳。优先采购通过国内"区域性"贝类卫生控制体系认证区出产的原料	随附的相关证明	查验随货附单、相关证明和包装标签等	每次订货时	避免订购不合格贝类原料	每月复核每天供应记录
		⑦贝类养殖还去现场核查	重点海区	现场查殖管理养殖密度、用药等情况	每年一次及重大赤潮发生时测温，每天三次(早、中、晚各一次)	避免订购不合格贝类原料	每年核查养殖管理规范和档案
储藏	致病菌	保存温度<10℃，至迟12 h 内水养吐沙	原料鲜活贝类	温度计测量。记录收货，水样时间	工作时	校正记录冷藏温度、养殖超时存放的贝类沙	复查每天记录
水养	致病菌	原料贝类水养用海水大肠菌群700 MPN/L以下，人工养殖盐度同养殖生长区域海水	水养用海水	水质检查，人工盐水配置时称量	工作时	及时换水，调整盐水浓度并记录	查纠偏记录表
盐腌和酒渍	致病菌	容器、操作人员手消毒，55%～60%酒精含量的白酒(高醇杀菌)	操作容器、手、白酒	检查消毒记录，酒精度	工作时	废弃达不到限值要求的贝类半成品	查纠偏记录表
调配	致病菌	容器、操作人员，加入的调味品使用过程中易受微生物污染	操作容器、手、白酒	调味品，产品	工作时	废弃达不到限值要求的产品	查纠偏记录表
灌装	致病菌	玻璃瓶等灌制容器消毒	包装容器	检查消毒记录	工作时	未达到消毒要求的重新消毒合格后使用	查纠偏记录表

料过程一般采用黄酒或者啤酒进行调味，酒精浓度较大，风味独特，但浓重的酒味和酒精度不符合人们目前对健康饮食的要求。

（2）腌制泥螺的主要安全隐患及检测方法：①菌落总数和大肠杆菌：这两项指标通常作为间接反映食品卫生质量的污染指标。例如，农产品安全质量《无公害水产品安全要求》（GB 18406.4—2001）中规定，无公害贝类菌落总数≤10⁶ CFU/g，大肠杆菌≤30 MPN/100 g；《腌制生食动物性水产品卫生标准》（GB 10136—2005）规定，菌落总数≤5 000 CFU/g，大肠杆菌≤30 MPN/100 g。由于泥螺制品区域性明显，因而无专门的行业或国家标准。江苏省地方标准《醉泥螺》（DB 32/T 467—2008）要求醉泥螺菌落总数≤5 000 CFU/g，大肠杆菌≤30 MPN/100 g。②致病微生物：腌制泥螺属于生食海产品，产品易受到细菌污染的原因主要有：泥螺生长的近海滩涂环境受到各类细菌污染，污染物在泥螺体内积蓄；加工环节受到二次污染；该生食食品不能用加热等方法杀灭微生物，控制细菌较困难。研究发现，腌制泥螺可能存在的致病菌主要有：沙门氏菌、李斯特菌、金黄色葡萄球菌、副溶血性弧菌、志贺氏菌等。腌制泥螺微生物指标限量及现行检测标准见表6-9。

表6-9 腌制泥螺微生物指标限量及检测方法

项目	指标	限量标准	现行检测方法标准
菌落总数/（CFU/g）	≤10⁶ ≤5 000	《无公害水产品安全要求》（GB 18406.4—2001） 《腌制生食动物性水产品卫生标准》（GB 10136—2005）	《食品卫生微生物学检验》（GB/T 4789.2—2010）
菌落总数测定			
大肠杆菌/（MPN/100 g）	≤30	《无公害水产品安全要求》（GB 18406.4—2001） 《腌制生食动物性水产品卫生标准》（GB 10136—2005）	《食品卫生微生物学检验》（GB/T 4789.3—2010）
大肠菌群测定 致病菌 沙门氏菌 副溶血弧菌 志贺氏菌 金黄色葡萄球菌	不得检出	《无公害水产品安全要求》（GB 18406.4—2001） 《腌制生食动物性水产品卫生标准》（GB 10136—2005）	《食品卫生微生物学检验 沙门氏菌检验》（GB/T 4789.4—2008） 《食品卫生微生物学检验 副溶血弧菌检验》（GB/T 4789.7—2008） 《食品卫生微生物学检验 志贺氏菌检验》（GB/T 4789.5—2012） 《食品卫生微生物学检验 金黄色葡萄球菌检验》（GB/T 4789.10—2010）

（3）有毒有害物质：①亚硝酸盐。腌制泥螺的传统方法，采用雪菜汁对泥螺进行定型处理，这样可以得到最佳的泥螺形态和风味，但由此引发的泥螺中亚硝酸盐

含量增高的状况也有待解决。②挥发性盐基氮。是指动物性食品在腐败过程中，由于酶和细菌的作用，使蛋白质分解而产生的氨及胺等碱性含氮物质。例如，一般在低温有氧条件下，鱼类挥发性盐基氮的量达到 30 mg/100 g 时即认为是变质。《腌制生食动物性水产品卫生标准》（GB 10136—2005）规定，蟹糊、蟹块中挥发性氨基氮的限量指标为 2.5 mg/100 g，对泥螺制品尚无明确规定。③重金属。由于泥螺和其他贝类一样，属于滤食性动物，生活在被重金属污染了的水体中时，通过食物链及生物富集作用对重金属产生蓄积。腌制泥螺产品如果使用了重金属污染的泥螺做原料，亦会造成安全隐患。研究表明，我国贝类重金属问题相对突出，主要是镉和镉超标现象严重，几乎所有贝类镉含量都超过标准。腌制泥螺相关的有毒有害物质限量标准及现行检测方法见表 6 – 10。

表 6 – 10　腌制泥螺有毒有害物质限量标准及检测方法

项目	指标	限量标准	现行检测方法
挥发性盐基氮/(mg/100 g)	≤ 25（蟹块、蟹糊）	《腌制生食动物性水产品卫生标准》（GB 10136—2005）	《肉与肉制品挥发性盐基氮》（GB/T 5009.44—2003）《水产品中挥发性盐基氮的测定》（SC/T 3032—2010）
亚硝酸盐(以 NaNO₃ 计)/(mg/kg)	≤3(鱼类)	《食品中污染物限量》（GB 2762—2005）	《食品安全国家标准　食品中亚硝酸盐与硝酸盐的测定》（GB 5009.33—2010）
无机砷/(mg/kg)	≤0.5 ≤ 0.5（湿重） ≤ 1.0（干重）	《水产品中有毒有害物质限量》（NY 5073—2006）《腌制生食动物性水产品卫生标准》（GB 10136—2005）《食品中污染物限量》（GB 2762—2005）	《食品中总砷及无机砷的测定》（GB/T 5009.11—2003）
甲基汞/(mg/kg)	≤0.5	《水产品中有毒有害物质限量》（NY 5073—2006）《腌制生食动物性水产品卫生标准》（GB 10136—2005）《食品中污染物限量》（GB 2762—2005）	《食品中总汞及有机汞的测定》（GB/T 5009.17—2003）

项目	指标	限量标准	现行检测方法
铅(Pb)/(mg/kg)	≤1.0（贝类）	《水产品中有毒有害物质限量》（NY 5073—2006）	《食品安全国家标准　食品中铅的测定》（GB/T 5009.12—2010）
镉(Cd)/(mg/kg)	≤1.0（贝类） ≤2.0（鱼、贝类）	《水产品中有毒有害物质限量》（NY 5073—2006） 《食品中污染物限量》（GB 2762—2005）	《食品中镉的测定》（GB/T 5009.15—2003）
铜(Cu)/(mg/kg)	≤50（贝类）	《水产品中有毒有害物质限量》（NY 5073—2006）	《食品中铜的测定》（GB/T 5009.15—2004）
石油烃/(mg/kg)	≤15	《水产品中有毒有害物质限量》（NY 5073—2006）	《海洋监测规范第6部分:生物体分析》（GB 17378.6—2007）
麻痹性贝毒(PSP)/(MU/100 g)	≤400（贝类）	《水产品中有毒有害物质限量》（NY 5073—2006）	《麻痹性贝类毒素的测定　生物法》（SC/T 3023—2004）
腹泻性贝毒(DSP)/(MU/g)	不得检出（贝类）	《水产品中有毒有害物质限量》（NY 5073—2006）	《腹泻性贝类毒素的测定　生物法》（SC/T 3024—2004）
N–二甲基亚硝胺/(g/kg)	≤4（仅海产品）	《腌制生食动物性水产品卫生标准》（GB 10136—2005） 《食品中污染物限量》（GB 2762—2005）	《食品中N–亚硝胺类的测定》（GB/T 5009.26—2003）
多氯联苯 PCBs/(mg/kg) PCB138/(mg/kg) PCB153/(mg/kg)	≤2.0（仅海产品） ≤0.5 ≤0.5	《水产品中有毒有害物质限量》（NY 5073—2006） 《腌制生食动物性水产品卫生标准》（GB 10136—2005） 《食品中污染物限量》（GB 2762—2005）	《食品中指示性多氯联苯含量的测定》（GB/T 5009.190—2006）

（4）腌制泥螺质量控制方法：①HACCP。在腌制泥螺质量控制中，应用 HAC-CP 结合食品加工、微生物学、质量控制和危害评价等有关原理和方法，对原料、加工、最终食用等过程中存在和潜在的危害进行分析判断，从而找出对最终产品质量有影响的关键控制环节，并采取相应的控制措施，使食品的危害性减少到最低限度，使最终产品达到较高的安全性水平。运用 HACCP 原理，从咸泥螺加工出发，按照醉泥螺的加工工艺流程，对各个步骤中的具体操作过程进行生物、化学、物理危害分析，找出并确定原料接收、调味和贮藏为 3 个关键控制点，从而制定出醉泥螺加工企业 HACCP 控制体系，以供企业参考。②防腐剂在腌制泥螺产品中应用。添加防腐剂可作为控制腌制泥螺微生物的一种方法，但《腌制生食动物性水产品卫生标准》（GB 10136—2005）无食品添加剂指标，作为传统风味产品，人们更喜欢无防腐剂的产品。有研究针对腌制泥螺中的苯甲酸钠、山梨酸钾、硼砂、二氧化硫残留量 4 个项目进行检测，结果发现，为了防止产品腐败变质，生产过程中违规使用防腐剂的企业占一定比例，其中苯甲酸钠、山梨酸钾的合格率分别为 77.14％、85.71％，有的产品甚至添加了两种防腐剂。也有研究指出，添加茶多酚、乳酸链球菌素和溶菌酶可抑制泥螺中的菌落总数，且添加的茶多酚、乳酸链球菌素和溶菌酶均符合食品添加剂使用标准。③非热杀菌技术在腌制泥螺中的应用。非热杀菌技术在保持水产品新鲜、风味、营养、安全等方面的优势明显，其主要包括高静压（high hydro – static pressure，HHP）、高压二氧化碳（high pressure carbon dioxide，HPCD）、高压脉冲电场（pulsed electric field，PEF）、臭氧、紫外杀菌、辐照、生物防腐剂等。与热力杀菌相比，非热加工对水产品，特别是热敏性水产品的色、香、味、功能性及营养成分等具有很好的保护作用，在很大程度上能够保证产品原有的新鲜度，确保产品质量。腌制泥螺作为地方风味生食产品，对新鲜、风味的要求较高，要保障其质量安全，非热杀菌方法是一种有效途径之一。研究表明，采用 ^{60}Co 辐照处理醉泥螺，有效解决了产品微生物超标的问题，提高了产品的质量，延长了保质期。采用辐照杀菌、高醇白酒杀菌等生产工艺后，醉泥螺的菌落总数由老工艺的 10^4 CFU/g 降至 500 CFU/g。也有研究指出，超高压技术处理对腌制生食泥螺杀菌效果同样显著。腌制泥螺作为江浙地区一种传统特色产品，其高盐、高醇杀菌方式已经越来越不适合人们的健康需求。因此，优化腌制泥螺的传统加工工艺，规范现场加工的质量管理体系，应用新型杀菌技术，提高腌制泥螺产品的安全、营养和风味等特性，是腌制泥螺产品的发展趋势。

本章小结

水产品腌制是指用食盐、糖等腌制剂处理水产品原料，通过扩散和渗透作用进入组织，排出大量的水，从而减少水产品的含水量，降低水分活度，并有选择性地抑制腐败微生物和酶的活动，促进有益微生物的活动，延缓或防止水产品的腐败。水产品的腌制包括盐渍和成熟两个阶段。

腌制水产品的品质和安全性与其原料鲜度、加工工艺以及贮藏条件等密切相关。因此，加强对腌制水产品中可能存在或潜在的危害因素研究，如有害因子变化规律及相关性、加工工艺改善与优化、高新技术及设备应用、新型有害因子降解剂开发等，逐步建立有效的腌制水产品安全评价体系，可以不断提高腌制水产品的产量和质量，更好地满足现代生活对于其安全、营养、风味、健康、方便等要求。

思考题

1. 腌制水产品的方法有哪些？
2. 水产品在腌制过程中发生的品质改变有哪些？
3. 腌制水产品中存在的危害因素有哪些？
4. 举例说明一种腌制水产品的生产安全控制技术。

参考文献

樊丽琴,杨贤庆,陈胜军,等.2009.腌制水产品中 N－亚硝基化合物的研究进展[J].食品工业科技,
　　30(5):360－363.

林洪.2010.水产品安全性[M].北京:中国轻工业出版社.

彭增起.2010.水产品加工学[M].北京:中国轻工业出版社.

吴燕燕,陈玉峰.2014.腌制水产品中生物胺的形成及控制技术研究进展[J].食品工业科技,35(4):
　　396－400.

曾名涌.2014.食品保藏原理与技术[M].第2版.北京:化学工业出版社.

张慧敏,刘桂华,罗若荣,等.2014.食品中铝含量测定方法的研究[J].食品安全质量检测学报,5
　　(10):3223－3229.

张娜,熊善柏,赵思明,等.2010.工艺条件对腌腊鱼安全性品质的影响[J].华中农业大学学报,29
　　(6):783－787.

章银良,夏文水.2007.腌鱼产品加工技术与理论研究进展[J].中国农学通报,23(3):116－120.

周群霞,张卫兵.2007.腌制生食动物性水产品卫生标准应用与建议[J].中国食品卫生杂志,19(6):
　　536－539.

第7章 发酵水产品生产安全控制技术

教学目标

1. 掌握发酵水产品的生产原理。
2. 掌握生物胺及N-亚硝基化合物的生成规律及控制方法。
3. 了解传统鱼露加工工艺。
4. 了解发酵水产品新型生产控制技术。

发酵在人类文明史上有着悠久的应用历史，食物通过微生物发酵作用，不仅能够延长保质期，而且还可以提高食物的感官品质和营养价值。我国发酵技术在水产品中应用历史悠久，早在公元前3世纪的《周礼》中就有关于"醢、酢"的记载。醢是指用肉或鱼通过发酵作用酿制的"酱油"；酢就是鱼露。我国沿海地区从北到南均有不同特色的发酵水产品，如腌腊鱼、酶香鱼、鲊鱼、鱼露、虾酱等。本章介绍水产品发酵过程中微生物、营养成分及风味变化规律；讲述典型发酵水产品加工工艺、技术方法等；并在分析发酵水产品生产过程中存在危害因素的基础上，重点介绍发酵水产品生产过程质量与安全控制方法等内容。

7.1 发酵水产品生产原理

发酵水产品一般以低值鱼或者小鱼、小虾等为原料，在一定盐浓度条件下，利用原料表面附着微生物、肠道内部自身微生物以及组织中酶的多重作用来分解蛋白质、脂肪和多糖等成分进行分解，生成具有特殊风味和营养价值产品。

7.1.1 发酵水产品的生产原理

1. 发酵过程中微生物

1）发酵过程中优势菌的变化

微生物和酶对水产品的发酵过程起决定性作用，在发酵过程中各类微生物的生长繁殖趋势不同，发酵过程实际上是对微生物进行选择性培养，最终生存下来的优势菌通过发酵作用赋予产品主要滋味。整个发酵过程可以分为发酵初期、发酵中期和发酵后期3个阶段（图7-1、图7-2）。

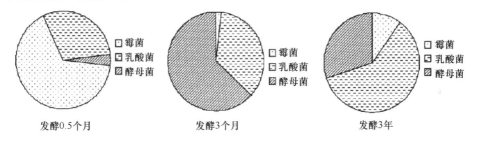

图7-1　传统鱼露发酵过程中不同发酵阶段的菌相组成

在发酵初期，因为盐分还未完全渗透到原料内部，而原料汁液也未大量外流，且原料间隙充满空气，所以发酵初期以好氧型霉菌生长繁殖为主形成优势菌，霉菌分泌出各种蛋白酶类水解蛋白质为更容易被吸收利用的多肽、氨基酸等，为其他微生物的生长繁殖创造条件。

在发酵中期，随着盐分逐渐渗入到原料里，结果原料内部微环境中食盐浓度增高造成原料自身水分外渗出来，原料间空气逐渐减少，而且由于乳酸菌的生长繁殖形成一定偏酸性条件，结果霉菌生长变缓，酵母菌和乳酸菌开始大量生长繁殖。这两种菌对水产品风味形成有直接影响，其中酵母菌和乳酸菌混合发酵的风味性要好于单纯的乳酸菌发酵。

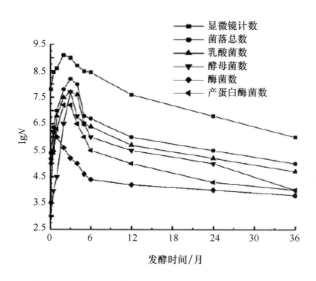

图7-2 传统鱼露发酵过程主要微生物的消长变化

在发酵后期，由于乳酸菌的生长繁殖造成环境 pH 值不断下降，结果酵母菌数量逐渐较少，所以水产品发酵后期以乳酸发酵为主。由于乳酸菌的发酵作用可以进一步降低发酵产品的 pH 值，抑制腐败菌生长及毒素产生，促进发酵产品色泽和风味形成。

2）发酵水产品常用微生物种类

参与水产品发酵过程的微生物主要有 3 类：细菌、酵母菌和霉菌。细菌中主要的发酵菌种是乳酸杆菌，是发酵过程中的优势菌种，产酸量大。酵母菌和霉菌主要分布在发酵产品的表面，形成一层保护膜，主要起护色作用。主要微生物发酵剂在发酵中的作用见表7-1。

表7-1 主要微生物发酵剂在发酵中的作用

微生物群	代谢活性	作用
乳酸菌	产生乳酸	抑制病原菌和腐败菌；加速色泽形成和干燥
过氧化氢酶	还原硝酸盐；还原亚硝酸盐	形成和稳定色泽
阳性球菌	消耗氧，破坏过氧化物；形成羰基和酯	去除多余的硝酸盐，延缓酸败；形成香味和风味
酵母菌	消耗氧	延缓酸败；稳定风味；形成香味和风味
霉菌	形成表面菌落；消耗氧；氧化乳酸；降解蛋白质和脂肪	抑制不需要的霉菌；利于干燥；延缓酸败；稳定色泽；形成风味

（1）乳酸菌：在对一些腊鱼、风干鱼等发酵制品进行菌相分析时，发现乳酸菌是非常重要的优势菌群。乳酸菌可将水产品的单糖或双糖等糖类经无氧酵解途径分解产生乳酸，降低发酵制品的 pH 值。低 pH 值环境抑制了有害微生物的生长繁殖，且乳酸菌产生的细菌素能抑制或杀死食源性致病菌，是一种天然的防腐剂。另外，乳酸菌对发酵过程特殊风味的形成也有重要作用。乳酸菌分泌的过氧化氢酶，还可促进亚硝酸盐的分解，降低亚硝酸盐的残留量，在保持产品品质的同时使产品的安全性得到提高。

（2）霉菌：主要为米曲霉（*Aspergillus oryzae*），是一种好气性真菌。菌丝一般呈黄绿色，老化后菌丝逐渐为褐色。米曲霉菌株最适生长温度37℃，生长环境中含水量50%左右最适于菌丝体生长，pH 值6.0 左右有利于菌丝体的生长和酶活性发挥。米曲霉是食品发酵工业常用的蛋白酶生产菌株之一，其不产生毒素，能分泌糖化酶、淀粉酶、纤维素酶以及植酸酶等，而且产酶活力高，因此米曲霉作为水产品发酵生产的优势菌株已得到广泛应用。

（3）酵母菌：是发酵水产品常见菌。酿酒酵母菌为水产品发酵常用的菌种，属革兰染色阳性，单细胞，呈球形、椭圆形（大小 3~8 μm）或细胞延伸呈退化型假菌丝，典型多位发芽，不产生真菌丝。在人工培养基上，酿酒酵母菌生长快速，一般3 d 后即可成熟，菌落中等大小，扁平，光滑，湿润，折光，乳酪色到淡棕色。

（4）其他微生物发酵剂：从不同产地鱼露中分离得到不同产酶类型的枯草芽孢杆菌，其中从越南鱼露分离得到枯草芽孢杆菌 *Bacillus subtilis* CN-2 在蛋白胨培养基上可产生大量的碱性蛋白酶（MW 27 636 Da），该酶在 pH 值7.0~10.0 和温度30~60℃保持较高酶活性，最佳 pH 值和最适温度分别为10.0 和50℃。此外，从发酵3 年的鳀鱼露中，分离获得了枯草芽孢杆菌 *Bacillus subtilis* JM-3，该菌可生产酸性蛋白酶（MW 17.1 kDa），最佳 pH 值和温度分别为5.5 和60℃，且蛋白酶的活性随着盐浓度的增加而下降。

2. 营养成分的变化

发酵是一个动态变化过程，微生物在利用水产原料为营养物质进行生长与繁殖的同时，又会分泌出各种蛋白酶、脂肪酶和淀粉酶类，进而分解水产品中蛋白质、脂肪和糖类等。在有氧阶段，主要是好氧菌分解蛋白质、脂肪类营养物质，而在厌氧阶段主要是酵母菌和乳酸菌产生酒精及有机酸等挥发性风味物质，赋予发酵水产品独特的风味。例如：发酵糟鱼的总糖、还原糖、有机酸和脂肪酸含量，随着发酵时间的延长而逐渐增加，最后达到一个动态平衡（图7-3 至图7-5）；蛋白质、盐溶性蛋白质及脂肪含量，随发酵时间的延长而下降（图7-6、图7-7）；氨基氮含量，随着发酵时间的延长先增加后下降，最后达到平衡（图7-8）。另外，分析糟鱼的游离脂肪酸组成发现，发酵结束时，糟鱼中饱和脂肪酸的含量仅为7.72%，而单不饱和脂肪酸含量为47.01%，多不饱和脂肪酸含量为42.48%，说明糟鱼的不饱和脂肪酸比例明显高于饱和脂肪酸，表明糟鱼的营养价值较高。

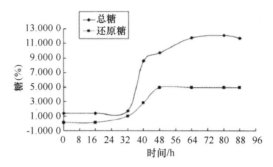

图7-3　发酵时间对总糖和还原糖含量影响

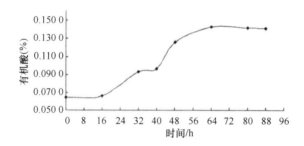

图7-4　发酵时间对有机酸含量影响

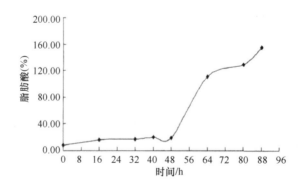

图7-5　发酵时间对脂肪酸含量影响

另外，发酵水产品的营养成分变化，也会因所用水产品原料、生产工艺及发酵

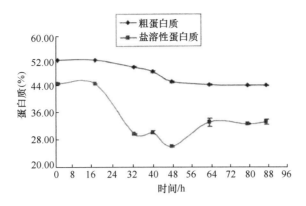

图 7 - 6　发酵时间对蛋白质和盐溶性蛋白质含量影响

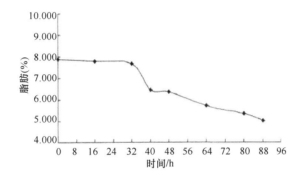

图 7 - 7　发酵时间对脂肪含量影响

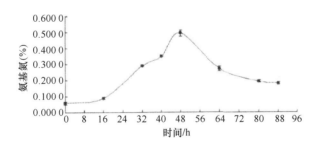

图 7 - 8　发酵时间对氨基氮含量影响

方法的不同而有所差异。即使采用同一种原料和相同的生产工艺，但是发酵时间不同，最终产品的理化特性也会有所差别。例如，不同年份潮汕鱼露发酵液的理化指标测定结果，见表 7 - 2。虽然发酵 1 年、2 年和 3 年鱼露总氮和氨基态氮含量均高于广东省地方标准《鱼露》（DB44/T 471—2008）规定的一级鱼露总氮含量不低于1.2 g/dL、氨基态氮含量不低于 0.9 g/dL 要求，但是发酵年份越长所得鱼露的总氮、氨基态氮和 TCA 可溶性肽含量越高，而且采用后期保温 1 周的鱼露无论是总氮、氨基态氮含量，还是 TCA 可溶性肽含量均明显高于其他样品，说明保温对鱼露的后熟起着重要的作用。

表 7 - 2　不同年份潮汕鱼露发酵液的理化指标

样品	总氮/ （g/dL）	氨基态氮/ （g/dL）	TCA 可溶性肽/ （g/dL）	TVB - N/ （mg/dL）	pH 值
1 年鱼露	1.70 ± 0.02	1.01 ± 0.02	1.40 ± 0.02	185.99 ± 0.57	5.89 ± 0.01
2 年鱼露	1.83 ± 0.02	1.10 ± 0.03	0.88 ± 0.01	132.42 ± 0.48	5.55 ± 0.01
3 年鱼露	1.87 ± 0.02	1.36 ± 0.02	2.27 ± 0.02	189.38 ± 0.51	5.43 ± 0.02
后期保温 1 周鱼露	2.21 ± 0.03	1.42 ± 0.02	2.34 ± 0.02	193.09 ± 0.59	5.36 ± 0.01

3. 发酵水产品风味的变化

发酵过程中，在水产品自身及微生物酶的作用下，水产原料中碳水化合物被分解，生成酸、醇、醛等风味物质，蛋白质在蛋白酶作用下被分解成肽、氨基酸前体风味物质，产生的游离氨基酸含量显著提高，尤其是谷氨酸、亮氨酸和赖氨酸等。这些化合物还可经过 Maillard 反应、Strecker 降解通过转氨基、脱羧、脱氨基作用，进一步分解或交联形成风味化合物。

脂类物质在脂肪酶作用下水解为游离脂肪酸，然后再通过自动氧化及 β - 氧化作用生成醛类及酮类等风味物质。研究发现，微生物的发酵作用是产生挥发性脂肪酸的主要原因，而挥发性脂肪酸是鱼露风味的重要组成部分。直链脂肪酸来自水产品中脂肪发酵，并且在需氧发酵过程中直链（包括短直链和长直链）挥发性脂肪酸的产生量，明显高于无氧发酵过程的产生量。一些支链挥发性脂肪酸是由特定的氨基酸降解得到的，例如异丁酸源于缬氨酸，异戊酸源于亮氨酸。

研究认为，鱼露挥发性风味物质具体包括酸、羰基化合物、含氮化合物和含硫化合物，这些物质在发酵过程中形成，对鱼露独特的风味起到重要贡献。其中 2 - 甲基丙醛、2 - 甲基丁醛、2 - 乙基吡啶和二甲基三硫，这 4 种化合物对泰国鱼露特征风味的形成起到重要的作用；此外，这 4 种化合物的不同配合方式会形成不同风味特征，如 2 - 乙基吡啶和二甲基三硫有助于鱼香味的形成；2 - 乙基吡啶、2 - 戊酮及挥发性酸是形成干酪风味的必需成分；2 - 乙基吡啶与二甲基三硫、2 - 甲基丁醛构成了肉类的风味；2 - 乙基吡啶和二甲基三硫及 2 - 甲基丙醛和 2 - 甲基丁醛是形成焦香味的主要成分；当这 4 种物质同时存在时，则形成鱼露特殊酸臭味。在一项对典型越南一级鱼露中呈味成分分析中发现，11 种化合物与鱼露呈味特性有关，主要是氨基酸类，具体包括谷氨酸、天冬氨酸、苏氨酸、丙氨酸、缬氨酸、组氨酸、脯氨酸、酪氨酸、胱氨酸、蛋氨酸以及焦谷氨酸，其中最能体现特征风味的是谷氨酸、焦谷氨酸和丙氨酸，这些化合物对鱼露风味性有较大影响。

对传统发酵 1 年、2 年和 3 年以及后期保温 1 周的潮汕鱼露中风味化合物进行分析，鉴定出的 85 种化合物，其中醇类 17 种、烃类 14 种、含氮化合物 13 种、醛酮类 11 种、挥发性酸类 9 种、含硫化合物 7 种、呋喃类 7 种、酯类 5 种、芳香族化合物 2 种。发酵不同年份潮汕鱼露的风味化合物种类及相对含量见表 7-3。研究认为，成熟的潮汕鱼露主要特征性风味物质是乙酸、2-甲基丙酸、2-甲基丙酮、2-丁酮、吡唑和二甲基硫化物；一些阈值低但对鱼露风味有较大贡献的化合物如 3-甲基丁醛、苯乙醛等化合物，其相对含量随着发酵年份的增加而不断地增加，醇的相对含量则呈明显下降趋势；与鱼露炙烤味和氨味有关的含氮化合物在发酵过程中种类不断丰富；能赋予鱼露鱼香味的含硫化合物二甲基硫，在发酵 2 年时才开始出现并逐渐增长。

表 7-3　不同年份潮汕鱼露的风味化合物种类及相对含量比较（%）

化合物种类	发酵 1 年 鱼露中的含量	发酵 2 年 鱼露中的含量	发酵 3 年 鱼露中的含量
酸类	18.61	10.8	22.34
醇类	69.00	62.88	50.43
醛、酮类	7.25	17.41	17.43
酯类	0.59	0.79	0.63
含氮化合物	1.33	3.35	3.38
含硫化合物	0.22	1.67	4.09
芳香族化合物	0.29	0.09	0.09
呋喃类	0.24	1.11	0.09
烃类	0.97	1.90	1.52

7.1.2　鱼酱油传统生产工艺

鱼酱油，又称为鱼露、虾油，不仅滋味鲜美，而且营养丰富，含有所有必需氨基酸、牛磺酸以及丙酮酸、琥珀酸等有机酸，此外还含有对人体有益的矿物质元素钙、镁、锌、铁和维生素等，因而在我国沿海地区以及东南亚各国广为流行。目前泰国鱼露（Nampla）的生产水平处于全球领先地位，并在国际市场上赢得西方国家消费者的认可。我国传统发酵鱼露以福州、汕头的较为出名，其生产工艺与泰国鱼露生产工艺非常相似。传统鱼露生产周期长，一般需经过 1~3 年漫长发酵和后熟过程，才会形成鱼露特有的风味性。传统鱼露的发酵工艺流程如下。

新鲜原料→加盐（20%~30%）→前期发酵（腌制和自溶）→中期发酵（日晒夜露）→后期发酵→过滤→调配→灭菌→检验→包装→成品。

表 7-4　不同产地鱼露名称及所用原料鱼

产地	名称	原料鱼
泰国	Nampla	鳀属；鲭属；鲛属
越南、柬埔寨	Noucmam Gauca	鳀属；鲭属；鲹属；鲇属
马来西亚	Budu	鳀属
菲律宾	Patis	鳀属；鲱属；鲹属
中国	鱼露 Yeesui	小沙丁鱼；鳀属
日本	Shottsuru	鲈属；沙丁鱼
韩国	Aekjeot	日本鳀属；日本鲈属
印度尼西亚	Ketjapikan	鳀属；鲱属；鱿鱼；淡水鱼
印度、巴基斯坦	Colombocure	鲭属；鲱属
希腊	Garos	鲭属

7.1.3　发酵水产品新型生产技术

传统发酵水产品大多数生产周期长，限制了发酵水产品规模化的发展，现代水产品新型发酵工艺，把目光着眼于发展快速发酵技术以缩短生产周期，且快速发酵在一定程度上能降低产品盐度和腥臭味。但是，因为快速发酵周期短，所以一些对发酵水产品风味性有特殊贡献的风味物质含量较少或还未形成，结果快速发酵水产品的风味性，往往不及传统发酵方式下产品的风味性。目前，常用做法是将传统发酵和快速发酵相结合，综合两者优势，具体快速发酵方法有：低盐保温法、加酶法、加微生物（曲）法、嗜盐微生物发酵法等。

1. 低盐保温法

传统水产品发酵主要是利用高盐方法，来抑制发酵过程中非目标菌株的生长与繁殖，但产生抑制效果的盐浓度对于各种微生物的影响程度不一样，如抑制一般腐败菌盐浓度需 8%～12%，抑制酵母菌和霉菌的盐浓度分别为 15%～20% 和 20%～30%。提高盐浓度能有效抑制水产品发酵过程中腐败菌生长与繁殖，但是蛋白酶活性和有助于发酵水产品风味形成的有益菌活性也受到一定程度抑制。所以，水产品传统发酵法一般周期都很长，这样才能满足微生物和酶对原料充分作用。

低盐保温法是水产品快速发酵中研究较早且较成熟的方法，该方法主要是调节发酵早期盐浓度和温度，在低盐条件下既能保证蛋白酶活性，又能抑制微生物腐败作用，使微生物分泌的酶系或原料自身酶处于最佳酶反应温度下加速水解原料。然后，在低盐发酵后期，采用高温方法不仅继续抑制微生物腐败，还能够有效去除发酵液发出的臭味。但保温法一般常用在前期发酵，因为保温时间过长易产生腐败味，而且保温一般用蒸汽加热，提高了生产成本。但在水产品发酵后期采用短时保温方法可以促进产品的成熟度，提高风味性，如对鱼露风味性有重要作用的挥发性脂肪酸，在潮汕鱼露发酵 1 年时的相对含量为 18.61%，经后期保温 1 周后增至 25.34%。

2. 加酶法

加酶发酵法是直接往水产原料中添加商品化外源酶来提高原料的水解速度，常用商品化酶制剂有胰蛋白酶、木瓜蛋白酶、枯草杆菌蛋白酶及胃蛋白酶等。研究发现，这些酶制剂能加快原料的水解，而且采用双酶法或多酶复合水解法较单一酶酶解程度更高，但是由于水产品原料不同、蛋白质中氨基酸构成及比例的差异性决定了酶解条件的不同。加酶法发酵得到的水解液总氮和氨基酸态氮含量，在较短时间可达到商业指标要求，但是由于发酵时间缩短，产品的风味形成不完全，甚至带来异味，所以加酶发酵水产品的总体感官质量远不如传统方法生产的发酵水产品。

另外，也有在水产原料中添加一些蛋白酶丰富的鱼内脏，以提高原料的水解速度，如在北极小海鱼中加入 5%～10% 富含酶的鳕鱼肠，蛋白质在发酵 6 个月后利用率达到 60%；在沙丁鱼中加入 25% 金枪鱼脾脏和 15% 盐，发酵早期蛋白质的水解最快，而加入 10% 金枪鱼脾脏和 20% 盐沙丁鱼发酵鱼露与商业鱼露有相似的可接受度；还有利用鱿鱼内脏中高活力的蛋白酶，鱿鱼的胃、肠及胰腺中的淀粉酶及脂肪分解酶等。

3. 加微生物（曲）法

水产品加曲发酵类似酱油的酿造过程，利用米曲霉制得种曲分泌的蛋白酶、淀粉酶、脂肪酶等，将水产原料中蛋白质、碳水化合物、酯类充分水解为小分子物质，再经过复杂的生化反应形成发酵水产品独特风味。如以鳀鱼（*Engraulis japonicus*）为原料，采用低盐加曲（米曲霉）发酵潮汕鱼露 30 d，再增加盐量至 30% 后继续发酵 180 d，结果发现与单独的低盐发酵鱼露相比，低盐加曲发酵鱼露中的总可溶性氮、氨基酸态氮以及主要氨基酸（谷氨酸、丙氨酸、赖氨酸）质量浓度有较大提高，其中加盐 15%、加曲 5% 的产品风味性较好。

4. 嗜盐和耐盐微生物发酵

传统水产品发酵为了抑制腐败微生物的生长与繁殖，通常需加入盐浓度为 20% ~ 30%，如此高的盐浓度也会抑制水产品自身蛋白酶活性和有利于发酵的微生物生长。虽然高盐浓度有助于形成良好的发酵产品风味，但却延长了水产品发酵时间。在水产品中添加高产蛋白酶的嗜盐微生物，是目前快速发酵技术研究热点之一。嗜盐微生物可在细胞内积累大量的甘油、单糖、氨基酸及它们的衍生物，这些小分子极性物质作为渗透调节物质，帮助细胞从高盐环境中获取水分，克服高盐环境下微生物对渗透压改变造成的不适应性。目前，已经从一些鱼露发酵液中分离出多株耐盐性和嗜盐性的高产蛋白酶的微生物，但是将这些嗜盐微生物用于水产品快速发酵生成产品的研究还较少。

7.2　发酵水产品生产过程中存在的危害分析

发酵水产品的主要质量与安全问题，就是产品中生物胺含量较高，易产生致癌物质 N - 亚硝基化合物。生物胺主要是由微生物氨基酸脱羧酶催化氨基酸脱羧生成，食品加工条件控制不当和外源性微生物污染是引起生物胺在食品中积累而达到或超过安全限值的主要原因。当生物胺在人体内积累到较高数量时，会产生系列毒害作用，如外部血管膨胀，高血压和头痛，肠部痉挛、腹泻和呕吐等。而且，这些胺类是合成 N - 亚硝基化合物的前体物质，N - 亚硝基化合物具有很强的致癌性、致畸致突变性和对肝脏、肺等许多组织器官的急性毒性。研究证实，90% 亚硝胺类化合物至少可诱导一种动物致癌，其中乙基亚硝胺、二乙基亚硝胺和二甲基亚硝胺至少对 20 种动物具有致癌活性。

7.2.1　发酵水产品生物胺产生规律

在水产品发酵初期，游离氨基酸在细菌氨基酸脱羧酶的作用下，会分解成生物胺。生物胺是一系列含氮低分子有机碱，可分为单胺和多胺两类，具体包括酪胺、组胺、腐胺、尸胺、苯乙胺、色胺、精胺和亚精胺等多种物质。随着发酵的进行，盐分逐渐地渗入到肌肉中，并且分布均匀，增加的盐浓度和肌肉自身 pH 值有利于抑制生物胺产生菌的生长。同时产胺分解酶的细菌总量增加，从而使得生物胺含量降低。当发酵水产品中产氨基酸脱羧酶细菌和产胺分解酶的细菌达到了一种平衡时，水产品的生物胺含量趋于稳定。研究表明，发酵水产品的组胺含量随着发酵时间的延长，呈现出先升高后降低的变化趋势，但是不同的发酵条件下组胺含量及变化规律有所不同。

1. 盐浓度对组胺生成的影响

一般来讲，盐浓度越低，在发酵初期组胺含量上升越快，因为盐浓度过低，对腐败微生物的抑制作用小，导致发酵初期产氨基酸脱羧酶细菌大量生长与繁殖，造成组胺含量快速增加。如图 7 – 9 所示，在 25%、35% 和 45% 盐度下发酵第 15 天时，潮汕鱼露发酵液中组胺含量达到最高值（60 mg/100 g）；当发酵时间大于 15 d 后，发酵液中组胺含量开始逐渐地下降，并趋于稳定。

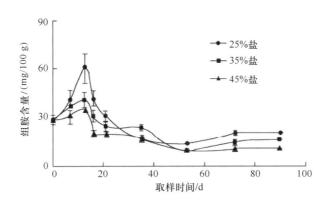

图 7 – 9　盐浓度对潮汕鱼露发酵液中组胺含量变化影响

2. 温度对组胺生成的影响

发酵温度高，组胺生成量较多，而且持续时间较长，其与高温适合组胺产生菌的生长繁殖有关。水产品常温发酵时组胺的含量变化较为缓慢，当达到最高值后，组胺含量随着发酵时间延长而逐渐地下降，但高温发酵会延长组胺开始下降的时间。所以，发酵水产品要合理地控制发酵温度，一方面缩短发酵时间；另一方面促使发酵有益菌的快速生长繁殖（图 7 – 10）。

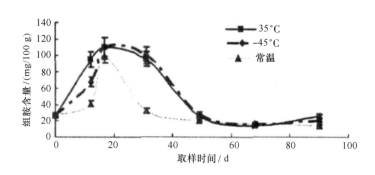

图 7 - 10　发酵温度对鱼露的组胺含量影响

3. 原料种类对组胺生成的影响

水产品种类不同，肌肉中组氨酸含量差别较大。例如：青皮红肉类海产鱼，包括金枪鱼、沙丁鱼、鲐鱼、青鱼、秋刀鱼等，这些鱼肌肉中组氨酸含量较高，而鳗鱼、七星鱼、三角鱼中的组氨酸含量较少，因此发酵过程中产生的组胺含量也相应较少。但是这并不代表白色鱼肉中的组胺很少，例如：黄条鲕、石斑鱼、银鲳等白色鱼肉中，分别检测出了 399 mg/kg、33 mg/kg、104 mg/kg 的组胺。

以金枪鱼、鲇鱼、巴浪鱼、鳗鱼为原料生产发酵鱼露，测定发酵过程中组胺含量变化情况，如表 7 - 5 所示。由结果可知，金枪鱼中组胺含量增加值最大，鲇鱼、巴浪鱼次之，鳗鱼组胺含量最低。因为金枪鱼含有较多的本底游离组氨酸，且含量远远高于鲇鱼、鳗鱼，是巴浪鱼和鳗鱼的两倍多，是鲇鱼的 3 倍多，发酵初期在组氨酸脱羧酶作用下组氨酸被分解成组胺，导致发酵初期产品组胺含量或者最终发酵制品的组胺含量偏高。

表 7 -5　几种海鱼的游离氨基酸组成与含量　　　　　　单位：mg/100 g

氨基酸种类	巴浪鱼	鳗鱼	鲇鱼	金枪鱼
Asp（天冬氨酸）	16. 48	18. 49	29. 07	72. 84
Clu（谷氨酸）	34. 28	46. 76	54. 14	101. 40
Ser（丝氨酸）	21. 19	23. 00	23. 37	65. 73
Gly（甘氨酸）	25. 26	19. 35	28. 76	44. 03
His（组氨酸）	357. 30	351. 79	294. 83	926. 19
Arg（精氨酸）	276. 71	230. 86	256. 77	470. 87
Thr（苏氨酸）	55. 39	58. 18	44. 84	126. 55

续表

氨基酸种类	巴浪鱼	鲲鱼	鲐鱼	金枪鱼
Ala（丙氨酸）	47.17	50.16	55.56	121.03
Pro（脯氨酸）	33.68	29.93	37.32	86.37
Tyr（酪氨酸）	10.74	24.50	14.93	95.64
Val（缬氨酸）	22.84	25.99	24.13	78.05
Met（甲硫氨酸）	11.32	18.79	10.41	67.89
Cys（半胱氨酸）	0.70	1.23	0.88	10.07
Ile（异亮氨酸）	13.40	15.37	14.21	63.13
Leu（亮氨酸）	25.01	28.08	28.09	132.27
Trp（色氨酸）	12.84	18.22	24.92	81.27
Phe（苯丙氨酸）	16.91	20.30	22.68	97.58
Lys（赖氨酸）	28.46	39.07	60.59	156.78
总量	1 009.71	1 020.10	1 025.51	2 797.70

日本学者鸿巢章二等认为组氨酸与咪唑二肽是支撑鱼类活泼运动时的重要缓冲物质，所以在一些游泳能力强的鱼类及鲸类肌肉中含量较多，因此这些水产品腐败时就会产生大量的组胺。而贝类、乌贼、章鱼类、虾、蟹类的肌肉中几乎没有肌肽、鹅肌肽和鲸肌肽等咪唑二肽检出，所以组胺产生的可能性较小。

7.2.2 发酵水产品中 N - 亚硝基化合物

食品中存在天然的 N - 亚硝基化合物，但含量极微，一般在 10 μg/kg 以下，但其前体物质亚硝酸盐和胺类广泛存在于自然界中，只要条件适宜就能形成 N - 亚硝基化合物。N - 亚硝基化合物是一类含有＝N—N＝O 基的化合物，化学结构多样，其分子结构通式为 [R₁（R₂）＝N—N＝O]。根据其结构不同，将 N - 亚硝基化合物分为 N - 亚硝胺（R_1 和 R_2 为烷基或芳基，化学性质稳定，不易水解，在中性和碱性环境中稳定，酸性和紫外光照射下可缓慢裂解）、N - 亚硝酰胺（R_1 为烷基或芳基，R_2 为酰胺基，化学性质活泼，在酸碱下均不稳定）和 N - 亚硝基脲以及环状亚硝胺。

1. 发酵水产品中 N - 亚硝基化合物的来源

发酵水产品中 N - 亚硝基化合物的形成主要有两类途径：①由发酵过程中产生的二级胺（R_2NH、二甲胺）或三级胺（R_3N、三甲胺，蛋白质的分解产物）转化形成；②腌制用的粗盐中含有亚硝酸盐，亚硝酸盐与水产品中的胺类物质在适宜条件下经亚硝基化作用后生成亚硝胺。

人体内合成 N - 亚硝基化合物的部位主要是在胃内，当患有萎缩性胃炎或胃酸不足时，N - 亚硝基化合物更容易产生，而目前实验结果还未发现任何一种动物对 N - 亚硝基化合物的致癌性具有抵抗力。不同产地鱼露中亚硝酸钠和组胺含量，见表 7 - 6。不同产地鱼露产品中亚硝酸钠和组胺含量有差别，主要与各自所用原料及加工工艺有关。

表 7 - 6　不同产地鱼露亚硝酸钠含量和组胺含量比较

鱼露产地	品种数量	亚硝酸钠含量/ （mg/kg）	组胺含量 /（mg/kg）
越南	3	5.44 ± 0.06	381.86 ± 1.56
香港	1	0.72 ± 0.02	100 ± 0.23
泰国	3	2.7 ± 0.04	62.03 ± 3.53
汕头	2	1.1 ± 0.07	68.67 ± 3.26
福建	2	18.97 ± 0.32	60.45 ± 1.25

2. 致癌性及急慢性中毒

研究认为，人类某些癌症可能与 N - 亚硝基化合物有关，而 N - 亚硝基化合物致癌可通过呼吸道吸入，消化道摄入，皮下肌肉注射，甚至是通过皮肤接触方式亦可以诱发肿瘤。亚硝胺不是终致癌物，需要在体内进行活化代谢，亚硝胺先进行 α 位羟基化形成不稳定的中间物，进一步分解和异构化，生成烷基偶氮羟基化合物后，才具有高度的致癌性。

一次大量或多次摄入过量 N - 亚硝基化合物时，可引发急性中毒，损伤肝脏和破坏血小板，另外，可能会出现严重的全身中毒症状。N - 亚硝基化合物 LD_{50} 值为 24 ~ 40 mg/kg。长期食用腌肉、咸鱼、酸菜等食品的人群体内，易蓄积 N - 亚硝基化合物，从而引发慢性中毒，患者常呈肝病面容、脸色发青，有一定程度腹水，还常常伴发腹痛、腹胀、便秘等以及食欲减退、体重减轻、乏力、失眠健忘等症状。

3. 影响发酵水产品中 N - 亚硝基化合物含量的因素

（1）胺类化合物含量：胺类化合物含量越高，水产品在发酵过程中与加入盐类中亚硝酸盐进行反应，促进 N - 亚硝基化合物的生成量越高。

（2）发酵用盐纯度和浓度：所用食盐纯度越低，亚硝酸盐含量越高，则诱发生成 N - 亚硝基化合物量就越高，如腌制时用粗盐其中含有亚硝酸盐，其中亚硝基化合物含量可高达 10 ~ 100 μg/kg。另外研究发现，当发酵用盐浓度在 25% ~ 45% 时，亚硝酸盐含量低于 2 mg/kg，低于国家腌制食品中亚硝酸盐的限量标准（20 mg/kg），且 N - 亚硝基化合物含量在腌制 100 d 时间内变化较为平缓。

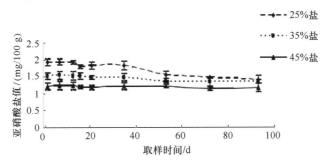

图 7 - 11　不同盐度下潮汕鱼露发酵液亚硝酸盐含量变化趋势

（3）调味料：水产品发酵时，有时会添加一些调味料来提升产品的风味特性，但是食盐、胡椒、辣椒粉等佐料混装在一起，会促进亚硝胺类产生，所以发酵用调味料应分别包装。

7.3　发酵水产品生产过程质量与安全控制

7.3.1　发酵水产品组胺的控制

1. 选择新鲜原料

如果水产品原料已经处于腐败阶段，自身发酵就会产生氨、三甲胺等腥臭物质，这些化学物质一部分在发酵过程会挥发到空气中，但大部分仍残留在发酵制品中。如采用水产品加工下脚料，如内脏、鱼骨等作为发酵原料时，同样要求原料要新鲜，否则发酵水产品的风味性更容易受到影响。另外，尽量选择组氨酸含量低的水产品用于发酵制品的生产，可有效降低产品中组胺生成量。

将金枪鱼切块在室温下分别放置 5 h 和 10 h 后用于发酵鱼露生产，组胺含量变化情况如图 7 - 11 所示。在自身组氨酸含量低的巴浪鱼中添加组氨酸，然后再进行鱼露发酵结果发现，腐败的金枪鱼会大大加速组胺的产生，而本身组氨酸含量较低

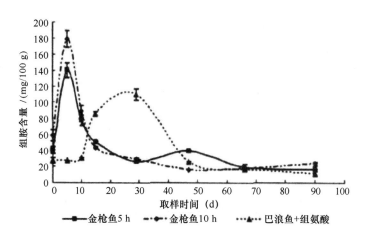

图 7-11　不同腐败程度金枪鱼、添加组氨酸巴浪鱼发酵鱼露的组胺含量变化

的巴浪鱼添加组氨酸后，组胺含量也逐渐地升高，并且在发酵 30 d 左右时，组胺含量达到 110 mg/100 g，之后随着发酵时间延长组胺含量才开始逐渐下降。

2. 抑制组胺产生菌

具有产组氨酸脱羧酶生理作用的微生物种类较多，而在高浓度的盐腌渍或发酵水产品中组胺的积累，一般是由耐盐或嗜盐微生物引起的。传统控制水产品组胺方法，主要是采用低温保藏或高盐腌渍方法，但并不能确保产品组胺含量不超标。另外，发酵温度、含盐量、含水量及 pH 值等均对组胺产生菌活性有较大影响。控制发酵水产品中组胺产生菌，可以从以下 3 个方面考虑。

（1）减菌化处理：避免发酵过程中接触到组胺产生菌，对发酵用具、发酵车间、发酵人员等要有严格的消毒程序，防止外源性组胺产生菌的污染，如用电解氧化水及其冰，能够有效地减少鱼体或其接触容器表面产组胺微生物的数量。对水产品原料进行减菌化处理，不仅可以提高产品的安全性，甚至能改善产品的食品品质。研究表明，采用二氧化氯对发酵鱼糜进行减菌化处理，当鱼体在浓度为 50 mg/L 的二氧化氯溶液中浸泡 45 min 后，发酵鱼糜中的肠道菌、假单胞菌数量明显减少，而且挥发性盐基氮含量也大幅度降低，同时发酵鱼糜的凝胶度显著增加。采用臭氧杀菌方式对鱼子进行减菌化处理，当臭氧浓度为 6 mg/L、时间 13 min 及处理温度为 12℃时，可获得良好减菌化效果。

（2）添加组胺产生菌抑制剂：一些天然防腐剂，如大蒜、姜黄和生姜提取物等能够抑制产组胺微生物（芽孢杆菌等）的生长。米糠中的一种水溶性、耐热的高分子量化合物，也能够有效减少鱼露中组胺的含量等。

（3）生物拮抗作用：利用微生物间拮抗作用，抑制组胺产生菌的活性，其中乳酸菌的生长性能和产酸能力在发酵过程中起着重要的作用，接入配料后应尽可能缩短停滞期，适当提高发酵温度可以促进乳酸菌迅速增殖，快速积累乳酸，降低 pH 值，以减少致病菌和腐败菌的危害性。例如：将酵母、红曲和乳酸菌混合菌种用于草鱼发酵，所得发酵草鱼制品中组胺、酪胺、腐胺、亚精胺及精胺的含量明显低于对照组，而且还抑制了大肠菌群的生长，保证了发酵草鱼制品的卫生品质。利用微生物纯化培养技术，从传统发酵水产品中分离纯化得到有益微生物群体，再进行扩大培养，然后将有益微生物群体直接接种对水产品进行腌制发酵，可以有效地避免传统发酵过程中的不足，提高产品的安全性、风味及感官质量。

7.3.2 发酵水产品中 N - 亚硝基化合物控制

主要从 N - 亚硝基化合物的形成阻断、分解以及降低生成速度三方面来控制此类物质在发酵水产品中的形成和含量。

1. N - 亚硝基化合物的形成阻断

选择发酵水产品的原料应组氨酸含量较低，并且保持原料的新鲜度，尽可能防止其腐败，减少生物胺作为 N - 亚硝基化合物前体物质的可能性。

加入 N - 亚硝基化合物形成阻断剂也是一种有效方式，抗坏血酸是最先使用的阻断剂之一，适用于水溶性产品；而对于油溶性产品，常用维生素 E 和抗坏血酸配合作用，效果显著。其阻断机理是通过还原亚硝化试剂，如亚硝酸，生成无害的产物 N_2 和 NO，或者清除亚硝基阳离子（NO^+）来实现对 N - 亚硝基化合物的生成阻断。另外，山梨酸、鞣酸、没食子酸等对 N - 亚硝基化合物的形成，也有很好的阻断效果。

2. N - 亚硝基化合物分解

发酵液中乳酸菌在代谢过程中产生亚硝酸盐还原酶，能有效分解亚硝酸盐，而且酸性环境下有利于亚硝酸盐的降解，其酸性越强，降解速度越快，从而大大降低了亚硝酸盐的含量。

3. 降低 N - 亚硝基化合物生成速度

水产品原料蛋白质含量丰富，所以原料应尽量低温贮存，以减少胺类及亚硝酸盐的形成。在发酵水产品中加入一些调味料或植物提取液，不仅能够改善发酵水产品腥味等不良风味，而且对 N - 亚硝基化合物的生成速度也有很好的抑制作用。如大蒜对于胃液中的硝酸盐还原菌有很强的杀菌作用，研究表明，常吃大蒜的人胃液中亚硝酸盐含量明显低于少吃大蒜的人。

本章小结

1. 发酵水产品一般以低值鱼或者小鱼、小虾等为原料，在一定盐浓度条件下，利用原料表面附着微生物、肠道内部自身微生物以及组织中酶的多重作用，对蛋白质、脂肪和多糖等成分进行分解，生成具有特殊风味和营养价值产品。

2. 参与食品发酵过程的微生物主要有 3 类：细菌、酵母菌和霉菌。

3. 发酵水产品的主要质量安全问题就是生物胺含量较高，易产生致癌物质 N - 亚硝基化合物。控制发酵水产品中的生物胺含量，可从盐度、温度、原料新鲜度、抑制组胺产生菌等方面着手。控制 N - 亚硝基化合物的形成，可从 N - 亚硝基化合物的形成阻断、分解以及降低生成速度等方面来降低此类物质在发酵水产品中的形成和含量。

思考题

1. 微生物在水产品发酵过程中所起的作用有哪些？
2. 如何控制水产品发酵工艺以达到预期生产目的？
3. 水产品新型发酵技术从哪几方面来缩短发酵时间？
4. 发酵水产品生物胺和 N - 亚硝基化合物的生成规律及控制方法有哪些？

参考文献

蔡敬敬,徐宝才.2009.乳酸菌发酵鱼的研制[J].肉类工业,8(11):22-24.

晁岱秀,曾庆孝,黄紫燕.2010.温度对传统鱼露发酵后期品质的影响[J].现代食品科技,26(1):22-27.

晁岱秀,曾庆孝,朱志伟.2008.鱼露快速发酵研究的探讨[J].现代食品科技,24(9):952-955.

晁岱秀,朱志伟,曾庆孝,等.2009.罗非鱼和鳀鱼酶解鱼露后熟阶段理化变化研究[J].食品与发酵工业,35(9):62-67.

晁岱秀,朱志伟,曾庆孝.2009.低盐外加曲发酵潮汕鱼露的理化性质变化[J].食品与生物技术学报,29(3):410-415.

黄紫燕,晁岱秀,朱志伟.2010.鱼露快速发酵工艺的研究[J].现代食品科技,26(11):1207-1211,1228.

黄紫燕,刘春花,罗婷婷.2010.鱼露发酵液中产蛋白酶乳酸菌的筛选及其添加应用[J].食品与发酵工业,36(11):88-92.

黄紫燕,朱志伟,曾庆孝,等.2010.传统鱼露发酵的微生物动态分析[J].食品与发酵工业,36(7):18-22.

江津津,黎海彬,曾庆孝,等.2009.盐度和贮藏温度对潮汕鱼露N-亚硝基化合物的影响[C]//"亚运食品安全保障与广东食品产业创新发展"学术研讨会暨2009年广东省食品学会年会论文集.95-98.

江津津,黎海彬,曾庆孝,等.2010.盐度和贮藏温度对潮汕鱼露N-亚硝基化合物的影响[J].现代食品科技,26(3):234-237.

雷静.2011.飞鱼鱼子发酵工艺研究[D].福州:福建农林大学,04.

李明阳.2012.复合菌种发酵海鲜鱼露工艺条件探讨研究[D].西安:西北大学,06

林胜利,张琦琳,聂小华.2012.发酵鱼制品中乳酸菌的筛选鉴定及其初步应用[J].食品与发酵工业,38(2):61-65.

裘迪红,李改燕.2011.糟鱼发酵过程中非挥发性物质的变化[J].中国食品学报,11(8):183-190.

孙国勇,曾庆孝,江津津.2007.鱼露中N-亚硝基化合物及其前体物的研究现状.中国酿造,(12):5-8.

孙国勇,曾庆孝,江津津.2008.鱼露前期发酵过程中组胺变化规律研究[J].中国调味品,(6):64-67.

孙美琴.鱼露的风味及快速发酵工艺研究[J].现代食品科技,22(4):280-283.

田莹,李丹,王学辉.2009.鳀鱼鱼露接种发酵方法的初步探讨[J].食品工业科技,30(2):155-157,204.

肖宏艳,曾庆孝.2010.潮汕鱼露发酵过程中挥发性风味成分分析[J].中国调味品,35(2):92-96.

许艳顺,朱建秋,葛黎红,等.2013.二氧化氯减菌化处理对发酵鱼糜品质的影响[J].食品与机械,29(4):47-49.

杨华,娄永江,杨文鸽,等.2003.水产品加工中发酵技术的应用(上)[J].科学养鱼,(9):60-61.

杨利昆,付湘晋,胡叶碧.2012.鱼露中生物胺降解菌的筛选及其特性[J].食品科学,33(11):158-162.

朱志伟,曾庆孝,阮征,等.2006.鱼露及加工技术研究进展[J].食品与发酵工业,32(5):96-100.

第8章 熏制水产品生产安全控制技术

教学目标

1. 掌握水产品熏制的目的、原理以及熏烟的成分与作用。
2. 掌握熏制水产品加工过程中存在的危害因素。
3. 掌握HACCP体系在熏制水产品生产过程中的应用。
4. 了解水产品熏制方法以及常见的熏制水产品。

　　熏制水产品是利用燃烧产生的熏烟来处理水产品，使熏烟成分沉积在水产品表面，从而抑制微生物的生长繁殖，延长水产品的货架期；同时，还可以赋予水产品怡人的香味，改善水产品的色泽。该方法早在人类远古时代就用于鱼、肉制品的加工，在国内外均有悠久的历史。近年来，随着水产品工业的发展和人们对饮食健康的追求，熏制技术也得到了飞速地发展和提升。本章介绍水产品熏制目的、熏制方法及典型熏制产品；讲述熏制水产品生产过程中存在的危害种类及基本特点；详细介绍安全控制体系在典型熏制水产品的应用过程及效果等内容。通过本章内容的学习，使读者掌握熏制水产品生产安全控制技术。

8.1 熏制水产品生产原理

8.1.1 熏制目的

1. 赋予水产品特殊风味

熏烟中的有机化合物可以附着在水产品表面上，赋予水产品特有的风味，其中的酚类化合物是形成熏味的主要物质，如愈创木酚和 4 - 甲基愈创木酚是最重要的风味物质。烟熏形成的香味是许多化合物综合形成的，这些物质除本身的烟熏味外，还能与水产品本身发生反应形成新的风味，所产生的烟熏味首先表现在产品表面，进而渗入到制品内部，最终改善水产品的风味。

2. 防止水产品腐败变质

烟熏过程产生的有机酸、醛和酚类物质具有抑菌防腐的功能。其中的有机酸可与肉中的氨、胺等碱性物质中和，由于其本身的酸性而使肉酸性增强，从而抑制腐败菌的生长繁殖。醛类本身具有防腐性，特别是甲醛，不仅具有防腐性，而且还与蛋白质或游离氨基结合，使酸性增强，进而增加防腐作用。酚类物质也具有很强的防腐性。经熏制后产品表面的微生物可减至原来的 1/10。大肠杆菌、变形杆菌、金黄色葡萄球菌对熏烟最敏感，3 h 即可死亡，只有霉菌及细菌芽孢对熏烟的作用较稳定。

3. 防止脂肪氧化

烟熏过程中产生的酚类及其衍生物具有抗氧化作用，其中以邻苯二酚和邻苯三酚及其衍生物的抗氧化作用尤为明显。上述物质随烟熏形成的物质渗透到产品中，可以避免脂肪氧化现象的发生。经烟熏后的鱼油与空白对照，在夏季高温下放置 12 d 后，测定各自的过氧化值，发现烟熏产品过氧化值为 2.5 mg/kg，而空白对照组为 5 mg/kg，说明烟熏过程对产品具有明显的抗氧化作用。

4. 发色及形成特有色泽

烟熏后产品表面形成的特有红褐色，是由褐变或发色美拉德反应导致的。这是由于熏烟成分中的羰基化合物，能够和蛋白质或其他含氮物中的游离氨基发生美拉德反应，导致产品表面形成特有的金黄色或棕色。而升高温度或干燥程度增加时，会明显加快这种现象的发生。这是因为温度越高，化学反应速率加快，产品表面水分越干燥；同时，烟熏因受热使得脂肪外渗产生润色作用，导致产品肉色带有光泽。

5. 丰富水产品种类

生产熏烟水产品的国家分布广泛，主要有俄罗斯、德国、丹麦、荷兰、法国、英国、波兰、加拿大、日本、菲律宾、印度尼西亚以及非洲的一些国家。各国以自己独特的方式生产，因此熏烟水产食品种类繁多。所选用的鱼种有鲑、鲱、鳕、鲐、带鱼、沙丁鱼、金枪鱼以及柔鱼类、贝类等。随着食品工业技术的发展和饮食生活的丰富，我国水产食品的熏制技术得到了进一步的提升。近年来，对脂肪含量高的鲐、鲹等中上层鱼类为原料进行熏制，也丰富了我国烟熏水产品的市场种类。此外，新型烟熏技术和设备的投入，也将进一步丰富我国烟熏产品的种类。

8.1.2 熏制生产原理

1. 熏材

熏材即用于产生烟熏的木材，多为阔叶树、树脂少的硬质木材，一般不用含树脂多且熏烟带苦味或异味的木质作为熏材，如针叶树等。目前，常用于烟熏的木材有山毛榉、小橡子、槲树、核桃树、白桦、白杨、青冈栎以及稻壳等。熏材的形态有木片、木块、小木粒、刨花和木屑等。熏制过程中，一般用木屑供燃烧发热，木片和木块供发烟用。熏材的含水量以 20%～30% 为宜。需要注意的是，新鲜的木材由于有机酸含量高，容易使产品香味降低。

若烟熏的目的仅仅是赋予香味，也可以通过使用熏液来实现。熏液是指干馏木材时得到的木醋液，再经蒸馏精制，然后适当稀释即为熏液。木醋液中含有与熏烟同类的乙醛、醋酸甲酯、酚类化合物等成分，将其添加到食品原料中浸渍后再干燥，就能赋予产品与烟熏一致的效果，但缺点是风味较差、保质期较短。

2. 熏烟的产生

熏烟是由熏材缓慢燃烧或不完全燃烧氧化产生的水蒸气、气体、液体和微粒固体的混合物。较低的温度和适当的空气供给，是缓慢燃烧的必要条件。熏烟成分的组成与选用的熏材种类相关。熏材的水分与燃烧状况有关。熏材在热分解时，表面和中心存在着温度梯度，外表面燃烧氧化时，内部却在进行氧化前的脱水。熏材表面温度约高于内部温度100℃，当内部水分接近于零时，温度就会迅速上升到200~400℃，一旦到达温度时会发生热分解产生熏烟。大多数木材在200~260℃温度范围内开始产生熏烟，温度达到260~310℃时则产生焦木液和焦油，温度继续上升至310℃以上时，则木质素裂解产生酚及其衍生物。一般常见的熏材其燃烧温度范围在100~400℃之间；如果温度过高，氧化会过度，不但不利于产生熏烟，而且还会造成浪费；若空气供给不足，燃烧温度过低，熏烟则呈黑色，还会导致产生大量的碳酸，甚至增加有害环烃类化合物的含量，因此应避免该现象的发生。此外，熏材的水分含量也会影响熏制品的质量；水分过高不但可能引起熏烟中环烃类有害成分的产生，还会导致制品的干燥速率降低，并使温度高的烟气或水汽附着在制品表面，变黑并产生酸味；水分过低则往往会产生焦味，因此，水分含量一般控制在20%~30%为最适。燃烧温度则控制在343℃左右为适。此外，温熏时为了保持熏烟较高的温度，需要添加适当比例的锯屑，反之则减少锯屑用量，用于保持较低的温度。

8.1.3　熏烟成分及作用

熏烟是多种成分的混合物，现在在木材熏烟中已分离出200种以上不同的化合物，但这并不意味着熏烟中存在着所有这些化合物。熏烟的成分常因燃烧温度、燃烧室条件、形成化合物的氧化变化以及其他许多因素的变化而有差异。熏烟中最常见的化合物为酚类、有机酸类、醇类、羰基化合物、烃类以及一些气体物质。

1. 酚类

从木材熏烟中分离出来并经鉴定的酚类达20种之多，其中有愈创木酚（邻甲氧基苯酚）、4-甲基愈创木酚、4-乙基愈创木酚、邻位甲酚、间位甲酚、对位甲酚、4-丙基愈创木酚、香兰素（烯丙基愈创木酚）、2，5-双甲氧基-4-丙基酚、2，5-双甲氧基-4-乙基酚。在烟熏肉制品中，酚类物质发挥作用：①抗氧化剂；②对产品的呈色和呈味作用；③防腐抑菌作用。其中酚类的抗氧化作用对熏烟肉制品最为重要。熏制肉品特有的风味主要与存在于气相的酚类有关，如4-甲基愈创木酚、愈创木酚、2，5-二甲氧基酚等。

2. 醇类

甲醇（或木醇）是熏烟中最简单和最常见的一种物质。它是木材分解蒸馏中主要产物之一，故又称为木醇。熏烟中还含有伯醇、仲醇和叔醇等，但是它们常被氧化成相应的酸类。醇对苦味、香味以及风味几乎都不起作用，杀菌作用也极微弱，其主要作用是作为挥发物质的载体。

3. 有机酸类

熏烟组分中存在含 1~10 个碳原子的简单有机酸，熏烟蒸汽相内为 1~4 个碳原子的有机酸类，常见的酸有蚁酸、醋酸、丙酸、丁酸和异丁酸等；5~10 个碳的长链有机酸附着在熏烟内的微粒上，有戊酸、异戊酸、己酸、庚酸、辛酸和癸酸等。有机酸对熏制品风味的影响很微弱，它们聚集在烟熏制品表面，具有促使烟熏制品表面蛋白凝固的作用，酸度降低到一定程度，具有抑菌防腐的作用。

4. 羰基化合物

烟熏中存在大量的羰基化合物。现已确定的有 20 种以上化合物：2－戊酮、戊醛、2－丁酮、丁醛、丙酮、丁烯醛、乙醛、异戊醛、丙烯醛、异丁醛、丁二酮（双乙酰）、3－甲基－2－丁酮、3，3－二甲基丁酮、4－甲基－3－戊酮、α－甲基戊醛、2－己酮、5－甲基糠醛、丁烯酮、糠醛、异丁烯醛、丙酮醛及其他。它们存在于蒸汽蒸馏组分内，也存在于熏烟内的颗粒上。虽然绝大部分羰基化合物为非蒸汽蒸馏性的，但蒸汽蒸馏组分内有着非常典型的烟熏风味，而且还有羰基化合物形成的色泽。因此，对熏烟色泽、风味来说，简单短链化合物最为重要。熏烟的风味和芳香味可能来自某些羰基化合物，但更可能来自熏烟中浓度特别高的羰基化合物，从而促使烟熏食品具有特有的风味。

5. 烃类

从熏烟食品中能分离出许多多环烃类，其中有苯并［a］蒽（Benz［a］anthracene）、二苯并［a，h］蒽（Dibenz［a，h］anthracene）、苯并［a］芘（Benz［a］pyrene），芘（Pyrene）以及 4－甲基芘（4－methylpyrene）。在这些化合物中至少有苯并［a］芘和二苯并［a，h］蒽 2 种化合物是致癌物质，且经动物试验已证实能致癌。波罗的海渔民和冰岛居民，习惯以烟熏鱼作为日常食品，他们患癌症的比例比其他地区高得多，进一步表明这些化合物有导致癌症的可能性。在烟熏食品中，其他多环烃类，尚未发现有致癌性。多环芳烃类对烟熏制品来说无重要的防腐作用，也不能产生特有风味，它们主要附着在熏烟内的颗粒上，采用过滤、抑制剂等措施可以控制，使其含量尽可能地低。

6. 气体成分

熏烟中产生的气体物质，有二氧化碳（CO_2）、一氧化碳（CO）、氧气（O_2）、氮气（N_2）、一氧化二氮（N_2O）等。其中一氧化碳和二氧化碳可被吸收到肌肉的表面，产生一氧化碳肌红蛋白，而使产品产生亮红色；氧气也可与肌红蛋白形成氧合肌红蛋白或高铁肌红蛋白，但还没有证据证明熏制过程会发生这些反应。一氧化二氮可在熏制时形成亚硝胺或亚硝酸，碱性条件有利于亚硝胺的形成。

8.1.4 烟熏方法

熏制品的生产，一般经过原料预处理、盐渍、脱盐、沥水（风干）、烟熏、整理、熏干等工序制得。各种产品的生产工艺及关键大致相同，但仍需根据原料性质和产品不同，选择相适应的生产工艺流程。熏制设备有熏室和熏烟发生器以及熏烟和空气调节装置等，图8-1为简单烟熏装置图。

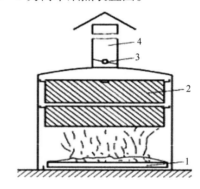

图8-1 简单烟熏装置

1-熏烟发生器；2-食品挂架；3-调节阀门；4-烟囱

根据熏室温度的不同，可将熏制分成冷熏法、温熏法和热熏法。此外，还有近年来兴起的液熏法和电熏法。

1. 冷熏法

该方法是将原料鱼等水产品长时间盐腌，使盐分含量稍重，熏室温度控制在蛋白质不产生热凝固的温度区以下（15~30℃）进行连续长时间（2~3周）熏干的方法。这是一种烟熏与干燥（实际上还包括腌制）相结合的方法。为了防止熏制初期的变质，采用高浓度的盐溶液盐渍再脱盐，使肉质易干燥，脱盐程度常控制在最终产品盐分含量8%~10%，制品水分含量约40%。冷熏法的熏干温度在25℃左右，因此在气温较高的夏季难以生产。冷熏法主要用于干制的香肠，如色拉米香肠、风干香肠等，也可用于带骨火腿及培根的熏制。在熏制水产品方面，该方法常用于鲢鳟类和鲱、鲑、鲔、鳕类及远东线鱼等熏制品。

2. 温熏法

使熏室温度控制在 30～80℃范围，进行较短时间（3～8 h）熏干的方法，可进一步细分为中温温熏法（30～50℃）和高温温熏法（50～80℃）。在 60℃以上温度区加热时，原料肌肉蛋白质将产生热凝固。制品的水分为 55%～65%，盐分为 2.5%～3.0%，保存性较差，可低温保藏或再低温下熏制 2～3 d，熏制产品得率为 65%～70%。在熏制水产品方面，主要原料有鲑、鳟、鲱、鳕、秋刀鱼、沙丁鱼、鳗鲡、鱿鱼和章鱼等。

3. 热熏法

热熏法也称焙熏，采用高温（120～140℃）短时间（2～4 h）烟熏处理，水产品整体受到蒸煮致使蛋白质凝固，是一种可以立即使用的方便食品。该熏制品水分含量高及贮藏性较差。

4. 液熏法

将阔叶树材烧制木炭时产生的熏烟冷却，除去焦油等，其水溶性部分称为熏液（木醋液）。预先用水或稀盐水将上述熏液稀释 3 倍左右，然后将原料水产品（如鱼）放在其中浸渍 10～20 h，也可用熏液对原料进行喷洒，然后干燥即可。为改善制品的色泽及提高干燥效果，有时也与普通的熏制法联合使用。使用熏液的优点：可调整烟熏制品的最佳香味浓度，且熏液及其香味成分容易赋予水产品中，香味均匀；如仅做表面处理，效果与普通烟熏法相同。

5. 电熏法

电熏法是在室内安装电线，通入 10 000～20 000 V 的高压直流感交流电，进行电晕放电，然后将鱼体挂在电线上，从熏室下部的炉床产生熏烟进行熏制。与普通烟熏法不同的是由于电晕放电，熏烟带电渗入肌肉中，使产品具有较好的贮藏性。将水产品以每两个组成 1 对，通入高压直流电，水产品成为电极产生电晕放电，由于放电作用带电附着在相反电极的水产上，达到熏制效果。但由于水产品的尖突部位易于沉淀熏烟成分，设备运行成本高，该法较难以普及。

8.1.5 常见的烟熏水产品

目前，常见烟熏制品主要有以下几种。

（1）冷熏水产品：含盐量较高的原料，在低温下长时间熏制并干燥的制品，咸味较重而且较干，也因此贮藏性比较好。冷熏的原料有鲱鱼、鳟鱼类、鲥鱼类、鳕鱼、鲐鱼等鱼种。原料鱼预处理后，干腌渍，脱水，肉质变坚实，熏烟易于渗透，产品贮藏性较好。再脱盐，除去过剩的盐分和易腐败的可溶性成分，同时适当调整盐分，脱盐后的鱼体沥水、风干后再熏干。

（2）温熏水产品：一般原料盐分较低，在高温下短时熏干。主要涉及的原料有鲱鱼、鲑鱼和鱿鱼等温熏品，制作方法与冷熏法基本相似，一般用盐水短时间浸渍。

（3）调味熏制品：原料中加入食盐、砂糖、味精等调味料，经调理调味后的原料鱼在高温下短时间熏干制成。主要原料有鱿鱼、章鱼、大头鳕、狭鳕、贝柱、河豚等。调味烟熏后的贝柱还可以再油浸，真空包装。

8.1.6　烟熏水产品工艺

1. 冷熏鲐鱼

（1）原料：冰鲜或冷冻鲐鱼。

（2）工艺：原料→清洗→盐渍→脱盐→调味浸渍→风干→第一次烟熏→焙蒸→风干→焙蒸→第二次烟熏→风干→烟熏鲐鱼成品。

（3）注意事项：①原料处理：冷冻原料用流水解冻至半解冻状态，去头、去内脏，分别处理成片状或条鱼状。②盐渍：冷熏品主要以保存为目的，食盐含量较高，鱼肉中的水分需脱去，多采用干腌法盐渍，用盐量一般为原料质量的 12% ~ 15%、温度 5 ~ 10℃。③脱盐：在条件允许情况下，最好用流水脱盐，如果用静水脱盐应不时翻动并更换水，脱盐温度 5 ~ 10℃，脱至盐分含量为 2% 以下。④调味浸渍：按脱盐原料质量的 50% 用量配制调味液，在 5 ~ 10℃ 下浸渍 3 h 以上。⑤干燥、烟熏、焙蒸、风干：调味后的原料，沥干调味液，整齐平铺于网片上，先用 18 ~ 20℃ 冷风吹至表面干燥，约 30 min；然后在 18℃ 烟熏 1 ~ 2 d，反复风干、焙蒸 7 ~ 10 d 至水分含量 35% 左右；烟熏、干燥、焙蒸的温度，前 3 天用较低温度 18 ~ 20℃，中间两天 20 ~ 22℃，最后两天可用 23 ~ 24℃。⑥包装：整形、修片后复合袋真空包装，可常温保存 3 个月左右。

2. 温熏鲐鱼

（1）原料：鲜鱼或冷冻鲐鱼。

（2）工艺：新鲜或冷冻原料→解冻→原料预处理→调味浸渍→风干→烟熏→包

装→成品。

（3）注意事项：①原料处理：冷冻原料自然解冻，在半解冻状态下去头、去内脏等。②调味浸渍：用原料鱼片质量50%的调味液，在5~10℃浸渍2 h。③风干：将调味后的鱼片沥干后，整齐平摊于烘车上的网片上，用40℃热风吹1 h，直到表面干燥。④烟熏：开始时用40℃熏制1 h后再升至60℃熏1 h，最后升温至80~90℃，成品的得率为32%（原料质量比），制品的水分含量50%~55%。⑤包装：冷却至室温后整形，用复合塑料袋真空包装，冷冻贮藏或用蒸煮袋真空包装，杀菌后室温保存，如果在包装时加入10%左右的精制植物油，再杀菌则成为油浸烟熏鲐鱼制品。

3. 冷熏鲱鱼

（1）原料：宜采用产卵期、脂肪含量高、运动量大的鲱鱼。但脂肪含量过高或过低都不适宜采用。

（2）工艺：原料→盐渍→脱盐→风干→烟熏→成品。

（3）注意事项：①盐渍：选用盐水盐渍法。用盐量为原料的12%~15%，两天后加石重压；第3天和第4天质量逐渐加到25%和30%，盐渍7~8 d。②脱盐：淡水浸泡脱盐30~48 h，静水脱盐时，每天早晚各换一次水。由于脱盐时间较长，有时长达3昼夜，为防止腐败变质，宜在流水中脱盐。③风干：脱盐洗涤后，需避开太阳风干3~55 h，一般是吊挂在木棒上，风干到没有水滴，表皮略显干燥为止。④烟熏：放入烟熏室夜间熏干，第1~7天，温度控制为18~20℃；第8~21天，温度控制为20~22℃；第22天至结束，温度控制在22~25℃。夜间打开熏室的窗及排气孔风干。熏干速度过快会引起脱皮及表皮起皱，影响外观，产品得率为新鲜鲱鱼的40%~70%。

4. 烟熏风味贻贝

（1）原料：新鲜贻贝。

（2）工艺：原料贻贝→洗净→去壳→脱腥→沥干→蒸煮调味→沥干→浸渍熏液→干燥→熏制→装罐浇油→封口→杀菌冷却→成品。

（3）操作要点：①原料前处理：选择新鲜贻贝，洗净后放入沸水中烫漂至开口后，立即用冷水漂洗，去壳。②脱腥：漂洗去腥，在10~15℃漂洗液中漂洗1 h，以脱除部分脂肪和腥味。③沥干：将脱腥后的贻贝肉放在一定温度下沥干至不滴水。④蒸煮调味：将食盐、味精、白糖、黄酒、生姜和水按一定的比例配制成调味液，把脱腥后的贻贝肉放入调味液中，在60℃温度下蒸煮5～12 min，使之入味。⑤浸渍熏液：调味后的贻贝肉浸渍在按一定比例稀释后的烟熏液中。⑥干燥：将浸渍熏液后的贻贝肉风干，除去贻贝肉体表面的水分。⑦熏制：将干燥好的贻贝肉放入恒温鼓风干燥箱中熏制，中途回潮（第一次熏制1 h后回潮30 min，后来每熏制20 min回潮30 min）。⑧装罐浇油：将经过调味熏制过的贻贝按规格分选等级，去除杂质和碎粒，定量装罐，然后按1∶1∶1装入烟熏液、植物油。⑨密封：装罐注油后应立即密封。加盖预封后，随即真空密封，封口真空度为0.054～0.060 MPa。⑩杀菌冷却保藏：采用高压蒸汽杀菌锅杀菌，杀菌公式为10－70－15／（118℃），反压冷却至38～40℃，取出置于室温下保藏，放置7 d后，检查合格即可。

8.2　熏制水产品生产过程中存在的危害分析

烟熏加工方式可以使水产品脱水，赋予产品特殊的香味，改善肌肉的颜色，并且有一定的杀菌防腐和抗氧化作用，然而这种传统的加工技术也存在着一些不可避免的缺点。传统方法虽然简单易行，但易污染环境，如若管理不当，容易形成火灾。另外，熏烟中也存在一些有害物质容易污染食品。熏材在不完全燃烧时产生的多环芳烃及其衍生物，已检测到的达200多种，其中以3，4－苯并芘的致癌作用最强。

8.2.1　多环芳香类化合物

多环芳香类化合物（Polycyclic aromatic hydrocarbons，PAH）是指两个以上苯环连在一起的化合物，是最早发现且数量最多的致癌物，在目前已查出的500多种主要致癌物中，有200多种属于多环芳香类化合物。其中苯并［a］芘（Benzo［a］pyrene，BaP）是多环芳香类化合物中最具有代表性的强致癌稠环芳烃，它不仅是多环芳香类化合物中毒性最大的一种，也是所占比例较大的一种。苯并［a］芘通常被用来作为多环芳香类化合物总体污染的标志。多环芳香类化合物主要是由有机物的不完全燃烧产生的。在烟熏过程中，由于木材的不完全燃烧，会产生大量的多环芳香类化合物。在熏制过程中，熏烟中的苯并［a］芘等有害物质会附着在产品的表层，如熏肉制品表层黑色的焦油中，就含有大量的苯并［a］芘等多环芳香类化合物。用传统烟熏方法熏制出的瑞典熏鱼和熏肉，苯并［a］芘最高含量可达到36.9 μg/kg，远高于欧盟委员会规定的最高水平5 μg/kg。

苯并［a］芘是一种公认的强环境致癌物，可诱发皮肤、肺和消化道癌症。研究表明，苯并［a］芘还是一种间接致癌物，所谓间接致癌物是指在体内需经代谢活化才与大分子化合物结合的致癌物。在此代谢活化过程中,细胞色素酶系 P450 起到了重要作用,其过程一般为:①苯并[a]芘被 CYP450 氧化成 7,8 - 环氧苯并[a]芘;②7,8 - 环氧苯并[a]芘经环氧化物水解酶作用,生成 7,8 - 二羟基苯并[a]芘;③经 CYP1A1 进一步氧化成 7,8 - 二羟基 - 9,10 - 环氧苯并[a]芘。后者是终致癌物,可作用于机体 DNA,从而激活癌基因。

根据流行病学调查,人经常摄入含苯并[a]芘的食物与消化道癌发病率有关。日本、冰岛和智利等国患胃癌人数居世界首位,与他们大量食用熏鱼有关。此外,经常饮酒的人,食道癌和胃癌的发病率比不饮酒的高,推测酒将食道或胃内的部分黏液溶解,此时摄入的食物中如含有苯并[a]芘可增加致癌机会。苯并[a]芘对人体引起癌症的潜伏期很长,一般要 20~25 a。苯并[a]芘的毒性还远不止致癌性,它还是一种很强的致畸、致突变和内分泌干扰物。苯并[a]芘对兔、豚鼠、大鼠、鸭、猴等多种动物均能引起胃癌,并可经胎盘使子代发生肿瘤,造成胚胎死亡或畸形及仔鼠免疫功能下降。除了"三致"作用外,苯并[a]芘还具有一定的神经毒性。

8.2.2 甲醛

熏肉制品表面含有大量的甲醛(Formaldehyde),这主要是由于在烟熏过程中,木材在缺氧状态下干馏会生成甲醇,甲醇可以进一步氧化成甲醛,从而吸附聚集在产品表面。传统烟熏肉制品表层中,甲醛含量可高达 21.45~124.32 mg/kg。甲醛具有抗菌作用,可以保护熏肉防止腐败,但是它同时也具有很大的毒害作用。目前,已有充足的人体和动物实验证明甲醛具有致癌性。在流行病学调查中,有证据证明甲醛能够引起鼻咽癌,"强大却不充分"的证据证明能引起白血病以及有限的证据证明其能造成鼻窦癌。美国环境保护署确立了甲醛的每日最大剂量参考(Reference Dose,RfD)为 0.2 mg/(kg·d),当暴露量逐渐大于最大剂量参考时,对健康造成不利影响的风险会增加。

近年来比较系统地研究了甲醛对人体的呼吸系统、消化系统、循环系统、泌尿系统、生殖系统、免疫系统及神经系统的毒性作用机制,取得了突破性的研究进展。甲醛对上述人体系统均具有一定的毒性,而且其引起毒害作用的机制主要是抑制超氧化物歧化酶的活性使体内的氧自由基清除减少,氧自由基增多导致脂质过氧化,进而通过增加膜的通透性引起细胞内钙超载。研究认为自由基的积累和钙超载是甲醛产生毒性的主要原因。氧自由基引起细胞凋亡的可能机制是:氧自由基激活 P53 基因,耗竭 ATP,生物膜脂质过氧化,激活 Ca^{2+}/Mg^{2+} 依赖的核酸内切酶,激活核转录因子等。钙稳态失衡引起凋亡的可能机制是：激活 Ca^{2+} 依赖的核酸内切酶，降解 DNA 链；激活谷氨酰胺转移酶有利于凋亡小体形成；激活核转录因子，加速凋亡相关因子的合成。最终通过细胞凋亡引起各个系统的毒性。

8.3 熏制水产品生产过程质量与安全控制

8.3.1 HACCP 体系在烟熏鱼片生产中的应用

烟熏鱼片生产过程的各个环节中可能存在的潜在危害，可从生物、化学、物理等方面进行全面的分析。应用 HACCP 的相关原理确定相应的关键控制点（CCP）及关键极限值（CL），并制定相应的预防措施，建立行之有效的监测方法，从而将生产过程中的危害因素降低到最低程度。

1. 烟熏鱼片产品描述

（1）原辅料信息及产品名称：①原料：海洋中的三文鱼、鳕鱼、鳗鱼等；养殖的三文鱼、罗非鱼、鳗鱼等。②原料来源：太平洋、大西洋。③受限辅料：无。④非受限辅料：无。⑤产品中文名称：冻的，去头内脏骨的，并调味切片的，烟熏的鱼片。⑥产品英文名称：SMOKED FISH FILLETS（I. Q. F/BQF）。

（2）加工方式、包装方式、标识：①加工方式：去骨、去刺、去皮、去虫，腌制，烟熏，切片，冷冻。②包装方式：内衬塑料袋，外包纸箱。③标识：产品名称、净重、规格、输出国名称、卫生注册号、报检批号、生产日期及原料批代码、CIQ封识、贮存条件、保质期、消费者类型。

（3）贮藏、销售方式、消费者类型及发运：①贮藏：冷冻保存 1 年，0~4℃ 保存 3 个月。②销售方式：冷冻销售。③消费方式：充分加热后食用或即食。④发运：−18℃ 以下运输。

2. 烟熏鱼片生产工艺流程及操作要点

（1）工艺流程见图 8−2。

（2）操作要点：①原料接收、拆包装：冷冻原料从国外进口，每批原料都要由供应商提供合格的证明文件，以说明原料质量符合加工要求；取得出入境检验检疫局通关检验合格证后，方可投入生产。原料必须在原料冷库分批保存。根据生产需求，由库管人员安排出库，由车间工作人员在拆包间将原料外包装拆除。②烟熏木

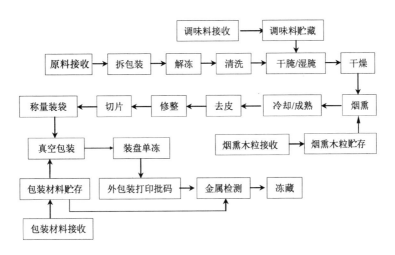

图 8-2　烟熏鱼片生产工艺流程

粒接收与贮存：应确定合格的木粒供应方，货运送至公司后，检查产品是否符合制烟要求，并索取产品合格证明和检测报告。经仓库人员验收后，将木粒存放在干燥防潮的辅料仓库。③包装材料接收与贮存：用清洁、密封和保养良好的车辆运输，经 HACCP 小组会同车间检验合格后，存放于干燥的仓库内。包装材料按内包装和外包装材料，存放在不同的物料包装仓库内，加盖塑料薄膜，以防止包装材料受到污染。④解冻及清洗：原料拆包后，放在解冻架上自然解冻。鱼片从解冻架上取出送入车间，在冰水中清洗，清洗后的鱼片放入周转筐中，每筐 6～8 片。⑤干腌/湿腌：按照鱼：盐＝100:4 比例，将盐均匀地涂抹在鱼片上下两面，不要漏涂。待盐基本附着融在鱼片上后，将鱼片摆入推车网片上送入腌制间，渗透时间为 6 h。如果采用湿腌，用波美表配制 15% 盐水，将鱼片放入盐水中腌制 30 min。⑥干燥及烟熏：腌制好的鱼片从腌制间拉出送入烟熏机，关上密封门。温度设定在 27℃ 以下，干燥 2 h。干燥后，继续将鱼片熏制 1 h。⑦冷却/成熟：将鱼片从烟熏机中拉出，推入 4℃ 以下的烟熏冷藏库中，冷却至中心温度低于 4℃，并成熟 3～5 h。⑧去皮、修整及切片：用去皮机将熏好的鱼片去皮。用去脂刀将去皮后的鱼片刮去皮下多余灰肉，并修整形状。将修整好的鱼片放到切片机传送带口，鱼片在切片机上进行切片。切片的厚度约为 3 mm。⑨称重装袋、真空包装及装盘单冻：将切好的鱼片按照包装要求称重，并分装到包装袋里，同时注意保持鱼片顺次叠放、片形完整。将称好的鱼片用真空包装机进行包装，并检查包装有无漏气，产品形状是否完好。将包装好的鱼片装入单冻盘中送入单冻间，冷冻 8 h。⑩外包装/打码、金属检测、冻藏：将单冻好的鱼片从单冻间取出送入包装间，进行外包装，并打印批码。将包装好的鱼片用金属检测仪检测。将检测好的产品送入成品冷库冻藏。

（3）烟熏鱼片的危害分析：从烟熏鱼片生产工艺流程着手，对生产过程各个环节中可能存在的生物、化学、物理的潜在危害进行细致全面的分析，编制出危害分析表（表8-1）。

（4）关键控制点的确定：通过对烟熏鱼片生产的全过程进行危害分析，最终确定了原料接收、调味料与烟熏木粒接收、干燥及烟熏、金属检测等为影响产品质量的4个关键控制点。

（5）HACCP计划表的制定：制定HACCP计划表（表8-2）。HACCP计划表中明确了各关键控制点（CCP）的关键限值（CL），CCP的监控按照表8-2中的监控要求严格执行。当关键控制点的监控发现关键限值有偏差时，应立即采取拒收原辅料，调整/维修烟熏机，封存产品，评价产品风险，对产品进行隔离，对隔离的产品酌情做出相应处理等纠偏措施。

（6）监控记录归档及HACCP体系的审核验证：在生产全程建立对应的监控记录，并每月进行归档保存，建立记录归档台账。由品管人员、生产人员、贸易人员、仓库管理人员、设备管理人员、部门领导等HACCP小组成员对HACCP体系的实施情况进行确认和验证，通过审核相关记录及有针对性地采样检测，以证明HACCP体系是在控制条件下有效运行，纠偏措施以及时用于纠正任何超出关键限值的偏差，关键控制点执行在可控要求范围内，生产的产品是安全的。

8.3.2　HACCP体系在液熏太平洋牡蛎罐头中的应用

将危害分析与关键控制点（HACCP）体系，应用于液熏太平洋牡蛎罐头的生产过程中。分析产品生产过程中存在或潜在的危害，确定关键控制点、关键限值，并在关键控制点提出监控、纠偏措施，可以保证牡蛎罐头产品的卫生质量和食用安全性。

1. 液熏太平洋牡蛎罐头的生产工艺流程

原料验收→挑选→清洗→浸泡调味→脱水→称重→装罐（85g罐型）→排气→注油→封口→杀菌冷却。

表 8-1 烟熏鱼片危害分析表

工序	识别本工序被引入,控制或增加的潜在危害		潜在危害是否显著	对第3栏的判断提供证据	采取何种措施以阻止或减少这种危害	是否为关键控制点
原料接收	生物危害	致病菌污染	是	原料在养殖、捕捞、运输等环节可能存在致病菌污染	每批原料索取输出国官方卫生证书,产地证,CIQ入境货物检验检疫证明	是
	化学危害	药物残留	是	可能存在养殖药物残留的危害	要求供应商提供官方的无药物残留的合格证明文件,进口原料做全项目检测,经检验检疫合格放行后方可投入使用	
	物理危害	无	—	—	—	—
调味料接收	生物危害	致病菌污染	否	接收合格厂家供货	查合格证明	—
	化学危害	有毒化学物质	是	调味料确认不充分可能将有毒化学物质带入,有害人体健康	每次进货检查合格证明和检测报告	是
	物理危害	无	—	—	—	—
调味料贮藏	生物危害	致病菌污染	否	SSOP控制		—
	化学危害	无	—	—	—	—
	物理危害	无	—	—	—	—
烟熏木粒接收	生物危害	无	—	—		—
	化学危害	化学污染物	是	木粒可能经过化学物质处理或被污染,作烟熏食品后食用对人体有害	每次进货检查合格证明和检测报告	是
	物理危害	无	—	—	—	—
烟熏木粒贮存	生物危害	无	—	—	—	—
	化学危害	无	—	—	—	—
	物理危害	无	—	—	—	—

续表

工序	识别本工序被引入、控制或增加的潜在危害		潜在危害是否显著	对第3栏的判断提供证据	采取何种措施以阻止或减少这种危害	是否为关键控制点
包装材料接收	生物危害	致病菌污染	否	SSOP 控制	—	—
	化学危害	无	—			—
	物理危害	无	—			—
包装材料贮存	生物危害	致病菌污染	否	SSOP 控制	—	—
	化学危害	无	—			—
	物理危害	无	—			—
拆包装	生物危害	无	—			—
	化学危害	无	—			—
	物理危害	无	—			—
解冻清洗	生物危害	致病菌污染	否	SSOP 控制	—	—
	化学危害	无	—			—
	物理危害	无	—			—
干腌/湿腌	生物危害	成品中形成肉毒梭菌毒素	是	盐度不足肉毒梭菌可能会生长产毒	干腌鱼片重量 4% 的细盐均匀涂抹,使融入鱼体渗透 6 h,湿腌用浓度 15% 盐水浸泡 30 min	否
	化学危害	无	—			—
	物理危害	无	—			—

186

续表

工序	识别本工序被引入、控制或增加的潜在危害		潜在危害是否显著	对第3栏的判断提供证据	采取何种措施以阻止或减少这种危害	是否为关键控制点
干燥	生物危害	肉毒梭菌生长产毒	是	温度过高,肉毒梭菌可能会生长产毒	控制干燥的温度不高于32℃或不低于65℃	是
	化学危害	无	—	—	—	—
	物理危害	无	—	—	—	—
烟熏	生物危害	最终成品中肉毒梭菌生长产毒	是	冷熏过程温度过高,肉毒梭菌可能会在最终成品中生长产毒	控制烟熏的时间不少于30 min,温度不高于32℃或不低于65℃	是
	化学危害	无	—	—	—	—
	物理危害	无	—	—	—	—
冷却/成熟	生物危害	致病菌生长	否	环境温度低于21℃,时间短致病菌生长不显著		—
		致病菌污染	否	SSOP控制		—
	化学危害	无	—	—	—	—
	物理危害	无				
去皮	生物危害	致病菌生长	否	环境温度低于21℃,时间短致病菌生长不显著		—
		致病菌污染	否	SSOP控制		—
	化学危害	无	—	—	—	—
	物理危害	无	—	—	—	—

续表

工序	识别本工序被引入、控制或增加的潜在危害		潜在危害是否显著	对第 3 栏的判断提供证据	采取何种措施以阻止或减少这种危害	是否为关键控制点
修整	生物危害	致病菌生长	否	环境温度低于 21℃、时间短致病菌生长不显著	—	—
		致病菌污染	否	SSOP 控制		
	化学危害	无	—	—	—	—
	物理危害	无	—	—	—	—
切片	生物危害	致病菌生长	否	环境温度低于 21℃、时间短致病菌生长不显著	—	—
		致病菌污染	否	SSOP 控制		
	化学危害	无	—	—	—	—
	物理危害	金属碎片遗留	是	食用鱼片时遗留的金属碎片会对人体造成伤害	后道金属检测工序可剔除遗留的金属碎片	否
称重装袋	生物危害	致病菌生长	否	环境温度低于 21℃、时间短致病菌生长不显著	—	—
		致病菌污染	否	SSOP 控制		
	化学危害	无	—	—	—	—
	物理危害	无	—	—	—	—
真空包装	生物危害	致病菌污染	否	SSOP 控制	—	—
	化学危害	无	—	—	—	—
	物理危害	无	—	—	—	—

188

续表

工序	识别本工序被引入,控制或增加的潜在危害	潜在危害是否显著	对第3栏的判断提供证据	采取何种措施以阻止或减少这种危害	是否为关键控制点
装盘	生物危害 无	—	—	—	—
	化学危害 无	—	—	—	—
单冻	物理危害 无	—	—	—	—
	生物危害 无	—	—	—	—
外包装打码	化学危害 无	—	—	—	—
	物理危害 无	—	—	—	—
	生物危害 无	—	—	—	—
	化学危害 无	—	—	—	—
金属检测	物理危害 金属碎片遗留	是	食用鱼片时遗留的金属碎片会对人体造成伤害	逐一金属探测并剔除有金属异物的产品	是
	生物危害 无	—	—	—	—
冷藏	化学危害 无	—	—	—	—
	物理危害 无	—	—	—	—

表 8-2 烟薰鱼片 HACCP 计划表

(1)关键控制点	(2)显著危害	(3)关键限值	(4)监控什么	(5)如何监控	(6)监控频率	(7)监控人员	(8)纠偏行为	(9)记录	(10)审核
				监控					
原料接收 CCP1	药物残留	供应商提供的官方证明文件证实没有使用任何药物或药物残留检验合格证明	接收检查的证明文件	每批原料检查供应商所提供的文件	每次进货时	接收负责人	封存该批原料直至供应商提供相应的文件;如果无法提供相应的证明文件,原料进行全项目检验,如果检验不合格则予以退货	原料验收报告	审核书面证明及半年一次商检部门抽检报告
接收调味料 接收烟薰木粒 CCP2	有毒化学物质	接收的每批货物都有合格证书或合格的检验报告	接收时检查合格证书和检验报告	仓库管理人员检查产品的合格证书和检验报告	每批调味料	仓库管理人员	如果没有合格证书或没有合格检验报告,退回供应商	①辅料验收记录 ②合格证书,检测报告	对每批辅料验收记录和纠偏报告进行审核

续表

| (1) 关键控制点 | (2) 显著危害 | (3) 关键限值 | 监控 | | | | (8) 纠偏行为 | (9) 记录 | (10) 审核 |
			(4) 监控什么	(5) 如何监控	(6) 监控频率	(7) 监控人员			
干燥/烟熏 CCP3	在成品中肉毒梭菌毒素形成	烟熏时间30 min以上，温度不高于32℃或不低于65℃	烟熏机内的温度和时间	设备时间和温度监控眼检查监控设备	连续每批至少观察一次	烟熏人员	调整/维修烟熏机，封存产品，评价产品风险	烟熏机运行记录表	对自动温度记录仪进行校准每周审核偏差记录表和纠偏报告
金属检测 CCP4	食用鱼片时遗留的金属碎片会对人体造成伤害	在成品中没有可探测到的金属碎片	在成品中存在的可能探测到的金属碎片	用金属探测仪检测（测试块 Fe：φ2.0 mm；Pb：2 g；SUS：φ2.5 mm）	对每件产品进行探测	金属探测仪操作人员	①对不能通过金属探测仪的产品进行隔离；②检查原因并对隔离产品做出处理；③发现金属探测仪失灵后，对之前半小时内探测的产品进行隔离；④修复金属探测仪；⑤金属探测仪修复后对隔离的产品重新探测	金属探测仪探测记录	①对金属探测仪使用前和使用过程中每半小时做一次灵敏度测试；②每天审查金属探测仪探测记录

2. 危害分析与关键控制

太平洋牡蛎是一种"非选择性滤食"的海洋生物，对环境污染物包括病原微生物的"富集"能力强，液熏太平洋牡蛎罐头加工的危害分析和关键控制一般包括以下几个方面。

（1）微生物（致病菌）：太平洋牡蛎的致病菌可分为自身原有细菌和非自身原有细菌，自身原有细菌广泛存在于海水及其底质中。有调查证实，从海水和健康贝类内脏中曾多次分离到副溶血性弧菌。非自身原有细菌则与水污染和不卫生条件下加工、运输周转贝类水产品密切关联。

（2）病毒感染：国外有生食牡蛎引起诺瓦克病毒性肠炎的报道，因生食毛蚶引起了上海、宁波等地居民甲型病毒性肝炎暴发流行等。因此，病毒感染成为控制液熏太平洋牡蛎罐头产品的一个重要危害分析点。

（3）贝类毒素：贝类染毒与甲藻赤潮密不可分，近年来国内发生了多起贝毒素性食物中毒，我国海域贝类携带的毒素以麻痹性贝类毒素（PSP）和腹泻性贝类毒素为主导。

（4）重金属：由于陆源性污染，大量生活污水和工农业废水排江排海，使得太平洋牡蛎赖以生存的海水水质发生变化，因此，重金属含量成为控制液熏太平洋牡蛎罐头产品的重要危害分析点。同时，应用金属探测仪器对生产加工的贝类进行金属探测，严格控制不出现金属异物。

（5）灌装封口与灭菌：每次的装罐量都控制在要求范围内，并保证灌装密封性好，阻绝罐内外空气、水等的流通，并防止罐外微生物渗入罐内部。密封性不好的挑出。杀菌，对产品进行商业无菌的检测，确保产品符合卫生标准的要求。

3. 制定 HACCP 计划表

制定 HACCP 实施计划表，见表8－3。根据危害分析表，为液熏太平洋牡蛎罐头加工过程中的每个关键控制点选择相关的监视参数，这些参数可以清楚地表明控制措施得到预期实施，对于每个关键控制点选择的监视参数，要确定其关键限值和纠偏措施。建立对关键控制点的检测并记录，选定的关键限值对危害的防止、消除或降低应得到验证。

（1）建立关键限值（CL）：所有太平洋牡蛎产品容器必须贴有标签，显示捕获日期、地点，太平洋牡蛎的种类和数量等。加工卫生控制微生物和金属检测。

表8-3 液熏太平洋牡蛎罐头 HACCP 计划表

1	2	3	监控				8	9	10
			4	5	6	7			
关键控制点(CCP)	显著危害	对每种预防措施的关键限值	监控什么	监控怎样	监控频率	监控人员	纠偏行动	记录	验证
原料验收 CCP1	贝类毒素(DSP、PSP);环境化学污染(Pb、Cd、Hg)	①原料来自无污染的海域②无贝类毒素(DSP、PSP)③重金属控制在Pb≤2.0 mg/kg,Cd≤2.0 mg/kg,Hg≤1.0 mg/kg,原料温度不高于7.0℃	①捕捞证明;②贝类毒素检测报告;③重金属检测报告;④原料温度不高于7.0℃	查看捕捞证明及检测报告;测量温度	每批	验收品管员	①无捕捞证明的原料拒收;②无检测报告或检测报告不合格的原料拒收;③无重金属检测报告或检测报告不合格的原料拒收;④原料温度过高变质的原料拒收	①原料验收记录;②原料抽样分析报告;③纠偏记录	①复查一次;②每批抽样对贝毒进行检验
金属探测 CCP2	金属碎片	金属碎片铁金属 φ<2.0 mm 非铁金属 φ<3.0 mm	金属碎片	金属探测仪探测	连续监控,每小时记录一次	操作员	①在测试时如发现金属探测仪失灵,应把上次校正到本次校正前的产品重新探测一遍。②警报响了,把此产品单独存放,查找金属碎片来源,消除危害重新过金属探测仪	①金属探测记录;②纠偏记录	①每天复查监控记录,纠偏记录;②每使用前先测试仪器是否正常,使用过程中每小时测试一次,使用后再测试一次

续表

1	2	3	监控				8	9	10
			4	5	6	7			
关键控制点(CCP)	显著危害	对每种预防措施的关键限值	监控什么	监控怎样	监控频率	监控人员	纠偏行动	记录	验证
计量装罐 CCP3	①装罐量超过规定的最大装罐量,导致杀菌不彻底致病菌残留;②空罐缺陷导致密封不严形成二次污染	①最大装罐量:405号100 g,RR-90号75 g,732号80 g;②空罐须经过检验检疫局卫生注册,每批进厂逐个目测检查,剔除有缺陷的空罐	①最大装罐量;②卫生注册证明及空罐质量	电子秤称量;目测	①逐罐称量;②品管员15 min抽查记录一次;③每批进厂每批检验,生产前逐罐检验	操作员 品管员 操作员	①若装罐量超重找出超重原因,将重新逐罐计重使之符合标准要求;②拒绝使用无卫生注册号有缺陷的空罐	①装罐量监控记录;②纠偏记录;③校磅记录;④空罐验收及检查记录	①每年由官方对电子秤校正一次,每天班前校正一次;②品管员每隔15 min对装罐量抽查检验一次;③空罐每批验收,使用前对每罐进行检验;④审查每日记录
排气密封 CCP4	密封不良罐体泄露导致致病菌二次污染	①圆罐:紧密度TR≥60%;②方罐:边紧密度TR≥70%;角紧密度TR≥50%;叠接长度≥1.0 mm;叠接率OL≥50%	①封口外观规格质量;②封口紧密度、叠接长度、叠接率	目测检验解剖检验	①逐罐目测目测一次;②30 min目测一次;③2 h剖检一次;④生产车前剖检	专职验罐工 专职品管员	①发现封口质量不符合标准立即停机调整校正,直至检测符合标准方可恢复生产;②将上次验验合格后至本次检验不合格前的产品处标误待评估处理	①目测检验记录;②解剖检验记录;③校车记录;④纠偏记录;⑤不合格品处理记录	每天审查监控记录及纠偏记录

续表

| 1 | 2 | 3 | 监控 | | | | 8 | 9 | 10 |
关键控制点(CCP)	显著危害	对每种预防措施的关键限值	4 监控什么	5 监控怎样	6 监控频率	7 监控人员	纠正行动	记录	验证
杀菌、静置 CCP5	①杀菌强度不足致病菌残存；②杀菌冷却水不卫生导致二次污染；③静置操作不当导致二次污染	①控制罐头自封口至杀菌的时间不超过1 h；②罐头初温不低于30℃；③排气至温度至少达到107℃；④杀菌时间和温度:405号,RR-90号,732号均为65 min/119℃；⑤控制杀菌冷却水放水余氯含量不低于0.5 kg/L；⑥控制静置时间不少于8 h	①封口至杀菌的时间；②罐头初温；③排气时间；④温度；⑤杀菌冷却放水余氯含量；⑥静置时间	①观察计时表查看记录；②温度计测量；③观察记录时表和温度表及压力表；④DPD比色法检测；⑤查看记录	①每观察进行观察记录；②每5 min检查一次；③每锅检查一次；④每日检查一次	品管员、杀菌工、杀菌工、品管员	①罐头封口至杀菌的时间超过关键限值,由技术人员评估后确定纠偏措施,对产品加标识隔离后处理；②排气规程达不到要求时重新排气；③杀菌规程不符合要求按SN0400.5附录B(或香港英特科公司杀菌时间表)纠偏,产品加标识,隔离存放,评估后处理；④冷却排放水余氯低于0.5 mg/L,对该锅产品加标识隔离存放,评估后处理；⑤发现静置时间达不到要求,扣留产品评估后处理	杀菌记录表、温度自动记录、产品静置记录、纠偏记录	每日审查监控记录及纠偏记录

（2）建立监控程序：由单位品管部门监管卫生指标和管理是否满足关键限值。

（3）建立纠偏行动程序：在HACCP计划表中，被判断为显著危害的每一加工步骤，都要制定当偏离关键限值时应采取的纠偏行动。这些措施包括：确信不安全产品不能到达消费者手中；纠正导致关键限值偏离的原因。

（4）建立记录保存系统：在HACCP计划表中，对每一个被确定为显著危害的每一加工步骤，应列出用以证明完成监控程序的记录。这些记录要清楚地表明监控程序已经执行，并且要包括监控过程中的实际值和观察的情况。

（5）建立验证程序：在HACCP计划表中，对每一个被确定为显著危害的每一加工步骤，应建立验证程序，以确保HACCP计划足以控制危害，并能始终如一地被执行。

本章小结

1. 烟熏工艺可赋予水产品特殊的烟熏味及风味，防止水产品腐败变质，控制水产品脂质氧化，使水产品形成特有的色泽等。

2. 熏烟成分含有酚类、醇类、有机酸类、羰基化合物、烃类以及其他气体成分。

3. 烟熏水产品方法有冷熏、温熏、热熏、电熏及液熏等。

4. 烟熏水产品生产一般要经过原料预处理、盐渍、脱盐、沥水（风干）、烟熏、整理、熏干等工序制得。各种产品生产工艺及关键控制点大致相同，但仍需根据原料性质和产品不同，选择相适应的生产工艺流程及品质控制条件。

思考题

1. 水产品熏制的目的、原理以及熏烟成分与作用是什么？

2. 烟熏水产品存在哪些危害因子？

3. 如何应用HACCP体系保障烟熏水产品的质量与安全？

4. 以烟熏鳕鱼片为例，设计HACCP危害分析表及实施计划表。

参考文献

李海波,赵长江,段品芹,等.2013.HACCP 体系在冷熏调理贻贝肉生产中的应用研究[J].浙江海洋
　　学院学报:自然科学版,31(5):414–419.

郑捷,尹诗,王平,等.2011.烟熏鳕鱼片配方与工艺优化[J].食品研究与开发,32(12):102–106.

朱兰兰,周德庆,殷邦忠,等.2012.HACCP 在液熏太平洋牡蛎罐头加工中的应用[J].食品工业,7:
　　119–121.

第9章 冷冻水产品生产安全控制技术

教学目标

1. 理解冷冻水产品的生产原理及影响因素。
2. 掌握冷冻水产品生产过程中存在的质量问题与控制措施。

在所有水产品及其制品中，冷冻水产制品的加工比例是最高的，部分品种高达40%以上。在产品结构上，无论是内销还是出口水产制品，我国仍是以简单冻品或初级加工冻品为主体，冷冻水产品出口贸易量占水产品总量34%以上。本章在介绍冷冻水产品原料特性、冻结过程及贮藏理论基础上，重点分析冷冻水产品生产过程中存在的质量问题与危害因素，进而归纳主要的控制方法及应对措施。

9.1 冷冻水产品生产原理

水产品肌肉组织比一般动物肉组织更容易腐败，除了肌肉自身水分含量较高、易携带细菌等因素外，蛋白质的酶解和不饱和脂肪酸的氧化作用也是导致水产品腐败变质的主要原因。在防止水产品腐败的多种方法中，冷冻是应用最广泛的水产品保鲜与贮藏方式。冷冻加工既能保持水产品的原有营养及风味，又能延长保质期（可达 6~12 个月）。冷冻水产品的加工，并非简单地把水产品放入冷库冻结贮藏即成，而是经图 9-1 所示生产过程加工制成的。

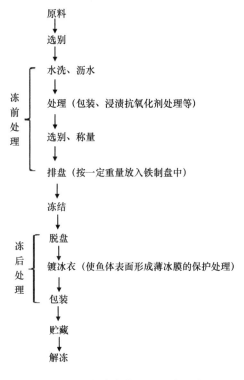

图 9-1 冷冻水产品的生产工序

9.1.1 水产品原料

水产品原料的好坏直接影响着冷冻水产品的质量，其中生鲜原料的生物学因素和鲜度是决定冷冻水产品品质的关键因素。

1. 原料特性

根据表9-1所示，水产品在冻藏过程中的表现，大致可分为两大类：耐冻性低的品种，此类原料肉质水分含量较高，组织柔软，冻结时生成的冰晶大，因而在贮藏中冰晶不断长大而损伤肌肉细胞；耐冻性高的物种，其肉质与禽肉相近，组织较紧密，耐冻性也较高。

表9-1　水产品在冻藏过程中的表现

分类	物种	冷冻时易出现的问题
多水分、组织脆弱	底栖鱼、蟹、虾、牡蛎、海胆、鱼卵等	肉质损伤、硬化、海绵化、鱼体崩碎、蛋白质变性等
少水分、组织紧密	洄游性鱼、墨鱼、章鱼等	脂肪氧化、色变、蛋白质变性等

此外，处于幼鱼期的小型鱼，与成鱼期的大型鱼相比，其肉质中水分含量高、组织脆弱及耐冻性低；雌鱼鱼肉在产卵前后水分含量高，耐冻性明显降低。同样，处于饥饿期的鱼、不健康的鱼、脱壳后的蟹等，都可以观察到其肉质耐冻性降低的现象。因而在选定原料时，必须充分考虑以上多种情况。

2. 原料鲜度

鱼类鲜度的判定指标通常是测定鱼肉中ATP的分解产物，即K值。日本主要以此指标衡量鱼类的新鲜程度。如K值小于20%时，可作为即食生鱼片的加工原料；K值为60%~80%时，可作为炼制品的原料等。冷冻加工时，要选择鱼体处于死后僵硬前或僵硬中的高鲜度时期进行冻结。处于高鲜度时冻结，汁液量少、肉质保水力高，致使冻品质量较好。如生产狭鳕炼制品或冷冻鱼糜时，要选择产卵后并已恢复的鱼，且是捕获后处于僵硬前或僵硬中的鱼体为原料，这样鱼肉蛋白质的变性程度低、鱼糕形成能力好。

水产品在-20℃贮藏时，K值变化较为缓慢，因此捕获后到冻结这段时间的鲜度保持尤其重要。捕获后的水产品要迅速用冰水或碎冰进行降温，使水产品中心温度约在5℃以下。按热传递理论，水冰法要比碎冰法降温速度快得多，但若浸泡时间过长，鱼肉中的可溶性成分会溶解到冰水中，进而使产品质量降低；相反，冰水也可渗入到水产品中，导致肌肉松软。因而，理想的方法是先用水冰降温，当水产品中心达到5℃左右时，改用碎冰法来保持水产品鲜度。

3. 加工方式

加工方法和加工程度对冷冻水产品品质也有一定的影响。如冻结盐藏品时，因盐分的渗透或脱水作用可使盐藏水产品的冰点下降、冻结率降低，这时虽能减轻冰晶对冻品组织的影响，但酶及化学作用等不能充分得到抑制，而且盐能促进脂肪氧化的进行，使冻品质量下降。鱼糕类在冻结条件下易发生海绵化、食感显著变差的现象，因而宜采用液氮（-196℃）或液化二氧化碳（-79℃）的快速冻结法，并贮藏于-25℃以下。

9.1.2　水产品冻结过程

冻结是指将水产品中所含的水分大部分转变成冰的过程，使其温度降至贮藏室温度后再移入冷藏库进行贮藏。随着水由液态到固态的相变，水产品原料在物性、物理形态、组织结构等方面也发生了变化，进一步引发生化特性的变化。

1. 体积变化

水冻结成冰后，体积增大约 9%，而食品冻结后体积变化与纯水有所不同，其体积大约增加 6%，且随其含水量而变化。食品冻结时表面水分首先结成冰，然后冰层向内部延伸。当内部的水分因冻结而膨胀时，会受到外部冻结层的阻碍，于是产生内压，即冻结膨胀压，理论计算数值可高达 8.7 MPa。外表冻结层不能承受膨胀压时就会破裂。如采用 -196℃ 液氮冻结金枪鱼时，由于厚度较大，冻品易发生龟裂。对这样的水产品食品常采用分段冷却、冻结的方法，使其温度内外均衡后，逐渐降低冻结温度，以防止冻品龟裂。

2. 热物性变化

（1）比热容的变化：含水量多的水产品比热容大，而含脂量多的水产品比热容小。冰的比热是 2.0 kJ/（kg·K），约为水的 1/2。因此，冻结水产品在冻结点以上时比热容要比冻结点以下时大。在冻结过程中，随着时间的推移，冻结率不断变化，也会对水产品的比热容带来影响。需要根据水产品的温度求出冻结率，对比热容进行修正。

（2）热导率的变化：水的热导率为 0.6 W/（m·K），冰的热导率为 2.21 W/（m·K），冰约为水的热导率的 4 倍。因为水在水产品中的含量较高，所以当水产品冻结时，冰层由外向内推进使热导率提高，从而提高了冻结速度。解冻时冰层由外向内逐渐融化成水，热导率降低，从而降低了解冻速度。另外，热导率受含脂量的影响，含脂量高则热导率小；热导率还具有方向性，热流方向与肌肉纤维平行时热导率大，垂直时小。

3. 干耗现象

鱼虾等水产品在冻藏过程中，最重要的变化是水分的蒸发或升华，使水产品重量减少，品质降低，俗称干耗。干耗是由于水产品表面温度、冷冻室内空气温度和蒸发器表面温度三者之间存在着温度差，因而也即形成了水蒸气压差。冻结水产品表面的水蒸气压力处于饱和状态，而空气中的水蒸气压力是不饱和的，两者之间存在压力差，因而冻结水产品表面的冰晶升华跑到空气中。空气在上升过程中，与蒸发器接触，由于蒸发器表面的温度很低，因此空气中的水蒸气在它的表面达到露点而冷凝冻结。失去部分水蒸气的空气，又下沉到冻结水产品表面时，因水蒸气压差的存在，水产品表面的冰结晶继续向空气中升华，如此反复进行。

冻结过程中的干耗，可用下式表示：

$$W = \beta A(p_f - p_a)$$

式中，W 为单位时间内的干耗量（kg/h）；β 为对流传质系数 $[kg/(m^2 \cdot s \cdot Pa)]$，其值与对流换热系数的关系为 $\alpha_m \approx 62.1 \times 10^{-10} \alpha$，这里 α 的单位是 $W/(m^2 \cdot K)$；A 为食品的表面积（m^2）；p_f、p_a 为食品表面与其周围环境空气的水蒸气压力（Pa）。

计算时，水产品表面水蒸气压力可取其温度下的饱和压力，环境空气水蒸气压力可由空气的干、湿球温度求出。

4. 机械损伤

水产品冷冻过程中，冰晶的形成、体积的变化及内部的温度梯度等将导致机械应力，最终产生机械损伤。机械应力与水产品的尺寸、冻结速率和冻结终温有关，尺寸小的水产品及冻结速率慢时，机械应力有足够的时间得到释放和扩散，可以减少机械损伤。

5. 蛋白质冷冻变性

水产品肌肉中主要是肌原纤维蛋白质。在冷冻过程中，肌原纤维蛋白质会发生冷冻变性，表现为盐溶性降低、ATP 酶活性减小、盐溶液的黏度降低、持水力降低、质地变硬、口感变差、巯基与二硫键含量发生变化、加工适宜性下降，最终造成水产品口感和品质变差。

造成蛋白质冷冻变性的原因主要是：①冻结时水分形成冰晶，无机盐浓缩，盐析作用使蛋白质变性；②慢速冻结生成的大冰晶，挤压肌细胞内的肌原纤维集结成束，进而发生凝集而变性；③脂类分解的氧化产物对蛋白质变性有促进作用；④机械应力和冰晶损伤肌肉细胞骨架，引起组成细胞骨架的蛋白质变性。

6. 变色现象

鳕鱼肉的褐变是美拉德反应的结果，这种反应即使在加热或冻结贮藏条件下仍然可以缓慢进行。防止鳕鱼肉褐变首先要选择新鲜的且处于死后僵直前期的鱼进行冻结，贮藏温度应低于 $-30℃$。

虾的黑变是酪氨酸等被酪氨酸氧化酶氧化而生成黑色素物质的结果。防止虾类黑变，除了要选择新鲜的原料外，还尽可能去除酶活性强、酪氨酸含量高的头、内脏、外壳以及放血充分清洗。此外，还可将虾煮熟使酶失活后再冻藏。

箭鱼在冻藏过程中，其淡红色的肉有部分会变成绿色，伴随着绿变的发生，肉也产生甜酸味或如发酵后的腌菜味。这是由于鱼体鲜度的降低，细菌作用生成的硫化氢与肌肉中血红蛋白或肌红蛋白反应变成绿色色素。防止绿变的方法是保持鱼体鲜度、严格进行冻结前的微生物管理。

金枪鱼、绿鳍鱼、带纹红鲉大马哈鱼、龙虾等，在冻结贮藏过程中，其肉色有褪色现象。这种现象是脂溶性类胡萝卜素，在酶的作用下被氧化所致。光对褪色作用也有极大的影响，特别是波长 $350\sim360~nm$ 光线有显著的褪色作用。因此，要尽可能将渔获后的金枪鱼、绿鳍鱼等移入暗处贮藏并迅速冻结。冻结前可预先浸渍于 $0.1\%\sim0.5\%$ 抗坏血酸钠溶液或使用 2，6 - 二叔丁基羟基甲苯（BHT）一类的脂溶性抗氧化剂。

沙丁鱼、鲐鱼、秋刀鱼等多脂性鱼类，在冻结贮藏中由于表面脂肪的氧化，会产生褐变黄变、并带有涩味，这就是所谓的"油烧"现象。首先，脂肪在脂肪酶和微生物的作用下，被分解成脂肪酸；其次，脂肪在氧气和紫外线的存在下，在核糖二甲基氧化酶作用下氧化形成氧化物或氢化物。这些氧化物使脂肪的其他部分继续自动氧化而全部腐败，出现乙醛、巴豆醛等含有活性羟基的醛化合物。另外，由于三甲氨氧化物还原后生成三甲胺、蛋白质分解生成氨基酸，而在肉质中出现含有氨基的氮化合物。这两种化合物相互作用，最终形成类似黑色素的物质并产生褐变、黄变。防止的方法是冻结前浸渍于 $0.01\%\sim0.02\%$ 丁基羟基茴香醚、2，6 - 二叔丁基羟基甲苯或它们的等量混合物浓度为 5% 冷水溶液中 10 min。

9.1.3 水产品的贮藏

低温贮藏水产品是目前效果较好、成本较低、保鲜时间较长的方法，也是世界各国最为普遍采用的一种贮藏方法。适宜的冷藏方法能防止水产品腐败变质，保持水产品的鲜度和营养价值，可及时满足消费者的不同需求。常见新鲜水产品的冷藏温度和贮藏期见表9-2。水产品冷却冷藏时，一般贮藏期限较短，适合短距离运输或短时间贮藏。

表9-2 新鲜水产品的冷却冷藏温度和贮藏期

种类	温度/℃	贮藏期限/d	
		鲜度好	极限
鲸肉	-1~0	7~14	21~28
黑金枪鱼、副金枪鱼、黄肌金枪鱼	-1~0	14	42
长鳍金枪鱼、鲣	-1~0	7	21
底栖性海水鱼、虾、蟹、海藻	-1~0	5	14
洄游性海水鱼	-1~0	4	10
贝类、鱿鱼、章鱼	-1~0	3	7
淡水鱼、蛙	0~1	2	5

为了延长水产品贮藏期，常采用低于-18℃的冻藏处理。部分冷冻水产品的冻藏期限见表9-3。水产品冷冻完成后，应立即出冻、脱盘、包装，送入冻藏间冻藏。经过冷冻加工后，其死后变化的速度大大减缓，但是并没有完全停止，且这些变化的量随着时间的积累而逐渐增加。

表9-3 部分冷冻水产品的冷藏期限

种类	贮藏期/d		
	-18℃	-25℃	-30℃
多脂肪鱼	4	8	12
少脂肪鱼	8	18	24
比目鱼	10	24	>24
龙虾和蟹	6	12	15
虾	6	12	12
真空包装的虾	12	15	18
蛤蜊和牡蛎	4	10	12

9.2 冷冻水产品生产过程中存在的危害分析

9.2.1 外包冰衣问题

鱼虾贝类等水产品在冻结后，常再包一层冰衣。冰衣（冰被）是冷冻水产品的保护层，可防止水产品在冻结及贮藏过程中发生干耗、油脂酸败、变色及变质等。因此，冰衣（冰被）越厚，冷藏时的温度越低，则产品的品质就易保持。

我国在历年的监督抽查检验中发现，冻虾仁及冻扇贝柱产品的合格率不高，其主要原因是产品的净含量不足。随后我国发布了《冻虾仁》（SC/T 3110）、《冻扇贝柱》（SC/T 3111）产品标准，在各地水产主管部门、国家水产品质量监督检验中心、水产加工企业和经销企业等多方面协作下，我国冻虾仁、冻扇贝柱产品质量得到很大的提高。

目前，市场销售的冷冻水产品大多数是包装好的并带有冰衣的水产品，产品包装上标示的净含量，应该是冻结前水产品的重量，而不应是包含冰衣的重量。造成冷冻品净含量不足的原因有：①由于生产加工技术落后，致使水产品的冻结温度不够低（即未能使产品迅速通过最大冰晶生成带）或产品的冻藏、运输和销售过程中温度过高（未达到 −18℃），导致了产品在解冻时汁液流失过多，使产品净含量偏差过高（一般损失约为6%）。②由于生产企业在加工过程中冰衣过厚，包装时未按比例扣除这部分重量，使产品的毛重偏高，造成包装袋上标示的净含量值与实际内容量不符，致使消费者购买的冷冻水产品中含有很多冰。在以往的质量抽查中发现，个别冻虾仁净含量负偏差竟高达66%。

9.2.2 磷酸盐使用问题

磷酸盐作为冷冻水产品保水剂，能提高肌肉的持水能力。由于水产品在冻结、冷藏、解冻和加热过程中，要失去一定量的水分而使肉质变硬，因此生产企业通常在加工前采用磷酸盐溶液浸泡处理水产品，然后再进行冻结。经过这样处理的鱼片、冻虾仁及冻扇贝柱等，在解冻后食用时的口感细腻，味道鲜美，肉质鲜嫩，与鲜品相差无几。

根据对冻虾仁质量监督抽查结果发现，90%以上冻虾仁产品使用磷酸盐来吸水增重。生产企业在冷冻水产品加工过程中，应严格控制所用磷酸盐的品种及质量。当磷酸盐含量低于 6 g/kg 时，产品品质较好；但当磷酸盐含量高于 8 g/kg 时，则产品因过度吸水会导致品质下降，如解冻虾仁间泡沫多、手感发滑、肉质过分柔软或过硬，看似很大的虾仁蒸煮后会变得又小又硬，且水煮后肉质变脆，口感发涩，丧失了固有的鲜味和风味；更为重要的是，摄入过多的磷酸盐会影响人体对钙质的吸收，危害消费者的身体健康。

9.2.3　干耗问题

冷冻水产品在干耗初期，仅仅在冻结水产品的表面层发生冰晶升华；随着贮藏时间的延长，冰晶升华逐渐向里推进，甚至达到深部冰晶升华，致使产品表面逐渐形成一层脱水的海绵状层。另一方面，冷冻水产品随着细小冰结晶的升华，空气随即填充到这些冰晶体所留下的空穴中，大大增加了冻结水产品与空气的接触面积，从而促进水产品氧化作用的发生，造成产品表面氧化变色，进而失去原有风味和营养价值。

9.2.4　微生物残留问题

冷冻水产品加工是一个复杂的生产过程，除用作发酵水产品制造的微生物外，绝大多数微生物在冷冻水产品生产过程中均是有害的。冷冻水产品生产过程中的有害微生物有以下几种。

1. 大肠菌群

大肠菌群一般包括大肠埃希氏菌（大肠杆菌）、柠檬酸杆菌、产气克雷白氏菌和阴沟肠杆菌等。其在自然界分布极广，可作为评估水产品卫生质量的重要标志之一。大肠菌群的存在可能引起食物中毒和流行病的发生，严重影响人类的身体健康。如大肠杆菌可在水中存活数月且极耐寒，部分菌株易引起腹泻、出血性结肠炎等病症，严重的会危害到人的生命。

2. 沙门氏菌

沙门氏菌也是一种常见的致病微生物，易引起消费者伤寒、败血症、胃肠炎等疾病，人体染病死亡率高达4%。沙门氏菌也是鱼、虾等水产品的易携带菌种，而且容易造成水产品的二次污染。该菌在冷冻水产品的生产过程中，也是重要的监控菌种之一。

3. 金黄色葡萄球菌

金黄色葡萄球菌是自然界中无所不在的微生物种类，其对冷冻水产品食物的污染概率也相当高。金黄色葡萄球菌引起的食源性感染概率在世界排名第二，仅次于大肠杆菌，其产生的肠毒素易引起人体的感染、食物中毒和一些流行病，其危害相当大。

4. 副溶血性弧菌

副溶血性弧菌是一种嗜盐性细菌，大量存在于海产品中，如鱼、虾、海藻等水产品。该菌是一种嗜盐性细菌，因此天然海水本身就是该细菌的温床。此菌易导致人体的食物中毒和肠道疾病，严重影响水产品的食用安全。夏季是该菌引发疾病发病的高峰期。

5. 其他菌种

在冷冻水产品中，还存在李斯特氏菌、霍乱弧菌等致病微生物，也对冷冻水产品的安全造成了一定的影响。

9.3 冷冻水产品生产过程质量与安全控制

9.3.1 防止过度包冰

目前，我国针对冷冻水产品的包冰程度尚未出台相关国家标准。2013 年 3 月，农业部颁布了《冻熟对虾》（SC/T 3120—2012）行业标准，要求冰衣重量必须小于总重量的 20%。同年 10 月，中国水产流通与加工协会和全国工商联水产业商会发布"冻熟对虾限冰令"，要求企业按照农业部颁布的标准限制冻虾包冰量。此外，除了冻熟对虾之外，中国水产流通与加工协会还将进一步深入调查，根据相关标准把"限冰"范围扩大到虾仁、带鱼、黄花鱼等过度包冰现象同样较严重的冷冻水产品，从而对整个冷冻水产品加工行业进行规范。

9.3.2 正确使用抗冻剂

目前认为防止水产品蛋白冷冻变性的物质一般具有以下特点：①分子中必须含有一个—COOH 或—OH 必需基团，并且具有一个以上—SH、—NH$_2$、—SO$_3$H 或—OPO$_3$H$_2$ 等辅助基团；②分子中的功能基团（包含必需及辅助基团）必须合理分布；③添加物相对分子质量较小。根据抗冻剂化学性质的不同，可将其大致分为：糖类、复合磷酸盐类和蛋白质水解物抗冻剂 3 类。

1. 糖类

可以稳定水产品中的临界水从而减少冰晶的形成，稳定蛋白质周围的水分来维持蛋白质空间结构。蔗糖甜味较强，在实际应用上会有一定的限制。山梨醇甜度较蔗糖低，且价格较低，应用较为广泛。通常，多将蔗糖与山梨醇、复合磷酸盐等复配使用，抗冻效果较好。此外，有研究将海藻糖、甲壳素、琼胶寡糖等作为新型抗冻保水剂，应用于冷冻罗非鱼片、冷冻虾仁、秘鲁鱿鱼及其相关冷冻水产品加工中。

2. 磷酸盐类

目前，我国已批准用作水分保持剂的磷酸盐包括焦磷酸钠、三聚磷酸钠、六偏磷酸钠、磷酸三钠、磷酸三钾、磷酸三钙、磷酸氢二铵、磷酸氢二钾、磷酸氢钙、磷酸二氢钙、磷酸二氢钾、焦磷酸二氢二钠、磷酸氢二钠等。而国外在水产品中，应用最为广泛的磷酸盐类为焦磷酸钠、三聚磷酸钠、六偏磷酸钠和多聚磷酸盐。多聚磷酸盐往往是由偏磷酸盐、焦磷酸盐、聚合磷酸盐等按一定比例混合而成。多聚磷酸盐的抗冻保水作用主要利用：①螯合金属离子；②提高肌肉 pH 值；③增加肌肉中的离子强度；④提高肌肉的保水性等作用。在实际生产中，多聚磷酸盐多与其他抗冻剂一起复配使用。目前，FAO/WHO、欧盟、美国、加拿大、巴西等国家或组织，在冷冻水产品制品中允许使用多聚磷酸盐，其应用范围和最终产品中最大浓度是由相关政府组织或协会通过研究并制定发布。

在中国水产加工应用方面，目前仅批准其在冷冻鱼糜制品（包括鱼丸等）、预制水产品（半成品）和水产品罐头中使用，尚未批准在冷冻水产制品中添加。当磷酸盐应用于不同厚度、不同品种和不同初始水分含量的水产品（鱼糜、预制水产品等）时，应注意使用方式及添加剂量等，如去壳和去肠小虾的处理，易发生磷酸盐处理过度，使虾仁形成透明或玻璃状的外观和黏滞的质地。此外，多聚磷酸盐可能在水产品肌肉磷酸酶作用下水解成正磷酸盐，产生的正磷酸盐可与脂肪酸发生皂化反应形成一种特殊的风味。

3. 蛋白质水解产物

蛋白质水解产物也是一种有效的抗冻剂，在一定程度上能抑制水产品蛋白质的冷冻变性，具体如减少鱼糜制品凝胶强度的下降，同时可以增加产品的感官和营养价值。红鱼、鱿鱼和虾的蛋白水解产物，均具有防止肌原纤维蛋白冷冻变性的效果。

随着研究的深入和现代技术的应用，有可能进一步了解水产品冷冻变性机理。探明蛋白质冷冻变性和分子之间的相互作用，寻找防止水产品蛋白质冷冻变性的方法，比如研发新的添加剂品种并进行优化组合，建立水产品蛋白质冷冻变性的防御体系，是解决水产品蛋白质冷冻变性的有效途径。

9.3.3　防止干耗发生

要将冷冻水产品水分损失减低至最少限度，可采取的手段有以下几种。

1. 减少透入冷库的热量

通过冷库周围隔热层和开门等透入冷库的热量，会使库温升高，空气中所含的水蒸气会增加，而水蒸气主要是从库房中存放的水产品中吸收，结果会加重冷冻水产品的干耗现象。因此，提高冷库外围结构的隔热效果，进出冷库及时随手关门、关灯，防止外界热量的传入，可一定程度地减少冷冻水产品的干耗程度。

2. 降低冻藏温度

冻藏室的温度越低，空气达到饱和时所含水蒸气含量越低。这样冷冻水产品中只要有少量冰晶升华即可使空气达到饱和，干耗程度较小且贮藏期延长。然而，维持冻藏室较低的温度，将带来较高的运转费用。综合考虑，推荐采用较低的贮藏温度，如 -30℃；对库房温度波动的幅度和持续时间，应控制在较小范围内。

3. 减少水产品与空气的接触面积

水产品与空气的接触面积越大，干耗程度就越大，因此必须尽量减少水产品与空气的接触面积。常用方法是包被冰衣、采用高密度包装或真空包装等。各种包装方式，对于防止重量损失的能力有很大的差别。目前，一般采用冻块外套透气性小的塑料袋，装箱后进行长期贮藏及流通。

4. 控制空气的流动速度

从水产品表面蒸发出的水分，使水产品表面附近的空气层达到饱和，如果空气不流动，这些饱和的空气层就不再吸收水蒸气。此时蒸发是以扩散的形式进行的，速度缓慢。如果空气运动加快，饱和空气层与干燥层交换，水产品水分蒸发加快，会使产品干耗程度增加。因此，为减少冷冻水产品的干耗，应尽量降低空气的流动速度。

此外，加大冷冻水产品的堆垛密度、提高冻藏间相对湿度（湿度一般在95%以上）、保持室内空气温度稳定、进入冻藏间的水产品温度接近于库内温度等措施，也可以减少冷冻水产品的干耗。

9.3.4 微生物残留控制

在冷冻水产品的加工过程中，由于微生物普遍存在，且冷冻厂内的微生物传播是相当广泛和迅速的，因此必须考虑对微生物进行监控。如微生物监控不力，就会造成冷冻水产品微生物超标或者二次污染，导致冷冻水产品的不合格，这样的产品一旦流入市场，会给人们的饮食健康和饮食安全带来严重的危害。

HACCP体系提供了一种科学的控制水产品危害的方法，避免了单纯依靠检验进行控制的不足。在冷冻水产品加工中，运用HACCP管理模式严格控制致病菌的生长繁殖是非常必要的。

1. 从源头监控微生物

在冷冻水产品生产过程中，对于微生物的监控首先要从源头抓起。选择水源无污染或污染程度较低的地域原料，对冷冻水产品的微生物控制尤为重要。微生物易生长、易传播及繁殖能力强，因而易造成冷冻水产品的二次污染。因此，需重视对工作人员无菌加工理念的培养，重视加工车间和工作人员自身的无菌要求，严格按照冷冻水产品加工工艺进行生产等。此外，还应做好原料的防蝇、防蚊措施，可有效避免蚊蝇带来的微生物源。

2. 生产过程中的微生物监控

①需注意操作间的无菌环境。在生产车间内必须保持车间的清洁，如对受污染原料或废弃原料及时清理，同时采用动态杀菌机对操作间进行杀菌处理，以保持操作间人员、空气的清洁，避免半成品二次污染。②将成品快速包装并及时送到冷冻保鲜库，对于不能及时包装的半成品也应第一时间送到冷冻保鲜库。③定期对生产设备、生产用具进行清洗与消毒。④在冷冻水产品生产过程中加大微生物检测，如扩大微生物检测的取样范围和增加微生物的检测次数等。

在冷冻鱼片生产过程中，鱼片从解冻到再次被冻结大约需40 min，在此时间段内鱼片表面温度基本不超过15℃，在这样温度/时间参数下，细菌生长一般处于迟滞期，就增殖速度来说是相对安全的。

去头南美白对虾加工生产过程中，在去头、去壳、挑肠腺和分级工序中细菌的污染比较严重，有必要加强对以上工序的监控。

在即食冷冻水产品加工过程中，蒸煮是最彻底的灭菌措施。对于冻熟螯虾仁来说，蒸煮温度达到 100℃、时间不少于 5 min，即能杀死螯虾中的所有致病菌，并将非致病性细菌数降到可接受水平。

金黄色葡萄球菌是即食冷冻水产品中主要的二次污染菌，而人的活动是主要污染源。因此，对于即食冷冻水产品来说，除控制车间人员密度以减少污染源总量外，控制产品中心温度、加工环境温度和连续加工时间等是控制金黄色葡萄球菌的关键。例如，在冻熟螯虾仁生产中，操作工人数一般是固定的，车间温度一般在 10℃ 以下，剥虾车间连续加工时间不超 6 h（即每隔 6 h，需对剥虾车间进行一次全面清理与消毒），以切断金黄色葡萄球菌的传播媒介，将车间内可能直接或间接与产品接触表面的细菌数降低到最低限度，产品的卫生质量就会得到较大提高。

3. 运输过程中的微生物监控

冷冻水产品的运输过程，也是微生物监控的重点。在运输过程中，由于脱离了生产车间和存储车间的高度清洁环境，产品与外界环境接触的过程中容易发生微生物的二次污染。因此，在运输中要注意清洗、消毒、防蚊蝇和采用全程冷链环境。对于水产品成品的运输，还要保证运输条件的洁净、无毒、无异味、无污染，尽可能创造清洁、无菌的运输环境才能避免成品的二次污染。

本章小结

1. 冷冻水产品的生产原理：冷冻加工既能保持水产品原有营养及风味，又能延长保质期，但水产品原料种类及品质特性、加工及贮藏方式，严重影响了产品质量，致使产品体积、热物性、机械损伤及蛋白质冷冻变性等现象发生。

2. 冷冻水产品生产过程中存在的质量与安全问题：外包冰衣标准及影响、保水剂磷酸盐类的过量使用、冰晶升华引发干耗甚至"油烧"、部分致病微生物残留问题等。

3. 冷冻水产品生产过程质量与安全控制：依据标准控制外包冰衣厚度；正确使用糖类、复合磷酸盐类和蛋白质水解物等抗冻剂；通过调控贮藏库条件降低产品干耗现象；通过源头、加工及流通过程监控，控制微生物残留及污染问题。

思考题

1. 概述冷冻水产品的加工过程及生产原理。

2. 冷冻水产品常见的质量安全问题有哪些？可采取什么措施？

参考文献

丁晨,谢超,张宾,等.2014.多种糖类添加物对秘鲁鱿鱼肌原纤维蛋白抗冻保水效果及构象变化影响研究[J].海洋与湖沼,45(5):1044-1050.

高世光,郝陶光,金东权.2008.丹东口岸首次从进口冷冻水产品中检出 O1 群霍乱弧菌[J].中国国境卫生检疫,31(4):271-272,275.

关志强,宋小勇,李敏,等.2006.抗冻技术在改善冷冻水产品品质中的应用研究[J].食品研究与开发,27(2):54-57.

李明彦.2008.HACCP 在冻煮龙虾仁生产中的应用研究[D].杨凌:西北农林科技大学.

刘宝林.2010 年 8 月.食品冷冻冷藏学[M].北京:中国农业出版社.

刘伶俐,洪波,杨罗辉,等.2015.冷冻水产品中乙萘酚残留的测定与降解规律[J].分析科学学报,31(2):277-280.

刘鲁林,鲍小丹,许中敏,等.2012.多聚磷酸盐在冷冻水产制品中的应用与法规情况的研究[J].中国食品添加剂,2:137-142.

麻丽丹,王殿夫,金东权,等.2007.丹东口岸进口冷冻水产品中单核细胞增生性李斯特菌的分析[J].中国食品卫生,19(4):320-321.

马璐凯,张宾,王强,等.2014.海藻糖、海藻胶及寡糖对南美白对虾蛋白质冷冻变性的抑制作用[J].现代食品科技,30(6):140-145.

戚勃,杨贤庆,李来好,等.2012.琼胶寡糖对冻虾仁和罗非鱼片品质的影响[J].南方水产科学,8(6):72-79.

沈永年,沃柏林.2011.对冷冻水产品 HACCP 计划中关键点设置存在误区的分析和探讨[J].中国渔业质量与标准,1(2):78-79.

王国琴.2012.冷冻水产品生产过程中微生物的监控[J].生物技术世界,7:19-21.

袁永辉.2009.即食冷冻水产品加工过程卫生质量控制的研究[J].农产品加工·学刊,9:38-40.

第10章 罐藏水产品生产安全控制技术

教学目标

1. 掌握影响微生物耐热性因素、罐藏热杀菌工艺条件的确定。
2. 掌握罐藏水产品生产过程中存在危害及常见质量与安全控制措施。
3. 了解微生物耐热性的表示方法及罐藏水产品的生产过程。

　　本章从罐藏水产品的生产原理入手，详细介绍罐藏水产品中存在的微生物、影响微生物耐热性的因素、微生物耐热性表示方法、罐藏热杀菌工艺条件的确定等，阐述罐藏水产品的生产过程及其中可能存在的危害和关键控制点，同时解析常见罐藏水产品的质量问题，提出一些有效的安全措施。

10.1 罐藏水产品生产原理

罐藏是指食品原料经预处理后，密封在容器或包装袋中，通过杀菌工艺杀灭致病菌、腐败菌等微生物，并维持密闭和真空的条件下，食品能在常温下长期保存的食品保藏方式。

10.1.1 罐藏水产品的微生物学

所有的罐藏水产品都是微生物生长的良好培养基，但并非各类微生物都能在所有的罐藏水产品中很好地生长。微生物的适应性取决于微生物本身特性、水产品酸度及其他化学成分、杀菌温度和时间等。如果罐藏水产品通过加热杀菌达不到商业无菌的要求，罐藏水产品就会引起腐败变质。

1. 罐藏水产品的微生物腐败

凡能导致罐藏水产品腐败变质的各种微生物都称为腐败菌。引起罐藏水产品微生物腐败的途径有：杀菌前微生物污染引起初期败坏、杀菌后二次污染、杀菌不足或嗜热菌的发育繁殖等。曾有人对日本市场销售的罐藏食品进行过普查，在 725 听肉、鱼、蔬菜和水果罐头中发现有活菌存在的各占 20%、10%、8% 和 3%。大多数罐头中出现的细菌为需氧性芽孢菌，曾偶尔在果蔬罐头中发现霉菌孢子，却未发现酵母菌。然而这些罐头并未出现有腐败变质现象，这主要是罐内缺氧环境抑制了它们生长繁殖的结果。若将这些罐头通气后培养，不久罐头就出现腐败变质现象。因此，弄清罐头腐败原因及其菌类是正确选择合理加热和杀菌工艺，避免贮运中罐头腐败变质的首要条件。

2. 微生物的耐热性

各类微生物都有其最适的生长温度，温度超过或低于此最适范围，就影响它们的生长活动，甚至抑制或致死作用。根据微生物对温度的适应范围，可将其分为以下几类：①嗜冷性微生物，最适生长温度 14~20℃；②嗜温性微生物，活动温度范围为 21~43℃；③嗜热性微生物，最适生长温度 50~65.6℃，温度最低限在 37.8℃左右，有的可在 76.7℃下缓慢生长。这类细菌的芽孢是最抗热的，有的能在 121℃下存活 60 min 以上。微生物的耐热性随其种类、菌株、数量、所处环境及热处理条件等的不同而异。影响微生物耐热性的因素有以下几种。

（1）杀菌前的污染情况：水产品从原料进厂到装罐密封，所污染的微生物的种类和数量与原料状况、运输条件、工厂卫生、生产操作工艺条件及操作人员个人卫生等密切相关。微生物的种类不同，其耐热性有明显不同，即使同一种细菌，菌株不同，其耐热性也有较大差异。一般非芽孢菌、霉菌、酵母菌及芽孢菌的营养细胞的耐热性较低，而营养细胞在 70～80℃下加热，很短时间便可杀死。细菌芽孢的耐热性很强，其中又以嗜热菌芽孢为最强，厌氧菌芽孢次之，需氧菌芽孢最弱。同一种芽孢的耐热性又因热处理前的菌龄、生产条件等的不同而不同。霉菌中只有少数几种具有较高的耐热性。酵母菌的耐热性比霉菌低。微生物的耐热性还与微生物的数量密切相关。杀菌前水产品中所污染的菌数越多，其耐热性越强，在同温度下所需的致死时间就越长。

（2）内容物的酸度（pH 值）：水产品的酸度对微生物耐热性的影响很大。对绝大多数微生物来说，在 pH 值中性范围内耐热性最强，pH 值升高或降低都可减弱微生物的耐热性。特别是在偏酸性时，促使微生物耐热性减弱作用更明显。同一微生物在同一杀菌温度，随着 pH 值的下降，杀菌时间可以大大缩短。所以水产品的酸度越高，pH 值越低，微生物及其芽孢的耐热性越弱。酸使微生物耐热性减弱的程度，随酸的种类而异，一般认为乳酸对微生物的抑制作用最强，苹果酸次之，柠檬酸稍弱。由于水产品的酸度对微生物及其芽孢的耐热性的影响十分显著，所以水产品酸度与微生物耐热性这一关系在罐藏水产品杀菌实际应用中具有相当重要的意义。酸度高，pH 值低的水产品杀菌温度低一些，时间可短一些；酸度低，pH 值高的水产品杀菌温度高一些，时间长一些。

（3）内容物的化学成分：①糖：糖有增强微生物耐热性的作用。糖的浓度越高，杀灭微生物芽孢所需的时间越长。糖对微生物芽孢具有保护作用：由于糖吸收了微生物细胞中的水分，导致了细胞内原生质脱水，影响了蛋白质的凝固速度，从而增强了细胞的耐热性。但如砂糖的浓度增加到一定程度时，由于造成了高渗透压的环境反而又抑制了微生物的生长。②脂肪：脂肪能增强微生物的耐热性。因细菌的细胞是一种蛋白质的胶体溶液，有亲水性，其与脂肪接触时，蛋白质与脂肪两相间很快形成一层凝结薄膜，蛋白质被脂肪所包围，妨碍了水分的渗入，造成蛋白质凝固的困难；同时脂肪又是不良导热体也阻碍热的传导，因此增强了微生物的耐热性。③盐类：低浓度的食盐对微生物耐热性有保护作用，其渗透作用吸收了微生物细胞中的部分水分，使蛋白质凝固困难从而增强了微生物的耐热性；高浓度的食盐对微生物耐热性有削弱作用，其高渗透压造成微生物细胞中蛋白质大量脱水变性导致微生物死亡。食盐浓度在 4% 以下时，能增强微生物耐热性；在 4% 时，对微生物耐热性的影响甚微；当浓度高于10%时，微生物的耐热性则随着盐浓度的增加而明显降低。④蛋白质：蛋白质在一定的低含量范围内，对微生物的耐热性有保护作用，高浓度的蛋白质对微生物的耐热性影响极小。⑤植物杀菌素：植物杀菌素是指对微生物具有抑制和杀灭作用的某些植物汁液和分泌出的挥发性物质。含有植物杀菌素的蔬菜和调味料很多：番茄、辣椒、胡萝卜、芹菜、洋葱、大葱、萝卜、大黄、胡椒、丁香、茴香、芥籽及花椒等。若在罐藏杀菌前加入适量的具有杀菌素的蔬菜或调料，可以降低微生物污染率，可使杀菌条件适当降低。

（4）罐藏水产品的杀菌温度：对于某一浓度的微生物来说，它们的致死时间随杀菌温度的提高而呈指数关系缩短。

3. 微生物耐热性的测定与表示方法

1）热力致死速率曲线和 D 值

某一种微生物的细胞，在一定杀菌条件下进行热处理，以加热（恒温）时间为横坐标，以残留微生物数量为纵坐标得一图，即热力致死速率曲线图，它表示残留活菌总数随杀菌时间的延续所发生的变化，如图10-1所示。图10-1中，直线横过一个对数循环所需要的时间（min）就是 D 值（Decimal reduction time），也就是直线斜率的倒数。直线斜率实际反映了细菌的死亡速率。D 值的定义就是在一定处理环境和在一定热力致死温度条件下，某细菌数群中每杀死90%原有残存活菌数时所需要的时间。D 值越大，细菌的死亡速率越慢，即该菌的耐热性越强。因此，D 值大小和细菌耐热性的强度成正比，并随热处理温度、菌种、细菌活芽孢所处的环境和其他因素而异。D 值可以根据图10-1中直线横过一个对数循环所需的热处理时间求得，也可以根据直线方程式求得，因为它为直线斜率的倒数，即：

$$\tau = \frac{1}{m}(\lg a - \lg b)$$

式中，a 为初始菌数；b 为残留菌数。

2）热力致死时间曲线（TDT 曲线）

热力致死时间（Thermal Death Time，TDT）是指热力温度保持恒定不变时，将处于一定条件下的悬浮液或某一菌种的细胞或芽孢全部杀死所必需的最短热处理时间。细菌的热力致死时间，随致死温度而异。它表示了不同热力致死温度时，细菌芽孢的相对耐热性。与热力致死速率曲线一样，若以热处理温度为横坐标，以热处理时间为纵坐标，就得到一条直线，即热力致死时间曲线（图10-2），其表明热力致死规律同样按指数递降进行。Z 值是指直线横过一个对数循环所需要改变的温度数（℃）。换句话说，Z 值为热力致死时间按照1/10，或10倍变化时相应的加热温

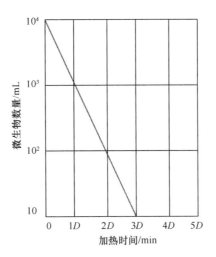

图 10 - 1　热力致死速率曲线

度变化（℃）。Z 值越大，因温度上升而取得的杀菌效果就越小。通常用 121℃（国外用 250F°或 121.1℃）作为标准温度，该温度下的热力致死时间用符号 F 来表示，并称为 F 值。F 值的定义就是在 121.1℃ 温度条件下，杀死一定浓度的细菌所需要的时间，F 值与原始菌数是相关的。由图 10 -2 可以得出下式，

$$\lg \frac{\tau}{\tau'} = \frac{t_0 - t}{Z}$$

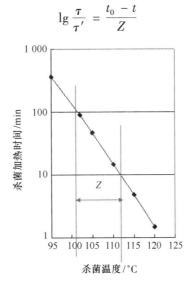

图 10 - 2　热力致死时间曲线

若 $t_0 = 121℃$，则有

$$\lg \frac{\tau}{F} = \frac{121 - t}{Z}$$

3）热力指数递减时间（TRT）

为了计算杀菌时间，也需将细菌指数递减因素考虑在内，将 D 值概念进一步扩大，因而提出了热力指数递减时间(TRT) 概念。TRT 定义就是在任何特定热力致死温度下，杀死某细菌或芽孢数减少到原有残存活菌数的 $1/10^n$ 所需加热时间。$TRT_n = nD$，即曲线横过 n 个对数循环时所需要的热处理时间。TRT_n 值与 D 值一样不受原始菌数的影响。TRT 值的应用为运用概率说明细菌死亡情况建立了基础。如 121℃ 温度杀菌时，$TRT_{12} = 12D$，即经 12Dmin 杀菌后罐内致死率为 D 值的主要杀菌对象 —— 芽孢数将降低到 10^{-12}。TRT_n 与 D 值的关系如下式所示。

$$TRT_n = t = D(\lg10^n - \lg10^0) = nD$$

4）仿热力致死时间曲线

以纵坐标为 D 对数值，横坐标为加热温度，如图 10 - 3 所示，加热温度与其对应的 D 对数值呈直线关系。由该图可以得出下式：

$$\lg \frac{D_2}{D_1} = \frac{t_1 - t_2}{Z}$$

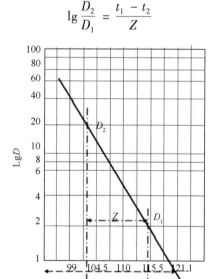

图 10 - 3　仿热力致死时间曲线

由于 $D_2 = nD$，则 D、F、Z 值之间的关系可以通过下式转换。

$$\lg \frac{nD}{F} = \frac{121 - t}{Z}$$

这样，已知 T 温度下的 D 值，Z 值，再针对罐藏产品需要确定 n 值后，就可计算得到相应的 F 值。n 值并非固定不变，要根据工厂和食品的原始菌数或者污染菌的重要程度而定。比如，在美国，对肉毒杆菌，要求 $n = 12$，对生芽梭状芽孢杆菌，$n = 5$。

10.1.2 罐藏的传热

1. 热传导方式

罐藏加工的传热方式主要有导热（传导）、对流和传导、对流结合式 3 种方式（图 10 - 4）。在罐壁或瓶壁的传播当然是属于导热，但在罐内则随内容物的情况而不同，可能是对流，或是导热，或者两者混合进行，对流传热较快，导热较慢。果汁、蔬菜汁以及颗粒较小的清水蔬菜罐头则以对流为主进行传热，静置杀菌时罐内中心温度会很快达到杀菌锅温度；罐头内容物为块形较大的鱼、肉或果蔬时，则多数属对流和导热混合型传热，罐内固体中心温度要达到杀菌锅温度较慢。

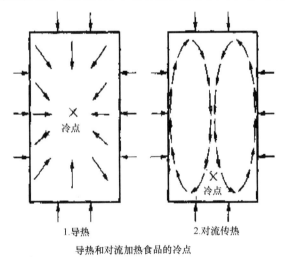

1. 导热　　　　　2. 对流传热

导热和对流加热食品的冷点

图 10 - 4　罐藏加工常见的传热方式

2. 影响传热的因素

热杀菌过程中热量传递的速度受食品的物理性质、包装容器的种类、食品的初温、终温及杀菌温度、杀菌釜的形式等因素影响。

（1）罐内食品的物理性质：与传热有关的食品物理特性，主要是形状、大小、浓度、黏度、密度等。传热的方式不同，罐内食品热交换速度最慢一点（冷点至罐中心温度）的位置就不同。传导传热的冷点一般在罐的几何中心，对流则在罐中心轴上离罐底 20～40 mm 处。对流传热速度快，冷点温度变化也较快，加热杀菌需要的时间较短。影响热穿透食品的主要因素有：产品类型、杀菌锅和物料初温、容器大小及形状、容器类型（金属、复合材料等）及容器是否被搅动等。

（2）罐藏容器物理性质：主要包括容器材料的物理性质和厚度、容器的几何尺寸和容积大小。热量从罐外向罐内食品传递，容器热阻自然要影响传热速度。$\sigma = \delta / \lambda$，容器的热阻 σ 取决于罐壁 δ 和热导率 λ。铝罐比镀锡薄板传热速度慢，又比玻璃罐传热速度快。容器的热阻对微生物的影响，还与罐内食品的传热方式有关。对流传热型食品罐壁的传热速度，是决定加热杀菌时间长短的主要因素。传导型食品内容器传热的快慢，对杀菌时间的影响相对小。容器的大小对传热速度和加热时间的影响，取决于罐头单位容积所占有的罐外表面积及罐壁至罐中心的距离。

（3）罐内食品的初温：初温是指杀菌釜开始加热升温时罐内食品的温度。FDA 要求加热开始时，每一釜杀菌的初温以其中第一个密封完的食品温度为计算标准。一般地，初温越高，初温与杀菌温度之间的温差越小，罐中心加热到杀菌温度所需要的时间越短。由理论计算可知，冷装食品比热装加热时间要增加 20% 左右。

（4）杀菌釜的形式和罐头在杀菌釜中的位置：立式杀菌釜较卧式杀菌釜传热介质流动得相对均匀。远离蒸汽进口的罐头，传热较慢。处于空气袋内的罐头，传热效果更差，所以静止式杀菌必须充分排气。回转式杀菌釜或旋转式杀菌釜，罐内食品易形成搅拌和对流，传热效果好，对于导热—对流结合型食品及流动性差的食品，如糖水水果更为明显。选用回转转速时，不仅要考虑传热速度，还应注意食品的特性。

（5）罐头的杀菌温度：杀菌温度指杀菌时规定杀菌釜应达到并保持的温度。杀菌温度越高，杀菌温度与罐内食品温度之差越小，热的穿透作用越强，食品温度上升越快。

10.1.3 罐藏热杀菌工艺条件的确定

1. 杀菌条件的表达方法

杀菌条件的表达方法可用下式表示，

$$\frac{t_1 - t_2 - t_3}{T} P$$

式中，t_1 为升温时间（min），表示杀菌釜内的介质，由初温升高到规定的杀菌温度所需要的时间（蒸汽杀菌时就是指从进蒸汽开始至毂杀菌温度时的时间，热水浴杀菌时就是指通入蒸汽开始，加热热水至水温达到规定的杀菌温度的时间）；t_2 为恒温杀菌时间（min），即杀菌釜内的热介质达到规定的杀菌温度后在该温度下所持续的杀菌时间；t_3 为降温时间（min），表示恒温杀菌结束后，杀菌釜内的热介质由杀菌温度下降到开釜出罐时的温度需要的时间；T 为规定的杀菌温度（℃），杀菌过程中杀菌釜达到的最高温度；P 为反压冷却时杀菌釜内应采用的反压力（Pa）。

杀菌公式制定原则是在保证罐藏食品安全性的基础上，尽可能地缩短加热杀菌的时间，以减少热力对食品品质的影响。即正确合理的杀菌条件，应该是既能杀灭罐内的致病菌和能在罐内环境中生长繁殖引起食品变质的腐败菌，使酶失活，又能最大限度地保持食品原有的品质。

2. 杀菌条件合理性的判别

罐头杀菌条件的合理性，通常是通过罐头杀菌值（F 或杀菌致死值、杀菌强度）的计算来判别。F 包括安全杀菌 F 值（标准值）和实际杀菌条件下的 F_0 值两个内容。F_0 值指实际条件下的 F 值，即在某一杀菌条件下总的杀菌效果（在实际杀菌过程中罐头中心温度是变化的）。F 值指安全条件下的 F（标准 F 值）值，即在某一恒定的杀菌温度下（通常以 121℃ 为标准温度）杀灭一定数量的微生物或芽孢所需要的加热时间，被作为判别某一杀菌条件合理性的标准值。若 $F_0 < F$，说明该杀菌条件不合理，杀菌不足或杀菌强度不够，罐内食品有可能出现因微生物作用引起的变败，应该适当地提高杀菌温度或延长杀菌时间；若 $F_0 = F$，说明该杀菌条件合理，达到了商业灭菌的要求，在规定的保存期内罐头不会出现微生物作用引起的变败，是安全的；若 $F_0 \gg F$，说明杀菌过度，使食品遭受了不必要的热损伤，杀菌条件也不合理，应适当降低杀菌温度缩短杀菌时间，以提高和保证食品品质。

3. 安全杀菌 F 值的计算

各种罐藏食品的安全杀菌 F 值，随其原料的种类、来源及加工方法、加工卫生条件的不同而异。首先，必须弄清食品在杀菌前的情况。先对罐内食品进行微生物检测，检出经常被污染的微生物种类和数量，并切实地制定生产过程的卫生要求，以控制污染程度。选择一种耐热性最强的腐败菌或致病菌作为该罐头的杀灭对象（对象菌）。所选的对象菌必须具有代表性，做到只要能杀灭这一对象菌就能保证杀灭罐内的致病菌和能在罐内环境中生长的腐败菌，达到商业灭菌的要求。对象菌的耐热性是计算安全杀菌 F 值的依据之一。一般地，pH 值大于等于 4.6 的低酸性食品，首先应以肉毒梭状芽孢杆菌为主要杀菌对象；对于某些常出现耐热性更强的嗜热腐败菌或平酸菌的低酸性罐头食品，则应以该菌为对象菌。而 pH 值小于 4.6 的酸性食品，则常以一般细菌（如酵母）作为主要杀菌对象。某些酸性食品如番茄及番茄制品中，也常出现耐热性较强的平酸菌如凝结芽孢杆菌，此时应以该菌作为对象菌。经过微生物检验，选定了对象菌，知道了所污染对象菌的菌数及耐热性参数（D）值，按下式计算安全杀菌 F 值：

$$F_t = D_t(\lg na - \lg nb)$$

式中，F_t 为在恒定的热杀菌温度（通常取标准温度 $t = 121℃$）下杀灭一定浓度的对象菌所需要的加热杀菌时间（min）；D_t 为在恒定的热杀菌温度 t 下，使 90% 的对象菌死灭所需要的加热杀菌时间（min）；na 为杀菌前对象菌的菌数（或每罐的菌数）；nb 为杀菌后残存的活菌数（或罐藏的允许变败率）。

F 安全值是指在恒定温度下的杀菌时间，即在瞬间升温、瞬间降温冷却的理想条件下的 F 值。而在实际生产中，各种罐藏都必须有一个升温、恒温和降温的过程，在整个杀菌过程中各温度（一般从 90℃ 开始计）对微生物都有致死作用。因此，只要将理论计算的 F 安全值合理地分配到实际杀菌的升温、恒温和降温 3 个阶段中去，就可制定出合理的杀菌条件。

10.1.4　杀菌时罐内外压力的平衡

1. 影响罐内压力变化的因素

罐内压力变化主要受罐藏食品的性质、温度、容器性质、顶隙空间、杀菌和冷却过程等因素影响。

（1）罐藏食品性质、温度等的影响：食品组织中含有气体，在加热过程中从食品组织中释放出来，使罐内压力增高。气体逸出量与食品的性质（成熟度、新鲜度、含气量等）、预热处理温度及杀菌温度有关。食品中的溶解气体因温度的升高而溶解度降低，部分气体从食品中逸出。罐内食品在加热时膨胀，体积增大，使罐内顶隙减小而引起罐内压力增加。体积膨胀程度与食品的性质有关，还与食品的初温和杀菌温度有关。

（2）容器性质的影响：加热杀菌时，空罐体积由于受热膨胀而增加，增加量随材料种类的不同而不同。金属罐的变化还与容器的尺寸、罐盖形状和厚度有关，也与罐内外压力差的大小有关。

（3）顶隙空间的影响：罐内产生的压力与顶隙空间大小有关，顶隙空间又与食品装填度有关。产品的装填度根据产品要求和食品性质而定。

（4）杀菌和冷却过程的影响：在热杀菌时由于受热罐内食品膨胀，食品组织中空气释放、部分水分汽化等造成罐内压力增大，从而造成空罐容器变形，变形程度主要取决于罐内外压力差。

杀菌过程要经历3个阶段，在这3个阶段罐内外压力的变化情况：①升温阶段，罐内压力由于罐内食品、气体受热膨胀及水蒸汽分压提高而迅速上升，但此阶段杀菌釜内加热蒸汽压力也在迅速上升，因此罐内外压力差并不大，对容器的变形影响也不大。②恒温阶段，杀菌温度保持不变，其压力也基本稳定不变；罐内食品及气体稳定仍在继续上升，罐内压力也继续上升，罐内外压力差随之增加；③冷却阶段，杀菌釜内温度与压力因蒸汽阀的关闭和冷却用水的通入而迅速下降，罐内压力缓慢下降，因此罐内外压力差迅速增大，从而造成容器变形和损坏。为减少冷却阶段罐内外压力差防止容器变形、损坏玻璃罐跳盖等现象，常采用反压冷却。

2. 热杀菌时罐内压力的计算

加热杀菌时，罐内压力实际为罐内蒸汽分压和空气分压之和。

3. 杀菌釜的反压力

临界压力差（$\Delta p_{临}$）是指罐内外压力差达到某一程度时，会引起罐藏容器变形、跳盖等现象时的压力差。允许压力差（$\Delta p_{允}$）是指为防止罐藏容器产生变形和跳盖而设置的一个小于临界压力差的罐内外压力差。镀锡薄板罐的临界压力差和允许压力差与容器直径、铁皮厚度、底盖形式等因素有关。为了避免容器的变形和跳盖，常在杀菌冷却时向罐内通入一定的压缩空气压补充压力，以平衡罐内、外压力，这部分补充压力称为反压力。

杀菌釜内反压力的大小为杀菌釜内总压力（蒸汽压力与补充压力之和）等于或稍大于罐内压力与允许压力差 $\Delta p_{允}$ 的差，即：

$$p_{釜} = p_{釜蒸} + p_{反} \geqslant p_2 - \Delta p_{允}$$
$$p_{反} = p_2 - p_{釜蒸} - \Delta p_{允}$$

反压杀菌冷却时，所补充的压缩空气应使杀菌釜内压力恒定，一直维持到镀锡罐内压力降到 $1 + \Delta p_{允}$ 大气压，玻璃罐内压力降到常压时才可停止供给压缩空气。

4. 真空度及影响真空度的因素

罐藏食品真空度是指罐外的大气压与罐内气压的差，即真空度 = 大气压 − 罐内残留压力，常用 Pa 表示。影响真空度的因素包括排气温度时间、食品密封温度、罐内顶隙大小、食品原料新鲜度、食品酸度、外界气温变化、外界气压变化等。真空度的检测方法主要有破坏性和非破坏性检测两种。破坏性检测是指用特制的真空表测定容器内部的真空度，该方法为检验部门常用。非破坏性检测有打检法、真空度自动检测仪和Toptone真空检测器测定法。"打检"是用特制的小棒敲击罐底盖，根据棒击时发出的清、浊声来判断容器真空度的大小。真空度自动检测仪是一种光电技术检测仪，利用凹面镜聚焦产生光点，光亮度与凹面的曲率有关；真空度越低，凹面的曲率半径就越大。Toptone真空检测器是利用声学原理来检查单个容器或封在纸盒里的容器及包装食品的真空度。

10.2 罐藏水产品生产过程中存在的危害分析

10.2.1 罐藏水产品的生产过程

1. 原料的保藏和预处理

水产品原料保障是罐藏水产品加工最重要的条件。首先必须做好水产品原料的验收和选择工作，采用新鲜度好的原料是保证产品质量的先决条件。由于罐藏产品生产是工业化的规模生产，因此，作为罐藏水产品的原料，除部分采用新鲜原料外，大都需进行保藏后再供加工。水产品等动物性原料多采用冻结保藏或低温保藏方式。若它们是冻结保藏的，在投产前首先须进行解冻，然后进行挑选和分级，剔除不合格原料，同时根据质量、鲜度、大小等分为若干等级，以利于加工工艺条件的确定。挑选分级后原料，再分别进行清洗、去鳞、去皮、去头尾、去内脏、去骨等处理，然后根据各类产品规格要求，分别进行切块、切条、切丝等预处理，或进一步进行预煮、油炸、烹调等处理，才可送去装罐。

2. 装罐

1）容器清洗

根据水产品的种类、性质、处理方法及产品规格要求等选用合适的容器。由于容器上容易附着微生物、油脂、污物和残留的焊药水等，有碍卫生，为此在装罐之前必须进行清洗和消毒。清洗的方法视容器种类而定，一般大多采用机械清洗法。

2）装罐

水产品原料经处理后应尽快装入容器，装罐必须符合以下要求：①装入的罐要求质量基本一致，但各种鱼类因部位不同，质量也有差异，因此在装罐时应注意质量搭配。②装入的水产品必须符合规定的重量或容量。过少不符合规格，过多会使原料消耗增加，有时还会引起假胖听现象。一般允许稍有超出，有些罐藏产品还有固形物重量要求，则应该注意对固形物和汤汁分别按不同称量要求加以控制。③装罐时必须保持一定的顶隙，一般控制在 6～10 mm。顶隙的大小会影响排气效果，因而会影响真空度和腐蚀状况。④要及时装罐，经处理合格的半成品应及时装罐，不得堆积过多，否则容易造成微生物的发育繁殖，影响产品质量。⑤装罐时必须十分重视清洁卫生，并应严格防止夹杂物混入罐内，以免造成产品的不合格。

3）预封

有的罐藏食品装罐后，在排气前要先进行预封。所谓预封就是用封口机将罐身初步钩连上，其松紧程度以能使罐盖沿罐身旋转而不会脱落为度。此时，空气能流通，在热排气或在真空封罐过程中，罐内的气体能自由流通，而罐盖不会脱落。

4）排气

装罐后、密封前应尽量将罐内顶隙、原料组织细胞内及间隙间的气体排除，通过排气不仅能使罐藏容器在密封、杀菌冷却后获得一定真空度，而且还有助于保证和提高罐藏质量。排气作用有：防止需氧菌和霉菌的生长繁殖，有利于食品色、香、味的保存，减少维生素和其他营养素的破坏，防止或减轻贮藏过程中罐内壁腐蚀，有助于"打检"等。

具体排气方法有：加热排气、真空密封排气、蒸汽喷射排气和气体置换排气法。加热排气是将装好的罐头（未密封）通过蒸汽或热水进行加热，或预先将食品加热后趁热装罐，利用罐内食品受热膨胀和产生的水蒸气以及罐内存在的空气本身的受热膨胀，而排除罐内空气，排气后立即封罐。该法能使内容物组织内部的空气得到较好的排除，利用热胀冷缩来获得一定的真空度，且有某种程度的脱臭作用，这一点对于罐藏水产品来说具有较好的优越性，同时还能起到部分加热杀菌作用。然而，该法对于食品的色香味有不良影响，尤其对热敏食品不适用，而且该法总的热量利用率较低。真空密封排气是一种借助于真空封罐机将罐头置于真空封罐机的真空仓内，在抽气的同时进行密封的排气方法。该法已广泛应用于水产、肉类、果蔬等罐头的生产。凡汤汁少、空气含量多的罐头，采用该法排气效果很好；尤其对热敏食品，可在常温下排气。该法还具有时间短、效率高、不使用排气箱、节约蒸汽消耗、对食品的营养成分和色香味影响很小的优点。但是由于在真空室内的抽气时间很短，只能排除顶隙部分的空气，食品内部的气体则难抽除，因而对食品组织内部含气量高的食品，最好在装罐前先对食品进行抽空处理。蒸汽喷射排气是在封罐的同时向顶隙内喷射具有一定压力的高压蒸汽，用蒸汽驱赶、置换顶隙内的空气，当密封、杀菌冷却后顶隙内的蒸汽冷凝而形成一定的真空度。采用该法时，罐内必须留有一定的顶隙，顶隙的大小直接影响罐头的真空度。此法不能抽除食品组织内部的气体，组织内部气体含量高的食品、表面不允许湿润的食品不适合且此法排气。气体置换法是用二氧化碳或氮气喷射顶隙，置换掉顶隙中的空气，以达到去氧的目的。

5）密封

密封能使罐内食品与外界完全隔绝而不再受到微生物的污染。排气后立即封罐，是罐藏生产的关键性措施。采用封罐机将罐身和罐盖的边缘紧密卷合，这就称为密封。不同种类、不同型号的罐使用不同的封罐机，封罐机的类型很多，有半自动封罐机、自动封罐机、半自动真空封罐机、自动真空封罐机等。金属罐的密封主要采用二重卷边，即使罐身和罐盖相互卷合，压紧而形成紧密重叠的卷边的过程。玻璃瓶的密封要求封口结构简单，开启方便，主要包括卷封式玻璃瓶的密封、旋开式玻璃瓶的密封、套压式玻璃瓶的密封。

6）杀菌和冷却

杀菌是罐头生产过程中的重要环节，决定罐藏食品保存期限的长短。杀菌的目的和要求是通过加热等手段杀灭罐内食品中的微生物。商业灭菌（Commercial sterilization）是指将病原菌、产毒菌及在食品上造成食品腐败的微生物杀死，罐头内允许残留有微生物或芽孢，要求在常温无冷藏状况的商业贮运过程中，在一定的保质期内，不引起食品腐败变质。严格控制杀菌温度和时间，就成为保证罐藏食品质量极为重要的事情。通过杀菌首先考虑消灭食品中的肉毒杆菌，因其能产生肉毒毒素，从而引起严重的食物中毒。它的耐热性较强，罐藏食品的杀菌如能达到杀灭肉毒杆菌，那么一般可使腐败微生物以及一些对人体健康有害的微生物被杀灭。因此，其往往被作为罐藏食品杀菌的对象菌来考虑。罐头加热杀菌处理，在杀灭有害微生物的同时，对某些产品品种还具有一定的蒸煮作用，能增进风味和软化组织，例如有些水产类罐头通过杀菌以后，产品组织较佳，具有良好的风味。

常用的杀菌方法有：静止间歇式杀菌、连续式杀菌和其他杀菌技术。静止间歇式杀菌又包括静止高压杀菌和高压蒸汽杀菌，其中静止高压杀菌是肉禽、水产及部分蔬菜等低酸性罐藏食品所采用的杀菌方法。连续式杀菌包括常压连续杀菌器、水封式连续菌和静水压杀菌器。其他常见的杀菌技术又包括回转式杀菌器、火焰杀菌器、无菌装罐设备和"闪光18"杀菌法。

长时间的热作用会造成食品色泽、风味、质地及形态等的变化，使食品品质下降。因此，杀菌的罐头应立即冷却，如果冷却不够或拖延冷却时间会引起不良现象的发生：①罐头内容物的色泽、风味、组织、结构受到破坏；②促进嗜热性微生物的生长；③加速罐头腐蚀反应。罐头杀菌后一般冷却到38～43℃即可。因为冷却到过低温度时，罐头表面附着的水珠不易蒸发干燥，容易引起锈蚀；冷却只要保留余温足以促进罐头表面水分的蒸发而不致影响败坏即可。此外，冷却实际操作温度，还要根据外界气候条件而定。

罐头的冷却方法可分为：加压冷却（反压冷却）和常压冷却。加压冷却即在通入冷却水的同时通入一定的压缩空气。而常压冷却是在流动的冷却水中浸冷，或喷淋冷却。冷却时应注意一般要求冷却到38～43℃，尚有余热，以蒸发罐头表面的水膜，防止罐身生锈。还需注意冷却用水的卫生状况。玻璃瓶罐头应采用分段冷却，并严格控制每段的温差，防止玻璃罐炸裂。

7）检验和贮存

（1）检验：罐藏食品在杀菌冷却后，经保温或贮藏后，必须经过检验、衡量各种指标是否符合标准，是否符合商品要求，并判定成品质量和等级。外观检查主要包括密封性能检查、底盖状态检查和真空度测定。感观检验包括罐头内容物的色泽、风味、组织形态、无形杂质等。细菌检验是将罐头抽样，进行保温试验，检验细菌。为了获得准确的数据，取样要有代表性。化学检验包括总重、净重、汤汁浓度、罐头本身条件等评定和分析。重金属与添加剂指标检验包括重金属指标：$Sn < 200$ mg/kg；$Cu < 10$ mg/kg；$Pb < 2$ mg/kg；$As < 0.5$ mg/kg。添加剂指标按国家标准执行。保温检查罐藏食品如因杀菌不充分或其他原因而有微生物残存时，一遇到适宜温度，就会生长繁殖而使罐藏食品变质。除某些耐高温细菌不产生气体外，大多数腐败菌都会产生气体而使罐体膨胀。根据这个原理，用保温贮藏方法，给微生物创造生长繁殖的最适温度，放置到微生物生长繁殖所需的足够时间，观察罐体是否膨胀，以鉴别罐头质量是否可靠、杀菌是否充分。保温检验温度和时间，应根据罐藏食品种类和性质而定，一般采用37℃和55℃两种温度进行检验。水产类罐头采用（37±2）℃保温7昼夜的检验法，要求保温室内温度均匀一致。

（2）贮存：罐藏食品的贮存涉及问题很多，首先是仓库地位选择，要便于进出库的联系；库房的设计要便于操作管理，防止不利环境因子的影响；库内的通风、光照、加热、防火等均要安排以利于工作和保管的安全。贮存库要有严密的制度，按顺序编排号码，安置标签，说明产品名称、生产日期、批次和进库日期或预定出库日期。管理人员必须详细记录，便于管理。贮存库要避免过高或过低的温度，也要避免温度的剧烈波动。空气温度和湿度变化是影响罐身生锈的主要条件，因此，在仓库管理中，应防止湿热空气流入库内，避免含腐蚀性的灰尘进入。对贮存的罐头应经常进行检查，以检出损坏漏罐，避免污染好罐。

10.2.2 罐藏水产品的主要腐败变质现象

罐藏水产品败坏的原因可归纳为两类，即理化变化和微生物败坏，主要的败坏象征有胀罐、平酸败坏、黑变和发霉等。

1. 胀罐

由于物理、化学和微生物等因素致使罐体出现外凸状的现象，称为胀罐或胖听。产生因素有3类：①物理性胀罐（假胀）：是由于顶隙小、真空度低及冷却时反压小等；②化学性胀罐：酸度高造成腐蚀，出现氢罐；③细菌性胀罐：是由于细菌作用产生气体而形成的内压超过外界大气压。

2. 平酸败坏

主要是由于细菌生长繁殖过程中产酸，使食品酸度增加，呈轻微或严重酸味，pH 值甚至可降至 $0.1 \sim 0.3$。由于平酸菌败坏不产生气体，罐体外观正常，不变形，需开罐或经细菌分离培养后才能确定，消费者不易辨认。

3. 黑变

硫蛋白质含量较高的罐藏食品，在高温杀菌过程中分解产生挥发性硫，或者微生物生长繁殖致使食品中的含硫蛋白质分解产生硫化氢气体，进而与金属罐罐壁中的铁质反应生成黑色的硫化物，沉积于罐内壁或食品上，使食品出现黑色并呈臭味。

4. 长霉

正常情况下，罐头是密封的，霉菌不可能生长，只有当容器损坏时才可能长霉。生产过程中，可能因为原料不新鲜或没有及时加工，致使食品物料在密封杀菌前已长霉，此时可镜检发现残存的霉菌菌丝体。

10.2.3 罐藏水产品腐败变质的原因及对策

1. 初期腐败

这是因封口后等待杀菌的时间过长，罐内微生物生长繁殖使得内容物腐败变质，杀菌后可呈轻胀状，但经过取样培养并不能检出活菌，镜检则可见大量的残菌体。初期腐败可因罐内真空度下降，而使容器在杀菌过程中变形甚至裂漏。所以，要科学安排生产，避免长时间推迟杀菌时间。还应把好原料质量关及清洗关，做好加工设备和场所的卫生工作，严格按水产品的良好生产规范（GMP）生产操作。

2. 杀菌不足

如果热杀菌没能杀灭在正常贮运条件下可以生长的微生物，则会出现腐败变质现象。在这种情况下，检测分离得到的腐败菌种较为单一，也较耐热。造成杀菌不足的原因，一是未正确地制订该产品及容器的杀菌公式，二是因机械设备或操作人员未能严格执行杀菌公式。杀菌不足可能使有害微生物（如肉毒杆菌）生长从而造成腐败变质，因此应严格按杀菌规程进行加热杀菌。

3. 杀菌后污染

杀菌后污染俗称裂漏，在冷却过程中及以后从外界再侵入的微生物会很快在容器内繁殖生长，并造成胀罐（有时无胀罐现象）。对因裂漏而引起腐败的罐头进行微生物检验，发现生长的微生物种类很杂，尤其是有不耐热微生物的存在或需氧微生物的存在（如霉菌），这与卷边质量、杀菌时罐内外压差以及冷却用水的卫生质量有关。解决裂漏的关键是要做好罐头的卷边密封工作。

4. 嗜热菌生长

土壤中的某些芽孢杆菌可在很高的温度范围内生长，甚至有的经过121℃、60 min的杀菌还能存活。因此，若罐内污染有嗜热菌，则一般的杀菌处理很难将嗜热菌全部杀灭。嗜热菌会使罐头内容物腐败变质而失去食用价值，但不会产生对人体有害的毒素。解决对策一是注意控制原料的污染；二是罐头杀菌后应立即冷却到40℃以下，并在不超过35℃的条件中贮运。因为嗜热菌适宜的生长温度范围为50～60℃（有些为38～50℃），较低的温度可以有效抑制其生长。

10.2.4 罐藏水产品生产过程中存在的危害分析

从产品性质上看，养殖类和海捕类水产品罐头都存在罐藏食品的普遍性危害，如密封性能差、杀菌强度不足、食品添加剂滥用、容器加工助剂残留等。从原料来源上看，养殖类水产品罐头主要风险体现在养殖药物残留问题，而海捕类水产品罐头主要风险则体现在组胺（青皮鱼类）及重金属超标问题上。

1. 原料中可能存在的风险

（1）药物残留：养殖户违规使用禁用药，可能导致硝基呋喃类、孔雀石绿、氯霉素、结晶紫、氟喹诺酮类等药物残留超标。

（2）环境污染物超标：养殖类水生动物受限于养殖环境和水域的污染，致使环境污染物指标，特别是重金属、贝类毒素指标可能出现超标情况。

有毒海藻生成后，被滤食性的双壳贝类摄食，毒素在贝类体内累积而形成贝毒素。常见的赤潮或有毒海藻的暴发，是造成养殖双壳贝类毒素超标的主要原因。每年端午前后，养殖海域的定期性赤潮，则会对养殖海产品的食品安全造成严重威胁，在未严格追溯供货来源的情况下，含有超量贝毒素的双壳贝类有可能因此被带入罐头生产过程中。因此，贝毒素的残留监控就是养殖双壳贝类的风险监控点。

重金属来源主要有：①甲基汞：当含汞废水排入水体后，可以伴随颗粒物沉积于水底，通过微生物体内的甲基钴氨酸转移酶的作用将汞甲基化。由于食品链的生物富集和生物放大作用，鱼体中甲基汞浓度可以达到很高的水平。鱼体不仅从水体中摄取甲基汞，而且鱼体表面微生物也可使无机汞甲基化而蓄积。水体污染越严重，甲基汞富集的比例越高。②无机砷：砷与汞相似，可以被微生物甲基化，形成有机砷。水产品中含无机砷较高的主要有海带、紫菜、甲壳贝类以及鱼类。近年来，由于近海污染，致使天然产的藻类、甲壳贝类中无机砷含量比人工养殖的同类产品高。③镉：在自然界中以硫镉矿形式存在，并常与锌、铅、铜、锰等矿共存。伴随着人类开矿冶炼过程，大量镉污染环境，进入水体中。一般而言，水产品中的内脏，尤其是肝脏等器官镉富集比较集中。④铅：铅在自然界中和其他元素以盐的形式广泛分布，当人为的开矿冶炼、工业化生产、使用或燃烧含铅物质等时，铅均会对环境造成污染。水产品中铅含量高低顺序依次是：软体动物、甲壳动物、鱼类，这些均与环境污染有关。

（3）组胺超标：青皮鱼类的组胺危害是重要的潜在危害，这一危害存在于原料收购和加工过程中。原料验收把关不严可能导致组胺超标的原料进入加工环节，造成成品组胺超标。青皮鱼类罐头因为组胺超标或感官腐败而被进口国官方判定不合格的案例屡有发生。

2. 加工过程可能存在的危害

（1）添加剂滥用：个别生产企业为确保罐藏水产品的产品外观和口感，可能会违规添加食品添加剂（如 EDTA 钠盐和亚硫酸盐等），造成产品添加剂使用不当。以我国出口欧盟的食品为例，2005—2008 年期间出口欧盟的罐藏食品因使用食品添加剂超标和未批准使用品种而被通报的有 35 宗。其中 22 宗属于超标使用，涉及超标的食品添加剂包括亚硫酸盐、苯甲酸、山梨酸、诱惑红、日落黄；其中 13 宗为使用未批准的品种，涉及食品添加剂有赤藓红、柠檬黄、糖精、胭脂树橙。

（2）加工助剂污染：这类污染主要包括游离酚、游离甲醛、氯乙烯单体、邻苯二甲酸酯、双酚 A、二氧化硅及重金属等。不论是玻璃瓶或盖、马口铁空罐或盖或是铝制容器，在生产过程中都会加入相关的加工助剂，以提高其工艺性能。从食品安全角度来说，一部分有毒有害物质就可能随着加工助剂的不当使用而进入食品中。国内玻璃瓶盖垫圈中的增塑剂大部分是邻苯二甲酸酯（DEHP，也称 DOP）。DEHP 是目前日常生活中使用最广泛且毒性较大的一种酸酐酯。随着时间的推移，这类物质会慢慢从塑料制品中迁移出来而进入食品，危害人体健康。

（3）蒸煮冷却不当：蒸煮冷却可以降低杀菌负担。然而由于蒸煮操作不当，引起温度波动及蒸煮时间不足以及冷却不及时、冷却水温过高、冷却水量不足或冷却水细菌超标等，都会引起微生物的污染。为此，要求严格控制蒸煮温度和时间，及时冷却，有条件时可以对冷却水采用紫外线或臭氧消毒。

（4）封口不当：封口是软罐头加工的一个重要环节，封口不当会引起某些部位形成棱角或在杀菌时封口处开裂，致使杀菌失败或导致软罐头在贮存过程中酸败胀袋。为此，必须严格控制真空度，调整好热合温度与时间。

（5）杀菌不足：杀菌过程是罐头生产的关键，它是保证罐藏水产品质量的最关键环节。杀菌不足，会造成细菌在贮存过程中增殖，致使罐头酸败胀袋；杀菌过度，会造成产品风味和营养下降。这就要求罐头生产者必须严格执行杀菌公式，做好杀菌记录，在每锅杀菌过程中，严格掌握手记记录和自动温度记录。

（6）加工用水污染：加工用水是微生物污染罐藏食品的主要途径及重要的污染源，由于加工过程中清洗、冷却等环节不当，引起微生物的污染，从而影响产品质量。为此，加工用水必须符合生活饮用水标准，必要时可采用紫外线或臭氧对水源消毒。

（7）包装材料选择不合适：包装材料是产生微生物危害的又一环节，对产品质量和保质期都有一定的影响，因而必须具有良好的热封性、耐热性、耐水性和隔绝性。在对其进行危害分析时，应检查是否密封、折损和热封性，因为上述因素都可导致罐头内容物的再次污染，使内容物腐败变质，产品发生恶臭、胀袋等现象。

（8）加工人员、车间环境和加工器具卫生状况不良：加工人员、车间环境和加工器具等卫生状况也会造成微生物的污染。必须加强工人的卫生管理，采用定期和进入车间消毒制度，减少操作工人手和上呼吸道感染的带病率，降低罐藏水产品再污染的机会；加强车间环境卫生的消毒管理工作，采用紫外照射和消毒剂喷雾相结合的消毒方式，减少空气中细菌残留量；提高在低温环境下车间空气的流动量，将细菌的污染率降低到最低程度；坚持台面、工器具的洗刷消毒制度，台面、工器具必须冲洗干净后，再进行消毒工作。

10.3 罐藏水产品生产过程质量与安全控制

10.3.1 水产罐藏食品种类

罐藏水产品按原料、加工及调味方法，可以分为油浸（熏制）类、调味类、清蒸类、茄汁类、鱼糜类罐头。油浸类水产罐头是指将经处理后的原料预煮（或熏制）后装罐，再加入精炼植物油而制成的罐藏产品，如油浸烟熏鳗鱼。调味类水产罐头是指将处理好的原料盐渍脱水（或油炸）后装罐，加入调味料而制成的罐藏产品，其又可分为红烧、五香、葱烧、鲜榨、茄汁、豆豉、酱油等，如豆豉鲮鱼。清蒸类罐头是指将处理后的原料经预煮脱水（或在柠檬酸水中浸渍）后装罐，再加入精盐、味精而制成的罐藏产品，如清蒸对虾。茄汁水产罐头的生产工艺大体和生装脱水的清蒸水产罐头生产工艺相似，只是增加了配茄汁工序。冷冻鱼糜在水产制品中占有很大的比例，为了便于保藏、运输和食用方便，部分鱼糜制品如鱼肉火腿、鱼肉香肠、鱼圆、调味鱼糜等加工成罐藏食品。

10.3.2 罐藏水产品常见质量问题与安全控制

罐藏水产品也像其他罐藏食品一样，在加工和贮藏过程中受本身条件和外界条件的影响，而使罐内水产品乃至包装容器发生物理或化学品质上的变化。包括内容物营养成分改变、食品色泽、风味以及形态变化，有的还产生结晶及沉淀等杂质。下面介绍罐藏水产品中常见的一些质量问题，分析这些问题产生的原因，应采取的控制措施。

1. 营养成分和感官品质的变化

1）热杀菌对营养成分的影响

蛋白质的变性凝固除了受 pH 值、氧化、还原、酸、碱（尿素）、表面活性剂及有机溶剂等化学因素影响外，高温加热的影响作用更为明显。温度升高，蛋白质肽链中维持内部构造的氢键、疏水键等断开，肌原纤维的肌球蛋白和肌动球蛋白变化引起分子凝聚。尤其是在温度 100℃ 以上时，肌原纤维蛋白质发生很大的结构变化，甚至引起分解。如用 115℃ 加热 80 min 的原汁鲑鱼罐头，肌肉组织变差。这种蛋白质的变性凝固，使鱼肉中大约 1/3 水分、5% 蛋白质及 40% 其他含氮物质流入汤汁中。鱼肉的结缔组织（如鱼皮、鳞、骨）中的胶原蛋白加热到 30～60℃ 时，长度会收缩，温度再升高便吸水膨胀，分解成明胶。明胶有易于消化并有汇集食品风味作用。而结缔组织中的弹性蛋白因具有特异的桥键，有稳定的高级结构，即使加热温度高也不易水解。

高温杀菌也会引起脂肪的氧化和分解。温度、光线、金属离子等因素都能促进脂肪的氧化和分解。脂肪在高温加热时也会发生聚合作用，油脂黏度增加，但若不与分子状氧共存，即使是高度不饱和脂肪也不会引起明显的氧化劣变。罐藏水产品如在较高真空度下加热杀菌，内容物所含磷脂虽有某种程度的水解，但几乎不发生脂肪氧化。因而，对沙丁鱼、鲐鱼之类的红肉多脂鱼的罐藏，采用较高真空度可减少因脂肪氧化所产生的挥发性氧化产物。

鱼肉组织特别是肝脏中脂溶性维生素 A 和维生素 D 的含量较高。一般情况下，维生素 A 对热烫、高温杀菌处理均相当稳定。维生素 D 对氧、热、酸及碱也较稳定，但脂肪的酸败可影响维生素 D 含量。水溶性维生素 B_1（硫胺素）在热烫预煮和杀菌过程中有一半被分解而损失，但它在酸性条件下却很稳定，因而茄汁鱼比清蒸鱼罐头更有利于保存维生素 B_1。维生素 B_2（核黄素）在湿热条件下很易分解，故高温长时杀菌 B_2 损失较多。维生素 B_5（烟酸）最为稳定，它不受光、热、氧所破坏。

2）贮藏对营养成分的影响

在贮藏过程中，蛋白质稍有减少，脂肪在长期（如 3 a）贮藏后碘价降低，酸价升高。贮藏期的长短对鱼类罐头的风味也有影响，通常须经一段时间的成熟期，各成分达到一定平衡后才能获得最佳风味。如清蒸鱼罐头经 3～6 个月后，口感咸淡适中。茄汁鱼罐头也须经 6 个月，肉与汁的鲜香味趋于醇和。油浸鱼要经过半年至

1 年后，精制油渗入肌肉并和鱼油的食味调和，产生特有的香气，同时肉质软化，肉色渐变黄色，表皮变暗褐色，骨也被浸润而变得酥软。

2. 罐藏水产品常见质量问题与安全控制

1）水产类罐头易出现的颜色变化

（1）硫化物引起的黑变：鱼贝虾蟹罐头在高温杀菌中，将蛋白质含量较高的含硫氨基酸如胱氨酸、半胱氨酸分解形成的硫化氢，进而与罐内壁的锡、铁作用而产生紫色硫化锡与黑色硫化铁，因而污染罐内食品。对于不新鲜的原料，由于氨的产生，在碱性环境下挥发性硫增多，黑变尤为严重。对于蟹肉罐头，既使用硫酸纸包装，也可能发生蟹肉黑变，这是由于蟹肉血清蛋白中含有铜离子。可采取措施有：控制原料新鲜度；严禁与铁、铜等器具接触，注意用水及配料；煮鱼或装罐时加少量有机酸；采用抗硫涂料；严格检查空罐及橡胶垫圈的质量；严格控制内容物 pH 值在 6 左右。

（2）茄汁水产罐头茄汁色泽变暗：它是在杀菌后或贮藏过程中形成的，形成原因：①由于茄汁质量差，番茄红素受热氧化褐变；②由于加工方法不当，如解冻、清洗过程中未将鱼体中的血污、黑膜除尽而渗入茄汁中变黑；③由于加入辅料成分的影响，番茄酱中加入的胡椒、丁香等香辛料含较多单宁物质，它们在长时间加热下会使香辛料水变成黄褐色，影响茄汁颜色；④杀菌条件不当，如装罐后未及时杀菌，恒温时间超温及冷却不充分均会破坏番茄红素；⑤由于贮藏气温高，室温超过 30℃褐变反应成倍增长。为防止茄汁色泽变暗，可采取措施有：采用盐渍法；装罐时注入冷的茄汁，然后真空密封；加热杀菌前勿使积压，杀菌时温度不能偏高，冷却充分；成品贮藏在 20℃以下。

（3）油浸类水产罐头油层变红褐色：长时间贮放的油浸水产罐头油层会变红褐色，这是由于油中含有鱼体色素或目前尚不太清楚的呈色物质，它们在热和光的作用下，使油变成红褐色。这种变色推测是植物油和鱼油中的不饱和脂肪酸，受罐内残氧及铁的催化而氧化，脂肪氧化产生的衍生物丙二醛与蛋白质分解产物中的硫生成红色的复合物。另外，油中混入胶质物及含有三甲胺时也可使油色发红。可采取措施有：采用新鲜原料；洗净内脏特别是血液；成品避免光线；注入油的新鲜度并控制好注油量；工艺操作速度快，半成品不积压。

（4）红烧水产罐头的褐变：红烧鱼、贝类制品所用的调味料如酱油和砂糖（包括葡萄糖、果糖等还原糖）在加热杀菌和贮藏过程中，由于还原糖与氨基酸、蛋白质作用会发生美拉德反应。它经过多次的缩合产生褐色色素，其最终产物为类黑素。

目前，已知的参与黑变的还原糖，核糖、木糖最强，葡萄糖、果糖最弱。对参与反应的氨基酸种类，以赖氨酸色变最强，组氨酸、甘氨酸、精氨酸次之，但酸性氨基酸不易发生褐变。褐变不仅有损内容物外观，还会产生荧光物质、焦糖味及产生二氧化碳气体，并使蛋白质不溶化，降低营养价值。防止糖氨反应褐变措施有：除了选用鲜度良好的原料外，成品贮藏用较低温度可有所改善外，目前没有简单而特别有效的方法。

（5）金枪鱼罐头肉质变青绿色：金枪鱼蒸煮后肌肉变为绿色，经研究表明，该种绿色肉的绿色色素是从肌红蛋白产生的。鱼肉中的肌红蛋白、氧化三甲胺（TMAO）及半胱氨酸，经加热后形成绿色色素。色变程度与鱼肉中 TMAO－N 含量有关。实验表明，TMAO－N 含量低（7~8 mg/100 g 以下）时，蒸煮后肉色正常；当其含量在 13 mg/100 g 以上时，蒸煮后出现绿色的可能性很大。人们可以测定TMAO－N 的含量，来预判金枪鱼蒸煮后是否为绿色肉。

（6）鲑、鳟鱼类罐头的褪色：这种褪色现象发生在加热杀菌过程中，褪色原因可能是由于鱼肉中的虾青素异构化及其被氧化而产生色素的破坏。工艺过程中添加亚硝酸盐，可起到护色作用。由于铁罐在溶锡过程中放氢产生漂白作用，而使红色鱼肉褪色，空罐需要用涂料罐。

（7）蟹肉罐头产生青斑：蟹肉在加热时，其肩肉和腿肉的两端或血淋巴凝固部分会出现蓝色斑点，又叫青斑。蓝变原因可能与血清蛋白有关，但血清蛋白的含铜血色素对蟹肉蓝变的催化作用或与血清蛋白的蛋白质部分有关，这方面的发色机理及色素的构成虽有几种解释，至今尚未完全弄清楚。预防蟹肉蓝变应选用新鲜原料；充分漂洗，排血彻底；预煮时先用 55~60℃加热 20 min，把肌肉蛋白先轻度凝固，并洗去未凝固血液，然后以 78~100℃加热使肌肉充分凝固，该法能有效改善蟹肉青变现象；加 1%柠檬酸钠或 0.1%植酸或 EDTA 螯合铜、铁，也有一定的防青变作用。

（8）清汤牡蛎罐头的变黄：牡蛎罐头加工后，在室温下长期贮存过程中，肌肉会变橙黄色，其原因是由于牡蛎内脏中的甲壳素溶解于组织中的脂肪内，继而渗透到肉中而污染成色，在 20℃以下室温中贮藏可适当抑制黄变。

（9）牡蛎等贝类罐头的变绿：这种现象主要是由于贝类含叶绿素的藻类所致。贝类中铜含量较高，在弱酸性条件下铜置换镁而形成脱酶叶绿素、脱酶叶绿酸，这些物质在贝体肉内呈现出绿色。解决的方法是将冬季牡蛎推迟到水温上升的初春加工，可有效地防止绿色变。

2）水产类罐头产生的凝结、沉淀物质

（1）血蛋白的凝结：水产品罐头在加热时，其表面受热肌肉收缩，而肌肉中间部位的可溶性蛋白随汁液流至水产品外表。当肌肉温度超过 50℃ 时，流出的汁液中可溶性蛋白凝固成豆腐状物质，它聚集于内容物表面而有损于制品外观，无论是清蒸、茄汁，还是油浸水产品罐头都会发生这类血蛋白凝结物。有效的防止措施有：采用新鲜原料，清洗充分，除尽血污；选择最佳的盐渍条件（浓度、时间）以尽量除去水产品中盐溶性热凝蛋白；加热蒸煮及杀菌时，加快升温速度可使血蛋白在未渗出水产品表面前就凝固。

（2）产生硫酸铵镁结晶：鱼、虾、贝、软体动物类罐头在贮藏过程中，罐内会出现白色透明结晶析出，经分析这是一种叫硫酸铵镁的盐类。其形成原因是水产品和海水或食盐等辅料中带来的金属镁，由于清洗不充分而残留下来的镁离子与水产品中蛋白质分解释放出来的铵和硫酸根，共同作用生成了硫酸铵镁。它对人类无害，也能被胃酸所溶解，但是影响外观，因此在生产上需采取措施来防止其产生：采用新鲜原料；控制 pH 值在 6.3 以下；避免使用粗盐和海水处理原料；杀菌后应立即冷却；采用螯合剂封锁镁离子；添加酸性焦磷酸钠或六偏磷酸钠缩合磷酸盐；添加明胶、琼脂提高汁液黏度减慢结晶生成。

（3）肉质的液化：虾罐头在贮藏期间常出现因肉质软化而失去弹性，用手指压之有糊状感觉，这种软化现象也称为虾肉液化，其原因是原料鲜度不够，受微生物污染而蛋白质分解。但是，这种虾罐头的变质在外观上并未表现出来，罐内还可维持较高的真空度。为防止肉质的液化，可以采取以下措施：采用新鲜原料；保证罐头的杀菌温度和时间；在加工过程中降低虾蟹肉温度；装罐前将虾肉在 1% 柠檬酸与 1% 食盐混合液中浸渍 1～2 min。

3）水产罐头空罐容器的变化

（1）罐内涂料脱落：对于油浸类和调味类罐头，经贮藏一定时间后，部分会发生涂料膜脱落现象。这是由于涂膜层固化不完全或涂层划伤，使膜层与罐内壁的附着力降低，再经汁液的浸蚀而涂料脱落。另一个原因是含有氧化锌成分高的如抗硫涂料、防黏涂料等，这些成分与油脂中油酸结合生成锌皂，这样油脂浸入涂料膜使膜层起皱，膜与罐内壁形成间隙，固着力降低而脱落。选用合格涂料铁及采用酸价低的精炼植物油，能有效防止涂料脱落。

（2）水产类罐头的瘪罐：对于一些汤汁少或无汤汁的凤尾鱼或其他一些鲜炸、五香鱼类罐头，这类属扁平罐容器，其盖表面积大。它们在杀菌、冷却过程中，由于罐内外压力差变化超过镀锡板的弹性限度，而使罐身侧壁产生永久性凹陷变形。可采取的有效措施有：选用厚度适宜的镀锡板，增加盖面膨胀圈的强度；杀菌后冷却速度慢，先用 70℃ 热水冷却后再分段冷却至 38℃；真空封罐时，真空度不易太高。

（3）水产类罐头的突角：在带骨的清蒸类罐头中含空气较多，因此加热杀菌后，在冷却过程中易造成底盖发生局部状突起，这种不可逆变形叫作突角。防止突角产生的方法有：适当增加预煮时间，使骨质软化；封罐时提高封罐机的真空度；封口后及时杀菌，杀菌方式采用加压水杀菌和反压冷却，杀菌锅内升压和降压要控制平稳；根据不同产品选用不同厚度的镀锡薄板，尤其是罐底盖要选用较厚的镀锡薄板。

本章小结

1. 罐藏水产品生产指水产品原料经预处理后，密封在容器或包装袋中，通过杀菌工艺杀灭致病菌、腐败菌等微生物，并维持密闭和真空的条件下，水产品能在常温下长期保存的食品保藏方式。

2. 罐藏水产品生产过程中存在危害分析：由于加工工艺不当，而引入的质量与安全问题；在加工过程中，存在药物残留、环境污染物及化学添加物使用问题；在贮藏过程中，出现的胀罐、平酸败坏、黑变及长霉等问题。

3. 罐藏水产品生产过程质量与安全控制：罐藏水产品生产过程变化原理；产品颜色变化原因与控制；产品中的凝结、沉淀现象与控制；罐藏容器的变化与控制等。

思考题

1. 什么叫 D 值、Z 值、F 值？三者存在什么样的关系？

2. 什么叫商业无菌？

3. 影响微生物耐热性的因素有哪些？影响罐藏传热的因素有哪些？

4. 罐藏食品杀菌公式的组成有哪些？

5. 罐藏水产品常见的质量安全问题有哪些？可采取什么措施？

参考文献

陈陶声.1993.罐头与软罐头生产技术[M].北京:化学工业出版社.

《罐头工业》手册编写组.2003.罐头工业手册(1-6)[M].北京:中国轻工业出版社.

江汉湖.2005.食品微生物学[M].北京:中国农业出版社.

廖建龙.2013.罐藏食品腐败变质的原因及对策[J].福建农业科技,11:68-69.

刘建学.2006.食品保藏原理[M].南京:东南大学出版社.

杨满珊,赵士英.1988.罐头生产工艺与新技术[M].北京:中国食品出版社.

周家春.2011.食品工艺学[M].北京:化学工业出版社.

第11章　水产品生产安全控制新技术

教学目标

1. 掌握常见水产品杀菌技术原理、特点及在水产品加工中的应用。
2. 掌握常见水产品生产的栅栏控制技术。
3. 掌握水产品气调包装原理、气体组成及各自作用特定。
4. 熟悉水产品贮运冷链的概念、要素、目标、特征及其在水产品中的应用。
5. 了解水产品货架期预测意义、方法和内容。

　　为保障食品安全状况，常采取食品杀菌技术，以降低腐败菌和食源性致病菌对人体的危害，同时延长食品的保质期。本章详细讲述水产品的热力杀菌、冷杀菌、生产栅栏、气调包装、冷链贮运及货架期控制技术的基本原理、作用特点以及在水产品加工中的应用情况。通过本章内容的学习，使读者掌握一些水产品生产安全控制新技术。

11.1 水产品生产杀菌技术

根据杀菌温度的不同，杀菌技术分为热力杀菌和非热力杀菌两大类。传统杀菌技术主要是热力杀菌，即利用高温致死微生物达到保证食品安全。热力杀菌技术能很好地杀灭和钝化食品中的微生物和酶，保证食品安全，但同时高温会不同程度地破坏食品中的营养成分，从而影响食品的品质。

非热杀菌技术能在常温或稍高于常温环境下，杀灭和钝化食品中的微生物和酶，而且条件易于控制，外界环境影响较小，能较好地保持食品品质，满足人们对食品新鲜度以及对食品营养价值的更高追求。根据手段不同，非热杀菌技术可分为物理杀菌和化学杀菌技术。物理杀菌技术主要有超高压、高压脉冲电场、高压二氧化碳、辐照、紫外照射、臭氧、脉冲磁场、电脉冲、膜过滤、超声波、脉冲强光、激光和栅栏技术等。化学杀菌技术包括化学防腐技术和生物防腐技术，其中特别是生物防腐技术以其高效低毒性而日益受到重视和欢迎。

11.1.1 热力杀菌及其在水产品加工中的应用

1. 热力杀菌

热力杀菌是目前食品工业普遍采用的杀菌技术，也是研究最早和最为成熟的杀菌技术。热力杀菌技术是对食品进行直接和间接加热，杀死和钝化食品中的微生物和酶，同时改善食品的品质和特性，达到保证食品安全和延长食品贮藏期的效果。但是高温往往会导致食品营养和风味物质损失，产品品质下降。因此，热力杀菌应在保证能有效杀死食品有害微生物达到所规定指标的同时，尽量将负面影响控制在最低限度内。根据目标微生物的耐热特性、物料性质（如 pH 值）、贮藏条件、包装材料和货架期的不同，而采用适合不同食品特性的热力杀菌方法和装置。

传统热力杀菌技术主要是以热水或热蒸汽为热源对食品加热，根据温度不同主要分为：低温杀菌（巴氏杀菌）、高温杀菌和超高温瞬时杀菌。高温杀菌指的是食品经100℃以上的杀菌处理；超高温瞬时杀菌指食品在135～150℃的温度下保温2～8 s进行杀菌处理。

在评价热力杀菌效果时，除了考虑杀菌温度和时间因素之外，还应该考虑：①食品的传热类型；②食品初温；③原料的质量；④原料颗粒的大小；⑤食品的黏稠度；⑥装罐量和固形物量；⑦其他条件，比如所用包装材料、包装形式、食品在杀菌设备内排列方式、杀菌设备型号、杀菌设备内热源分布状态、杀菌过程操作、杀菌设备内有无气囊及升温时间等。

2. 热力杀菌技术在水产罐头中的应用

高温杀菌可造成微生物的热致死和酶的热变性，是已知最古老的保藏技术之一，已广泛应用于水产罐头食品工业中。各种水产品罐头多数采用高压杀菌，因高压杀菌法比较方便、可靠，而且对原汁、鱼糜等生装食品，还具有增进产品风味，软化食品质构的作用。但由于杀菌温度高、时间较长，对许多水产类食品的营养与风味成分，都有一定的负面作用。因此，在罐头杀菌的同时还要尽量减少高温对食品的影响，也即要适当控制杀菌条件以及罐头的传热情况。影响罐头杀菌的因素较多，应主要考虑微生物的有关情况以及罐头的传热情况。本部分对于热力杀菌方面的讲述，将从高压蒸汽杀菌及高压水杀菌方面介绍。

（1）高压蒸汽杀菌：水产罐头食品常采用100℃以上的高压蒸汽进行杀菌处理。首先将装有罐头的杀菌篮放入杀菌锅内，关闭杀菌锅的门或盖，关闭进水阀和排水阀。打开排气阀和泄气阀，然后打开进气阀使高压蒸汽迅速进入锅内，快速彻底地排出锅内的全部空气，并使锅内的温度上升。在充分排气后，须将排气阀打开，以排出锅内的冷凝水。排出冷凝水后，关闭排水阀和排气阀。待锅内压力达到规定值时，检测温度计读数是否与压力读数相对应。如果温度偏低，则表明锅内还有空气存在，可打开排气阀继续排出锅内空气，然后关闭排气阀。待锅内蒸汽压力与温度相对应，并达到规定的杀菌温度时，开始计算杀菌时间。杀菌过程可通过调节进气阀和泄气阀来保持锅内恒定的温度。达到预定杀菌时间后，关闭进气阀，并缓慢打开排气阀，排尽锅内蒸汽，使锅内压力恢复到大气压。然后打开进水阀放进冷却水进行冷却，或者取出罐头浸入水池中冷却，完成高压蒸汽杀菌处理。

（2）高压水杀菌：高压水杀菌适用于鱼贝类灌装的大直径扁罐，将装好罐头的杀菌篮放入杀菌锅内，关闭锅门或盖。关闭排水阀，打开进水阀，向杀菌锅内进水，并使水位高出最上层罐头15 cm左右。然后关闭所有排气阀和溢水阀。通入压缩空气，使锅内压力升至比杀菌温度对应饱和水蒸气高出54.6~81.9 kPa为止。然后放入蒸汽，将水温快速升至杀菌温度，并开始计算杀菌时间。杀菌结束后，关掉进汽阀，打开压缩空气阀和进水阀。但冷水不能直接与玻璃管接触，以免玻璃罐头爆裂。可先将冷却水预热到40~50℃后再放入杀菌锅内。当冷却水放满后，开启排水阀，保持进水量和出水量的平衡，使锅内水温度逐渐下降，当水温降至38℃左右时，关闭进水阀、压缩空气阀，打开锅门取出罐头。

11. 1. 2　非热力杀菌及其在水产品加工中的应用

非热力杀菌技术研究与应用，是食品杀菌技术发展的重要组成部分，也是目前食品研究领域的一个热点。与热力杀菌技术相比，非热力杀菌技术具有杀菌温度低，能保留食品原有品质，不污染环境等优点，但是目前应用还不够广泛。现将主要的非热力杀菌技术介绍如下。

1. 超高压杀菌

超高压（Ultra high pressure，UHP）杀菌技术，是 20 世纪 90 年代由日本明治屋食品公司首创的杀菌方法，它同加热杀菌一样，是在密闭容器内用水或其他液体作为传压介质，对软包装食品等物料施以 100 ~ 1 000 MPa 的压力，从而杀死其中几乎所有的细菌、霉菌和酵母菌，还可以钝化相关酶的活性，从而达到保藏食品的目的。

超高压对微生物的致死作用，主要是通过破坏其细胞膜和细胞壁，使蛋白质凝固，抑制酶的活性和 DNA 等遗传物质的复制，还可造成菌体细胞膜破裂，使菌体内化学组分产生外流等多种细胞损伤现象，这些结果综合导致了微生物的死亡。超高压杀菌不仅能保证食品在微生物方面的安全，而且能较好地保持食品固有的营养品质、质构、风味、色泽及新鲜程度等品质。由于超高压杀菌技术实现了常温或较低温度下杀菌和灭酶，保证了食品的营养成分和感官特性，因此被认为是一种最有潜力和发展前景的食品加工和保藏新技术。

超高压杀菌技术在牡蛎加工中的应用，是国外超高压水产品加工产业化发展的成功案例之一。国外相关研究发现，345 MPa、90 s 处理是杀灭牡蛎中副溶血弧菌的最佳条件，可将其菌落数降到不能检出的水平。也有研究发现，如将新鲜牡蛎中副溶血性弧菌含量降低 5 个对数的数量级，在 1 ~ 35℃条件下，需要施加高于 350 MPa 压力并保压 2 min；若将温度提高至 40℃，对压力要求则降低，只需高于 300 MPa 即可。国内学者研究发现，压力和保压时间对牡蛎杀菌效果影响显著，且随着压力增大和保压时间延长，细菌的灭活率逐渐增大。

此外，国内外学者逐渐将该技术应用于其他水产品，如虾类、毛蚶、贻贝等，也取得了突出的成绩。谢慧明等考察了不同温度和保压时间协同超高压处理，对小龙虾中金黄色葡萄球菌的作用效果，并获得了小龙虾超高压杀菌处理最优条件。王瑞等采用 500 MPa 超高压处理（40℃）生鲜毛蚶 5 min 后，其细菌、大肠杆菌、霉菌及酵母菌的存活率均显著下降。Gómez - Estaca 等发现沙丁鱼经 300 MPa、保压 15 min、20℃处理后，肠杆菌科微生物菌落数降至不能检出的水平，且这一效果可以维持 21 d（5℃保存）。Ramirez - Suarez 等利用超高压处理长鳍金枪鱼，结果发现 275 MPa 高压处理后，在 4℃ 条件下，保藏 0 ~ 5 d 内的菌落数保持不变；采用 310 MPa 保压 6 min，可以将产品货架期延长至 22 d（4℃ 贮藏）和 93 d（ - 20℃） 以上。近年来，超高压杀菌研究逐渐成为热点，但目前超高压在水产品中的应用开 发尚处于初级阶段。随着科研工作者的不断研究，相信超高压杀菌技术在水产品中 的应用将逐渐深入，其市场化前景将更加广阔。

2. 高压脉冲电场杀菌技术

高压脉冲电场（High voltage pulsed electric field，HPEF）杀菌技术又称为高强 度脉冲电场杀菌技术，是将高电压的短脉冲反复作用于电极间的物料，以杀灭物料 中微生物的一种冷杀菌技术。该杀菌处理过程通常在常温下进行，作用时间短（1 s 以下），物料温度仍在常温范围内，加热造成的能量损失可降到最低；还可避免热 杀菌的缺陷，降低杀菌过程对食品营养素的破坏和对感官品质的影响。高压脉冲电 场杀菌技术以其良好的应用特性，而被国内外学者广泛关注，也已成为当前最有前 景实现工业化应用的杀菌方法之一。

1）高压脉冲电场杀菌机理

高压脉冲电场杀菌主要是应用瞬间高压作用于放置在两极间的食品，如图 11 - 1 所示。杀菌用的高压脉冲电场常采用 LC 震荡电路，其强度一般为 15 ~ 100 kV/cm，脉 冲为 1 ~ 100 kHz，放电频率为 1 ~ 20 Hz。目前，推测其杀菌机理的假说主要有：细 胞膜穿孔效应、介电破坏理论、空穴理论、电磁机制模型、黏弹极性形成模型、电 解产物效应及臭氧效应等，其中细胞膜穿孔效应、介电破坏理论和空穴理论被认可 的程度较高。

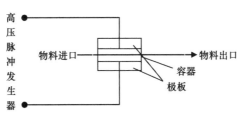

图 11 - 1　高压脉冲电场的杀菌原理示意图

（1）细胞膜穿孔效应：高压电脉冲会改变膜中脂肪的分子结构和增大部分蛋白 质通道的开度，使细胞膜失去半渗透性质，细胞膨胀而死。

（2）介电破坏理论：当给细胞膜施加外加电场时，细胞膜上的内外电势差 （TMP）增大，当内外电势差达到 1 V 左右，细胞膜便失去功能，从而实现杀菌。

（3）空穴理论：认为液体食品流经高压脉冲电场，当主间隙放电时，产生强大的脉冲电流，使液体汽化成温度高达数万摄氏度以上的等离子体，形成高压通路；或多或少产生一些气体，形成极薄的"气套"包围着火花，压力由薄薄的气套传递给液体，产生高速绝热膨胀而形成强大的超声液压冲击波；放电终止瞬间，气套处形成空穴，由于压力突然减小，液体又以超声速回填空穴，形成第二个超声回填空穴冲击波；由于高压脉冲能量直接转化成的冲压式机械能，引起液体食品中微生物细胞内部的强烈振动和细胞膜破裂等现象，从而起到杀菌作用。

2）高压脉冲电场在食品杀菌中的应用

国内外对高压脉冲电场杀菌进行了大量的研究，主要应用领域集中在牛奶制品、肉制品杀菌及果汁加工等方面。如 Simpson 等用高压脉冲电场对还原苹果汁进行处理，电场强度为 50 kV/cm，脉冲数为 10，脉宽为 2 μs，处理温度为 45℃，处理后产品货架期为 28 d；且处理前、后维生素和糖分及感官没有变化，而未处理产品的货架期却只有 7 d。电场强度为 35 kV/cm，脉冲数为 16，处理茶汤后，其货架期超过 4 周；贮藏期间茶汤的理化性质和感官评价没有显著差异。高压脉冲在其他食品加工中取得了较好效果，而目前在水产品加工中的研究还较少，鉴于高压脉冲技术优势，今后还需要进行大量的研究，希望能够应用于水产品加工领域。

3. 高压二氧化碳杀菌

高压二氧化碳（High pressure carbon dioxide，HPCD）杀菌技术是将食品置于密封的处理釜中，给予二氧化碳处理（压强不大于 100 MPa），形成高压、高酸环境，在一定温度和压强下对食品进行处理，从而杀死微生物和钝化酶，使食品得以长期贮藏。1951 年，Fraser 首次发现高压二氧化碳能够钝化细菌细胞。1967 年，King 和 Nagel 也发现在接近大气压强的压力下，二氧化碳能够抑制细菌的生长，随后开展了一系列的相关研究，发现高压二氧化碳能对大部分微生物营养体和芽孢都有很好的杀灭效果。

1）HPCD 杀菌机理

（1）pH 值降低：二氧化碳通过溶解，渗透到食品的含水部分并形成碳酸，进而分解成 HCO_3^-、CO_3^{2-}、H^+ 并降低了细胞外部的 pH 值。另外，二氧化碳渗入细胞并降低内部 pH 值。细胞内部 pH 值降低一方面会钝化一些与新陈代谢相关的关键酶；另一方面可能打破细胞内外 pH 值动态平衡。

（2）细胞膜改性：由于二氧化碳的亲水性和溶解性，其进入微生物细胞后将聚集在磷脂内膜上，进而提高膜流动性，打乱膜脂肪链的规则性（也称为"麻醉效应"），并且提高膜渗透性，借此改变细胞膜的功能。

（3）抑菌作用：二氧化碳进入细胞内部并溶解产生碳酸盐，不仅通过改变 pH 值来影响酶活性，从而影响酶促反应；而且会因为二氧化碳和碳酸盐本身就是酶促反应的底物或产物以影响相关反应，例如二氧化碳不仅是羧化反应的底物，又是去碳酸作用的产物。较低 pH 值条件下，蛋白链上的精氨酸会与二氧化碳结合形成碳酸氢盐化合物，从而钝化酶的活性，导致整个细胞死亡。HCO_3^- 分子的 CO_3^{2-} 可能会与一些无机盐离子，如 Ca^{2+}、Mg^{2+} 等结合成碳酸盐而沉淀，在达到一定程度时会打破细胞内部电解平衡。

（4）细胞的物理损伤：高压二氧化碳环境下二氧化碳气体扩散进入微生物细胞内部并溶解在细胞中，在卸压过程中溶解在微生物细胞内部的二氧化碳迅速变为气体，细胞内部发生"爆炸"现象，导致微生物细胞结构和细胞膜破坏，细胞内容物流失，从而致死微生物。

2）影响高压二氧化碳杀菌效果的因素

（1）处理压强和时间：较高的压强和较长的时间，都能促进二氧化碳的溶解，因此高压二氧化碳对微生物的杀灭效果，随着压强的增加和时间的延长而逐渐提高。但是，当处理样品中的二氧化碳浓度达到饱和状态后，温度和压强的变化便不再影响杀灭效果。

（2）温度：较高温度会促进二氧化碳溶解，有利于杀菌；此外，处于临界点（$T = 31.1℃$）附近的温度能使亚临界状态的二氧化碳变成超临界状态，而超临界状态下二氧化碳的溶解度和密度显著增加，因此在临界点附近的温度能提升杀菌效果。

（3）设备：连续式的设备能使二氧化碳和食品充分接触，促进了二氧化碳溶解，能更有效地杀菌。通常为了达到相同的杀菌效果，间歇式的处理设备比流动式的设备需要更长的处理时间，在间歇式处理釜内中增加搅拌装置也可以提高杀菌效果。

（4）产品水分活度：细胞中较高的含水量能增大二氧化碳溶解度，从而提高杀菌效果。相同处理条件下（20 MPa、35℃、2 h）对含水量为 70% ~ 90% 酵母细胞和含水量为 2% ~ 10% 干酵母细胞的钝化效果相比，前者下降 5 ~ 7 个对数值，而后者对数降低值小于 1。

（5）产品初始 pH 值：较低 pH 值有利于二氧化碳的溶解和扩散，也有利于提高对微生物细胞的杀灭。

（6）微生物的影响：革兰氏阴性菌比革兰氏阳性菌对二氧化碳更敏感，植物乳杆菌（*Lactobacillus plantarum*）比大肠杆菌（*Escherichia coli*）、酿酒酵母（*Saccharo-*

myces cerevisiae）和明串珠菌（*Leuconostoc dextranicum*）对高压二氧化碳处理更有抵抗力。高压二氧化碳对处于对数生长期的微生物杀灭效果好于成熟期。

（7）其他因素：处理方式、初始菌数和添加剂都会影响到高压二氧化碳杀菌效果。

3）高压二氧化碳在水产品杀菌中的应用

高压二氧化碳杀菌技术作为一种新型的非热力杀菌技术，具有处理条件相对温和、对食品品质破坏小和安全无毒无残留等优点。

国内在高压二氧化碳用于水产品加工方面的研究报道较少，这与高压二氧化碳技术起步较晚也有一定关系。有研究人员采用高压二氧化碳处理凡纳滨对虾，发现在温度55℃、压力15 MPa、时间26 min 条件下，南美白对虾菌落总数下降3.5 个对数值，残留菌落总数低于300 CFU/g，达到熟制水产品卫生要求。进一步研究表明，高压二氧化碳处理对凡纳滨对虾腐败菌（*Chryseobacterium* sp. LV1）具有较好的杀菌效果，且随温度升高、压力增大及时间延长，杀菌效果增强。高压二氧化碳处理能够改变 *Chryseobacterium* sp. LV1 细胞膜通透性，致使细胞内蛋白和核酸发生了泄漏；高压二氧化碳处理能够使菌体可溶性蛋白变为不溶性蛋白，还能够钝化新陈代谢相关的 14 种酶类等。与传统的水煮处理相比，高压二氧化碳技术对虾营养成分、肌肉品质及其呈味成分的影响较小。此外，在 5 ~ 35 MPa、32.7 ~ 50℃、10 ~ 50 min 条件下，对皱纹盘鲍浆体进行高压二氧化碳处理后，菌落总数不超过 10 000 CFU/g。进一步获得最优杀菌条件为：25 MPa、45℃、40 ~ 50 min，此条件下杀菌效果与水煮煮沸 2 min 的效果接近，菌落总数小于 1 000 CFU/g。

4. 辐照杀菌

水产品辐射保鲜技术诞生于 20 世纪中叶，1950 年美国科学家 Nickerson 等首次以钴 60 的 γ 射线对鲭鱼进行辐射保鲜，开创了水产品辐射保鲜研究和应用的先河。目前，已有 22 个国家批准了各类水产品的辐射保障研究，包括淡水鱼、海水鱼、壳类水产品、干鱼粉及各类干制水产品。美国、加拿大等国家已经完成实验室阶段的研究工作，大多数国家着重于研究 γ 射线在水产品保鲜上的应用效果。

与传统水产品杀菌技术相比，辐射杀菌技术对微生物杀灭效果显著，剂量可根据需要调节，节省能源；一定剂量下（5 kGy），不会导致食品发生感官上的明显变化，且无残留；射线穿透能力强、均匀，对包装无严格要求，对于某些食品还能改善其品质。辐射保鲜技术属于冷加工，因此不会破坏水产品的食品结构和营养成分，还易于保持水产品的色、香、味和外观品质。

1）辐照杀菌原理

辐照处理微生物时，主要是利用钴60或铯137发出的γ射线，射线在对食品照射过程中会产生直接和间接的两种化学效应。直接效应是微生物细胞间质受高能电子射线照射后发生电离和化学作用，使物质形成离子、激发态或分子碎片。间接效应是水分经辐射和发生电离作用，而产生各种游离基和过氧化氢再与细胞内其他物质作用，生成与原始物质不同的化合物。这两种作用会阻碍微生物细胞内的一切活动，导致细胞死亡。

2）辐照技术在水产品杀菌中的应用

国内，辐照技术应用于水产品杀菌方面取得了一系列的成果。冯敏等研究了γ射线辐照干制黄线鱼、马步鱼、蓝鳕鱼的杀菌效果及其对海鱼其他营养指标的影响。结果表明，干制海鱼的辐照灭菌剂量在2.55~13.65 kGy范围内；3 kGy辐照可使菌落总数降至10^4 CFU/g以下，致病菌无检出；5 kGy可以将大肠菌群降至30 MPN/100 g以下。经统计分析发现，辐照前后蛋白质与脂肪的含量均没有显著差异。辐照剂量达10.4 kGy以上时，尽管干制海鱼中的水分含量略微降低，部分微量元素的含量有所增加，但微量元素、污染物、水分及灰分含量总体没有显著影响。综合试验结果，确定干制海产品辐照杀菌适宜剂量范围为5~10 kGy。

采用辐照技术处理冷冻虾仁，结果表明经3 kGy辐照后，菌落总数降低了2个数量级；经5 kGy辐照后，菌落总数减少了3个数量级以上。国内某公司已实现辐照虾仁等冷冻水产品中的产业化生产。同时，我国也制定了相应的冷冻水产品辐照杀菌工艺的农业行业标准《冷冻水产品辐照杀菌工艺》（NY/T 1256—2006），规定用于冷冻水产品的辐照工艺剂量为4~7 kGy。

5. 臭氧技术

臭氧是氧的同素异形体，具有极强的氧化能力，对微生物有较强的杀灭作用。其杀菌机理包括：①作用于细胞膜，导致细胞膜通透性增加及细胞内物质外流；②使细胞活动必需的酶失去活性；③破坏细胞质内的遗传物质或使其失去功能。臭氧杀灭病毒是通过直接破坏RNA或DNA完成的。

臭氧杀菌后分解为氧气，因而具有无毒、无害、无任何残留的特点，在食品工业中得到了广泛应用。早在1936年，Salmon等将新鲜鱼类置于臭氧处理的冰中，其贮藏时间可以延长两倍，而用臭氧化水洗涤鱼类可使贮藏时间延长5 d，并且可以加快被污染牡蛎、贻贝和其他贝类的消毒净化速度。对于淡水鱼类，臭氧水处理对鲫鱼、鳊鱼、鲢鱼、鳙鱼体表微生物，均具有良好的杀菌效果；同时，臭氧处理可改善草鱼片的感官及微生物质量，并将其保鲜期延长约1.5 d。

臭氧容易还原分解为氧气，难以保存，可利用臭氧开发臭氧冰，将臭氧封存于冰中，使其能够长时间保存和使用。将高浓度的臭氧溶解于水中，得到一定浓度的臭氧水后将其持续快速地送入高速制冰机中或直接置于低温环境下快速冻结即可制成臭氧冰。臭氧冰应用于水产品的保鲜，除了保持臭氧原有的性能和功效外，其最大优点是缓释，因而具有持续的杀菌能力。

6. 紫外线杀菌

紫外线属于电磁波辐射，其性质随着波长不同而差异较大，一般波长范围200～280 nm具有杀菌效果，其中以250～260 nm最强。紫外线杀菌机理在于紫外线照射在微生物上，破坏微生物DNA，使之发生化学变化形成嘧啶二聚物，从而破坏遗传因子而失去繁殖能力或者死亡。紫外线因其杀菌成本低、节能、维护简单、使用安全及对产品无损坏，因而应用较为广泛。但是紫外线本身穿透能力较差，目前主要应用于空气、水溶液及表面消毒等。

紫外线杀菌直接应用于水产品的研究报道还较少。刘扬研究了气调保鲜（MAP）结合紫外线预处理5 min、10 min和15 min，对鲟鱼片保鲜效果的影响。结果发现，紫外线处理10 min可杀灭98%原始细菌，再以$50\% CO_2 + 10\% O_2 + 40\% N_2$的MAP贮藏可抑制pH值和TVB－N值增加，也不会降低肌肉持水性，使鲟鱼片的货架期高达28 d，说明紫外线杀菌在鲟鱼片加工过程中可以很好地控制微生物的生长繁殖。

7. 脉冲强光杀菌技术

（1）作用原理：脉冲强光杀菌（Pulsed light sterilization）技术是一种非热杀菌新技术，它利用瞬时、高强度的脉冲光能量，杀灭食品和包装上的各类微生物，有效地保持食品质量及延长食品货架期。脉冲强光杀菌是可见光、红外光和紫外光的协同效应，它们可对菌体细胞中DNA、细胞膜、蛋白质和其他大分子产生不可逆的破坏作用，从而杀灭微生物。

（2）作用特点：脉冲强光杀菌采用氙气灯管，发出能量高达$2 J/cm^3$，比紫外线灯管高200倍以上，且穿透性能强于紫外线，能有效破坏各种细菌，因此可有效解决表面粗糙的食品和其他物料染菌问题。与放射线杀菌比较，脉冲强光杀菌设备成本低并且可以安装于食品加工生产线上，进行连续性生产，在生产成本和效率方面占有明显优势。

（3）脉冲强光用于水产品杀菌：研究报道，对虾用脉冲强光处理后，在冰箱中贮存一段时间后仍然可食，而未用脉冲光处理的对虾，在同样条件下存放后则发现严重的微生物降解，颜色发生变化，有恶臭味，已不能食用。脉冲强光杀菌技术应用于烤鳗加工，发现脉冲强光可以有效地杀灭烤鳗表面染菌；经过 15 s 处理，烤鳗表面大肠杆菌的杀菌率为 99.99%；经过 25 s 处理，烤鳗的感官品质（颜色、气味、质地及味道）没有显著变化，且过氧化值、酸价变化率都不超过 0.35%。

8. 微波杀菌技术

（1）微波杀菌原理：微波杀菌（Microwave sterilization）技术是利用电磁场的热效应和非热生物效应共同作用的结果。热效应是指微波能在微生物体内转化为热能，使其本身温度升高，从而使其体内蛋白质变性凝固，使细菌失去营养和生存条件。非热生物效应是指微波电场可改变细胞膜断面的电位分布，影响细胞膜周围电子和离子浓度，从而改变细胞膜的通透性能，使细菌由此丧失营养，结构功能变得紊乱，生长发育受到抑制而死亡。

（2）微波杀菌特点：微波杀菌是利用其选择透射作用，使食品内外均匀，迅速升温杀灭细菌，处理时间大大缩短；微波的穿透性使表面与内部同时受热，并且热效应和非热效应共同作用，杀菌效果好；微波可直接使食品内部介质分子产生热效应，微波能可被屏蔽，而且装置本身不被加热，不需传热介质，因此能量损失少，效率比其他方法高。

（3）微波杀菌在水产品加工中的应用：微波杀菌用于蒸煮罗非鱼软罐头时，采用微波杀菌的最佳杀菌条件为 480 W 下处理 3 min，产品在常温存放 90 d，可使细菌总数、大肠菌群及致病菌包括副溶血性弧菌、沙门氏菌和肉毒梭菌均无检出。采用微波灭菌和加热灭菌两种物理方法对鱼丸中微生物灭菌进行研究，发现微波 850 W、持续 130 s 或在 98℃ 水浴下加热 60 min，对大肠杆菌灭菌的有效杀灭率达 100%，且微波灭菌对鱼丸的感官质量与水分含量的影响略大于加热灭菌。目前对微波杀菌机理有一些理论解释，但这些理论很多仍处在假说阶段。今后将大力探索微波低温杀菌工艺技术，研制性能优越、稳定、价格适中的微波杀菌设备。

11.2　水产品生产栅栏技术

1978 年，德国肉类研究中心 Leistner 率先提出栅栏技术，其是一种实现多种科学技术方法和加工工艺有机结合的手段，有利于保证食品营养、健康、风味和安全。

食品要达到可贮性和卫生安全性，这就要求在其加工中根据不同产品而采用不同的防腐保鲜技术，以阻止残留的腐败菌和致病菌的生长繁殖。已知的防腐保鲜方法，根据其防腐保鲜原理可分为：高温处理（F）、低温冷藏或冷冻（t）、降低水分活度（A_w）、酸化（pH 值）、应用竞争性微生物（c·f）、降低氧化还原值（Eh）和添加防腐保鲜剂及杀菌剂（Pres）等几种。此外，还有超高压处理、微波杀菌、超声波处理、紫外线杀菌、加酶制剂、应用保鲜膜等，这些因子的混合应用能够提高产品质量、延长货架期及防止微生物腐败。这些起控制作用的因子，称作栅栏因子。

11.2.1 栅栏因子

1. 高温处理（F）

高温（F）可以使生长的微生物及细菌芽孢失活，高温栅栏因子的最主要特点是能使微生物失活，而其他栅栏因子大多只能抑制微生物的生长。高温杀菌的方法主要有常压杀菌（巴氏杀菌）、加压杀菌、超高温瞬时杀菌、微波杀菌、远红外杀菌等。温度越高可最大程度减少微生物的数量，但同时会对产品的感官品质和营养特性造成负面影响。

2. 水分活度（A_w）

微生物更容易在高 A_w 的食品中生长与繁殖。当 A_w 低于微生物的最大耐受范围时，微生物不能生长繁殖。微生物种类对 A_w 的耐受力不同，一般大多数细菌在水分活度低于 0.95 时生长受到抑制；细菌和霉菌可耐受的最低 A_w 为 0.83；金黄色葡萄球菌的耐受力最强，在有氧条件下，当 A_w 值低至 0.86 时仍有繁殖能力，而在真空包装食品中，水分活度低于 0.91 即可抑制其生长繁殖。因此，降低水分活度可以抑制微生物的生长繁殖，降低 A_w 的方法有干燥、腌制、水分活度调节剂等。但 A_w 过低会对产品品质造成不利影响，比如肉干 A_w 低至 0.70 以下，大部分微生物受到抑制，然而肉干的褐变以及氧化速度会不同程度地加快，贮藏过程中易产生不愉快的哈败味。

3. pH 值

pH 值是主要的栅栏因子之一。pH 值不同的环境中，氢离子浓度的大小会影响微生物细胞膜上所带电荷的性质，进而影响微生物的整个生命活动。通常绝大多数微生物生长最适 pH 值范围为 6.5~7.5，放线菌在 pH 值 7.5~8.0 条件下生长繁殖较快，而酵母菌、霉菌和少数乳酸菌在 pH 值极低环境下（pH 值 <4.0）仍能存活。极低的 pH 值，微生物的生长繁殖就会被抑制或停止，例如当 pH 值低于 4.2，多数腐败微生物可被有效地抑制。

4. 氧化还原值（Eh）

食品中含氧量会对其中某些微生物的存活率造成影响，尤其是对于好氧菌。降低 Eh 可抑制一些微生物的生长代谢，有利于延长食品的货架期。一般降低 Eh 主要是采用真空包装或气调包装来降低氧气的影响。但是，Eh 过低也会影响到食品的风味和色泽。

5. 防腐保鲜剂及杀菌剂（Pres）

常用食品防腐剂主要包括山梨酸钾、苯甲酸钠以及其他化学防腐剂。从安全性角度而言，化学防腐剂具有一定的抑菌效果，但也存在一定的安全性问题。过量使用化学防腐剂，对人体健康会构成潜在的威胁。目前，应用于食品防腐的生物保鲜剂主要有溶菌酶、乳酸链球菌素、壳聚糖、蜂胶、鱼精蛋白、茶多酚、香辛料等。

除以上涉及的栅栏因子外，还包括高密度二氧化碳、脉冲电场、超声波、辐照、高压处理等，而且不久的未来还会出现更多的能够用于食品防腐保鲜的栅栏因子，这些栅栏因子的合理组合也能提高对产品质量的保证，同时延长货架期。

11.2.2 栅栏技术在水产品生产中的应用

目前，为了提高水产品的安全性和延长货架期，已应用于水产品中的栅栏因子，主要有控制水分活度、调节 pH 值、乙醇浸泡、热杀菌、添加食品防腐剂、食盐处理、控制杀菌时间、辐射保鲜、高压脉冲、降低氧化还原值等。

（1）控制水分活度（A_w）：水产品 A_w 高会使得其中的蛋白质和多不饱和脂肪易发生变化，自身携带的和加工过程中感染的微生物，也易于生长繁殖而加速其腐败。控制水产品的 A_w 是保证水产品安全和延长货架期的途径之一，一般可通过漂洗、加盐、脱水等方法来控制水产品的 A_w。

（2）调节 pH 值：几乎所有水产品的 pH 值都呈中性或弱酸性，为低酸性食品。水产品的腐败变质与 pH 值有很大的关系。一般情况下，微生物的生长发育受 pH 值的影响很大；另一方面，pH 值的变化对微生物抗热性影响较大。据报道，当 pH 值从 6.6 下降到 5.5 时，金黄色葡萄球菌致死温度从 65℃下降到 60℃，蜡状芽孢杆菌等芽孢杆菌的致死温度从100℃下降到60℃。一般水产品pH值调节到6.0以下时，贮藏性得到增强。

醋酸不但能降低pH值，还起到调味作用，但过多醋酸有可能使制品产生刺激味道。柠檬酸口感较好无其他不良刺激味道，且具有护色和抑制细菌生长的作用。研究显示，在半干鲢鱼片制作过程中，选择抗坏血酸、冰醋酸和柠檬酸调整pH值，其中抗坏血酸会使制品产生令人不愉快的酸味，而冰醋酸使风味偏酸，柠檬酸对产品风味无不良影响，且有良好的抑菌性。当醋酸和柠檬酸结合使用时，不但可以调味，还可以调节产品的pH值。在即食南美白对虾食品制作中，柠檬酸对微生物的抑制作用随其浓度增加而增强，当醋酸中柠檬酸添加量在1.0%和1.5%时，对制品风味基本无不良影响，且有良好的抑菌性。

（3）乙醇浸泡：一定浓度的乙醇具有杀菌作用，这是因为它能迅速使菌体蛋白凝固、变形、脱水和沉淀，并能溶解细菌体表的脂肪而渗入菌体内部。50%~80%的乙醇杀菌力最强，常用70%乙醇来消毒；此外，乙醇具有较好的挥发性，在后期的工艺中可以挥发，不存在试剂残留问题。

（4）添加食品防腐剂：防腐剂添加到水产食品中，可以通过改变细胞壁或者细胞膜的结构、钝化酶、抑制遗传物质转录和翻译等方式，实现抑制微生物生长繁殖的目的，从而延长水产品货架期。所添加的食品防腐剂须严格按照国家标准进行，不得超范围、超量使用，或添加不允许使用的食品防腐剂。基于防腐剂对食品和人体健康存在威胁，近年来认为天然防腐剂更具有健康优势。天然防腐剂如Nisin、壳聚糖、茶多酚和植物精油等的使用比较普遍。

（5）杀菌方式：杀菌主要是杀灭食品本身所携带的和在加工过程中所感染的微生物，从而保证水产品安全和延长其贮藏货架期。目前主要采用的杀菌方式包括热力杀菌和冷杀菌。

（6）包装：食品包装能阻碍环境中的气体和微生物与食品直接接触，能够抑制食品腐败变质从而延长食品的货架期。水产品制作过程中普遍使用玻璃、金属罐头、塑料等包装，包装方式主要包括真空和气调包装两种。真空包装可以降低氧化还原值，还可以有效地抑制需氧菌的生长；气调包装通过抑制微生物繁殖和降低氧化速率以达到延长水产品货架期的目的，气调保鲜效果还会受到原料处理方式、包装材料、贮藏温度等因素的影响。

（7）辐照：水产品腐败的重要原因之一是微生物腐败。由于射线具有极强的穿透力，因此能杀灭水产食品中的沙门氏菌、大肠杆菌、金黄色葡萄球菌、副溶血弧球菌、志贺氏菌等肠道病原菌及其他寄生虫，以避免水产品失去食用价值和商品价值。辐射保鲜处理对任何材料和形式包装的水产品，均可起到延缓自身代谢，降低微生物数量和抑制微生物生长，延长保鲜期的作用。辐射处理一般在产品包装好后进行，这样一旦辐射杀菌后，样品可不再与外界环境发生接触而发生二次污染。

11.3 水产品气调包装技术

11.3.1 气调包装简介

气调包装（Modified atmosphere packaging，MAP）是指用高阻隔性的复合包装材料，将食品密封于人工混合气体的环境中，通过改变包装容器内食品的贮藏环境，从而抑制微生物生长繁殖，阻止酶促反应和减缓氧化速度，以达到延长产品货架期。气调保鲜气体一般由二氧化碳（CO_2）、氮气（N_2）、氧气（O_2）按一定比例混合而成，特殊情况下也添加少量特种气体如二氧化氮（NO_2）、一氧化二氮（N_2O）、二氧化硫（SO_2）和氩气等。气调包装已成为一种应用广泛的食品保存方法，其特点是能有效地保持食品的新鲜而产生的副作用最小。

11.3.2 气调包装保鲜机理

气调包装的保鲜机理是通过在包装内充入一定比例的混合气体置换出包装容器内的空气，调节贮藏所需要的环境，破坏或改变微生物赖以生存繁殖的条件，以减缓包装食品的生物生化变质，来达到保鲜防腐的目的。对于营养丰富、含水量高、易腐败变质的水产品，气调包装中的混合气体主要通过抑制水产品中微生物生长繁殖，减少脂肪酸败等作用保持其新鲜度。气调包装对水产品的保鲜效果，优于同种条件下的空气包装和真空包装，如气调条件下沙丁鱼中微生物生长受到抑制，4℃下沙丁鱼在气调包装（60% CO_2∶40% N_2）、真空包装和空气包装条件下的货架期分别是 12 d、9 d 和 3 d。

11.3.3 气调包装气体组成及其作用

1. 二氧化碳（CO_2）

二氧化碳能降低细胞的呼吸作用，延缓细胞的新陈代谢，同时二氧化碳能溶解于食品，形成弱酸性环境，降低食品的 pH 值，从而抑制微生物的生长。二氧化碳对一些需氧微生物、革兰氏阴性低温菌的抑制作用明显。据报道，二氧化碳抑菌浓度范围在 25% ~ 100%。二氧化碳是水产品气调包装中起保鲜作用的主要气体，它对鱼类表面污染的细菌和真菌有抑制性，能够抑制或影响腐败微生物的生长。二氧化碳溶于水和脂肪，并且在水中的溶解性随温度的降低而迅速提高。

2. 氮气（N_2）

氮气是一种无毒、无色、无味且化学性质稳定的气体。由于其惰性性质，在气调保鲜中多用于充当填充气体，防止包装袋的瘪陷变形，使包装呈现饱满外观；同时稀释包装中的氧气，抑制需氧微生物的生长繁殖；防止高脂肪鱼、贝类脂肪的氧化酸败和抑制需氧微生物的生长繁殖。

3. 氧气（O_2）

氧气是影响微生物生命活动的主要因素之一。氧气能促进需氧微生物的生长繁殖和酶促反应，也能抑制厌氧微生物的生长繁殖；氧气能保持鲜肉的色泽，氧气也能引起水产品脂肪的酸败。在水产品气调包装中，氧气能够抑制厌氧菌生长，还能减少鲜鱼中三甲胺氧化物（Trimethylaminoxide，TMAO）还原为三甲胺（TMA），但氧气的存在却有利于需氧微生物的生长和酶促反应的加快，还会引起高脂鱼类脂肪的氧化酸败。

11.3.4 影响气调包装保鲜的因素

水产品气调包装保鲜过程中，贮藏温度、原料新鲜度、加工工艺、气体比例、包装容器中气体体积与物料质量比（V/W）、包装材料等因素，都会对产品的质量、微生物安全及货架期产生影响。

1. 温度

贮藏温度是影响水产品气调包装效果的最关键因素，对气调包装水产品的货架期有直接影响。水产品的加工和贮藏温度，决定了产品品质劣变的速度和程度。低温与气调包装结合具有良好的保鲜效果，低温对控制水产品的腐败和预防产品中致病菌的生长繁殖都是必要的，这是由于在低温下微生物和酶的作用都受到抑制，还可能是由于低温下二氧化碳抑菌效果所致。此外，冰温与气调包装技术的结合，能更好地延长新鲜水产品的货架期。研究表明，冰温气调贮藏可显著延长鱼丸的货架期，冰温条件下空气包装样品保鲜期就有 40 d，是 5℃下保鲜期（8 d）的 5 倍；冰温条件下（75% CO_2：25% N_2）包装鱼丸的保鲜期长达 50 d。

2. 气体组成

气调包装水产品的货架期与所应用的混合气体组成有紧密关系，不同水产品应采用不同的混合气体组成，以期达到最好的保鲜效果。气体的组成不仅影响水产品化学品质，还影响水产品中微生物的变化。二氧化碳是气调包装中主要组成气体，大多数情况下所占比例为50%~100%。通常采用30%~80%二氧化碳来延长鲜鱼的货架期，这是因为高比例的二氧化碳的溶解会引起包装物汁液的流失率增加和包装袋出现瘪陷现象。

二氧化碳浓度大于等于50%的气调包装，可使新鲜青鱼块在冷藏条件下（2~4℃）的货架期从空气包装的6 d延长至12 d，并保持产品的良好质量。但是有时在气调包装中加入一定量的氧气，能更好地延长水产品货架期。气调包装带鱼（中脂鱼）的适宜气体配比为60% CO_2：30% N_2：10% O_2，其中氧气的存在虽会加快脂肪的氧化，但却抑制了厌氧菌的生长繁殖，同时减少了氧化三甲胺分解生成三甲胺，总的效果优于无氧包装。有氧气调包装研究中，氧气的比例差异较大，尽管高氧气调包装容易导致水产品中不饱和脂肪酸的变质，但仍有较多研究结果表明高氧气调包装对某些水产品有更好的保藏品质。

尽管不同混合气体对气调包装水产品品质有不同影响，但气调包装中的各气体组分多是单独作用于包装物或微生物。混合气体的保鲜效果似乎是几种气体单独作用效果的叠加，水产品保鲜中最优的混合气体组成，多是各气体成分综合优化的结果。鲜有不同气体间或因不同气体产生的中间物之间相互作用的研究。此外，水产品气调包装中气体的组成与气调包装机的精密度、初始气体比例、原料的性质、包装材料的透气性和微生物代谢等都有一定的关系，但关于气调包装用于水产品研究中对贮藏期间包装袋内二氧化碳和氧气的变化以及二氧化碳溶解量的研究较少。

3. 气体体积和包装物质量比（V/W）

由于包装材料的透气性和二氧化碳的溶解性等原因，使充入包装容器的气体体积往往大于包装物料的体积，这既可保证气调保鲜的效果，又能防止包装袋的瘪陷。通常气体的体积为食品质量的2~3倍（V/W = 2~3）是比较理想的。

4. 原料新鲜度

原料初始品质对气调包装水产品的货架期有着直接的影响。包装前原料被腐败微生物污染的程度越轻，水产品的货架期就越长。或可以说，微生物数量直接限制着气调包装水产品的货架期。

5. 包装材料

气调包装材料的透气性对气调保鲜效果有较大影响，它决定着包装袋内气体比例是否稳定或平衡。同种或不同的包装材料对于不同气体的阻隔率都不同，还受到环境温度和湿度的影响。阻隔性优良的包装材料，不仅可以防止气调包装内各气体的溢出，还可以防止外界气体的进入。

6. 其他因素

气调包装与酸浸、盐渍、烟熏、保鲜剂和抑菌剂等结合使用，都可以更好地延长水产品的货架期。这也将是气调保鲜技术今后发展的主要趋势之一。

11.3.5 气调包装与水产品的品质

1. 水产品气调包装中的特定腐败菌（SSOs）

水产品腐败变质主要是由于某些微生物生长和代谢生成了胺、硫化物、醇、醛、酮、有机酸等，导致产品最后产生不良的气味和异味，让消费者从感官上无法接受。通常水产品中都含有多种多样的微生物种群，这些微生物在贮藏期间是呈动态变化的，但其中大部分的微生物种群是不引起水产品腐败变质的，只有其中某一种或几种特定腐败菌（SSOs）会繁殖导致产品腐败变质。不同或同一水产品在异样条件下具有不同的特定腐败菌，该特定腐败菌初始数量可能较少，但其具有较强的耐力、优势和活力，最终成为导致产品腐败的主要菌群。气调包装鲜鱼中特定腐败菌有发光杆菌、乳酸菌、热杀索氏菌。

2. 气调包装水产品的安全性

气调包装水产品的安全性高于相同条件下的真空包装产品。前者能够减少如沙门氏菌、葡萄球菌、产气荚膜梭菌、弯曲杆菌、副溶血弧菌和肠球菌等在空气包装中出现的细菌所引起的安全卫生问题，而且志贺邻单孢菌在气调包装中几乎被完全抑制。但肉毒梭状芽孢杆菌、单增生李斯特氏菌、耶尔森（氏）菌及亲水气单胞菌等致病菌，可以在低温气调包装水产品中生长繁殖，它们对气调包装产品的安全性构成了潜在威胁。此外，组胺也是气调包装水产品中潜在的不安全因素。

11.3.6 气调包装技术的优缺点

气调包装技术的优点：气调包装能显著地延长水产品货架期，能方便产品运输和销售；气调包装能够控制黑变，如甲壳类上变黑的斑点，也能减少鲭类在贮藏中组胺的形成。

气调包装技术的缺点：气调包装需要特定的设备，因而增加了产品成本，且可能对微生物的形式发生转化，影响到食品安全性。因此，气调包装应用于水产品保鲜期间，必须严格控制贮藏温度，尽可能确保水产品安全。

11.4 水产品贮运冷链技术

水产品冷链指水产品在生产、贮藏、运输、销售到消费的各个环节中，始终处于指定的低温环境下，以保证水产品质量安全、减少水产品损耗。水产品冷链是其建立在食品冷冻工艺学、船用设备制造技术、制冷技术、包装技术、物流技术、销售技术等学科的基础上发展起来的一门综合系统工程。

水产品冷链组成包括：冷冻加工、冷冻贮藏、冷藏运输和冷冻销售。相比于常温物流，冷链物流的设备要求较高。冷冻贮藏设备种类很多，具体如冷藏车、冷藏柜等。冷冻运输设备包括冷藏汽车、冷藏船、冷藏火车、冷藏集装箱等。

低温环境抑制了水产品本身酶的活性及所携带的微生物的活动，同时降低了食品基质中有效水分的利用率，对于水产品的腐败变质起到了抑制和延缓的作用。而且整个冷链过程中不添加防腐剂等添加剂或其他调味料。因此，冷链技术是保证水产品和水产食品的鲜度、营养价值和原有风味的有效手段和途径。

11.4.1 水产品贮运冷链要素

1. 冷链加工

冷链加工是指捕捞之后将鲜活或冻结状态的水产品，在适当的温度下以最短的时间，进行分级、宰杀、解冻、去除内脏及其他下脚料，清洗、分割、包装、冻结成为商品状态的过程。加工过程中产生的废弃物，可以集中处理或高值化利用，力求减少对环境的污染并实现水产品附加值的最大化。

2. 冷链贮存

冷链贮存是创造时间效用的主要物流活动，冷链贮存并不是一个独立的环节，在加工、中转和销售等过程中都不同程度地存在贮存单元。冷链贮存一般承担冻结、冷藏、检验、称重、保管和中转等功能。实现水产品贮存功能的载体主要是冷库，按照用途可分为：水产品加工企业用于加工和暂存的生产性冷库、位于城市周边服务于销售的零售性小型冷库、位于水陆交通枢纽和重要物流节点用于大批量调拨和长期储备的分配性冷库以及综合性冷库等。

3. 冷链运输与配送

冷链运输与配送是创造空间效用的主要物流活动。运输是指远距离、少品种、大批量的干线运输；配送是指从配送中心到销售终端的近距离、多品种、小批量的支线运输，但其本质上都是实现水产品的空间转移，缩短产品与市场的距离。

4. 冷链销售

冷链销售是整个冷链物流的最终环节，也是直接面对消费者、实现水产品价值的环节。作为水产品供应链的最后端，承担着销售、终端贮存、客户服务、市场和消费行为偏好等信息收集与反馈功能。冷链销售环节应当尽可能减少库存，并以最快时间销售出去，保证水产品的新鲜度。

11.4.2 水产品贮运冷链技术的目标

1. 保障水产品的质量安全

采取冷链贮运技术，对于确保水产品在加工、运输、销售等环节的安全性具有重要意义。在整个冷链贮运环节必须通过有效的技术手段、检测和监控等手段，尽可能地减少质量安全问题的发生率，切实保障消费者的安全利益。因此，在水产品加工、运输和销售等阶段采用冷链贮运技术意义重大，今后更应加大在此方面的投入和应用力度。

2. 降低成本

水产品具有较高的营养价值，因此在贮藏流通过程中容易腐败变质，这就要求在冷链贮运过程中，维持较低的温度以控制微生物的生长繁殖。因此，对温度的控制提出了更高的要求，而且贮运过程中产品的损失率也更高，因此水产品冷链贮运的主要成本集中在贮存、运输配送及产品损失成本方面。控制冷链贮运成本可以从几个方面展开：降低贮运期间的能耗，采用节能设备；加强供应链之间的协作能力，合理调度；提高资源利用率，减少总体投入控制成本；压缩物流时间，节约时间成本等方面加以控制冷链贮运的成本，降低终端产品的销售价，满足消费者对低价格高品质水产品的需求。

11.4.3　水产品冷链贮运的特征

1. 水产品的易腐性

由于水产品营养物质和水分含量高，pH 值接近中性，而且肌肉中结缔组织较少且容易变为碱性，因此，水产品极易腐败变质，失去食用价值。大部分鱼贝类水产品在生长过程中，其体表、触和消化系统等处容易附着微生物和其他寄生物种，这些水产品在离开水体死亡之后，自身的免疫系统停止工作；微生物在合适条件下大量繁殖，在微生物的作用下鱼体开始分解，生成胺、硫化物、醛、酮、酯、有机酸等，产生不良味道使产品变得感官上不可接受。此外，水产品含有活性较强的蛋白酶和脂肪酶等酶类，可以将蛋白质分解为氨基酸；脂肪酸败坏过程导致不饱和脂肪酸不断变质，生成的过氧化物可以加速蛋白质的变性。随着蛋白质分解成的氨基酸含量增加，为微生物的生长繁殖提供了有利生长条件，加速水产品腐败变质。

2. 温度要求高

微生物的生存和繁殖受气体、温度、湿度等环境条件的影响，其中温度是影响微生物生长繁殖最主要的因素。在鱼类肌肉中，肌原纤维蛋白是最主要的蛋白质之一，其占鱼类肌肉蛋白含量的 60%~75%，而肌原纤维蛋白的稳定性对温度比较敏感。35℃和40℃条件下，鱼类肌原纤维蛋白的变性速率相差 10 倍以上，可见控制温度对保持水产品品质的重要性。此外，低温也能够抑制微生物的繁殖和蛋白酶的活性。当温度降低到 −10℃时，大多数微生物会停止繁殖，甚至出现死亡现象，温度越低，对微生物的抑制作用也就越大。但是，更低的温度代表着更高的成本，在尽可能地确保水产品品质不受影响的前提下，也要追求品质和经济成本之间的平衡，将整个冷链贮运过程控制在一个最适的温度环境是非常有必要的。

3. 设备成本高

水产品冷链物流过程中的低温环境，是通过冷库和冷藏运输设备等专用设备设施来实现的。冷库建设方面由于现代冷库建设趋向于多功能化，一般具有冷藏、冻结、制冰、储冰等功能。冷库建设存在具有投资大、建设周期长、经营风险高等特征。目前，水产品冷链设备设施的高成本，直接推动了水产品最终销售价格的高涨。随着人们经济收入的提高和对食品安全的重视，冷链物流意识逐步加强，尽管冷链物流水产品价格比常温价格高，但因前者有更高的营养安全品质，越来越多地被人们所接受，这也为我国水产品冷链贮运技术发展提供了更好的环境。

4. 要求全程冷链

为保证水产品冷链贮运的最终品质，在冷链贮运过程的不同阶段应遵循 3C、3P、3T、3Q、3M 等原则。3C 是保障水产品品质的基本条件；3P 重在关注冷链加工初期等环节的品质；3Q 重视冷链设备和冷链作业的协调性；3M 通过保鲜和管理措施，保障冷链系统的高效运行；3T 揭示了冷链贮运过程中，不同水产品品种和不同品质要求下的物流时间和温度之间关系。几种原则具体内容，如表 11-1 所示。

表 11-1　冷链贮运 5 个原则

原则	关注点	涉及环节
3C	冷却（Cool）、清洁（Clean）、小心（Care）	冷链全程
3P	原料质量（Product of quality）、加工工艺（Processing method）、包装（Package）	冷链加工
3T	流通时间（Time）、温度（Temperature）、产品耐藏性（Tolerance）	冷链全程
3Q	设备数量（Quantity）、设备质量（Quality）、快速反应（Quick）	冷链全程
3M	保鲜工具（Means）、保鲜方法（Methods）、管理措施（Management）	冷链全程

5. 协调能力要求高

水产品冷链贮运对协调性要求较高，这是因为水产品冷链贮运环节较多，意味着所涉及的环节越多就越会提升产品终端价格，同时冷链断链的概率也越大、水产品质量损失率也越大，总流通成本也就越高。此外，水产品冷链物流网络覆盖范围广，从产品生产地开始到销售场所，形成了复杂的网络，而复杂网络由生产者、加工企业、物流商、批发商、零售商、终端消费者等多个主体构成，而多个主体必定要求更高的协调性。此外，冷链物流企业和物流环节不同企业所使用的设备设施，在技术水平、技术标准和技术规格上也存在差异性，为使冷链设备设施实现协同，要求供应链上的企业统一规划和调度。另外，还需要协同的方面包括时间的衔接、信息的有效衔接等。

6. 需要先进的物流技术

保障水产品的品质并降低物流费用，必须由先进的冷链加工技术、冷链贮存技术、冷链运输和配送技术、产品保鲜和包装技术、产品质量检测和监控技术、冷链物流标准化技术、供应链管理技术作为支撑。随着科学技术的发展，不断涌现出的各种新型技术将应用于水产品冷链贮运方面。

11.4.4 水产品贮运冷链技术发展方向

1. 各种冷链条件互补

随着消费者对水产品的需求，加上国内高速公路网的飞速发展，冷藏运输时间得到大大缩短，加工、保藏等冷链环节技术含量的提高以及餐饮业的发展，将会使整个水产品中以冰鲜上市的比例不断提高，将促进冰鲜冷藏链的发展。另外，为了保持水产品的最佳品质，取得较好的经营效果，较多的水产品选用 −18℃冷藏链；其他要求更高的会选用 −25℃甚至更低温度的低温冷藏链，因此，冷冻水产品冷链贮运也将是未来发展的主要趋势之一。

2. 遵循 3C、3P 和 3T 原则

"3C 原则"：冷却（Cool）、清洁（Clean）、小心（Care），应保证水产品的清洁，不受污染；使水产品尽快冷却或快速冻结，使水产品尽快地进入所要求的低温状态；在操作全过程中要小心谨慎，避免水产品受任何伤害。

"3P 原则"：原料质量（Product of quality）、加工工艺（Processing method）、包装（Package）。要求被加工原料一定要用品质新鲜、不受污染的水产品；采用合理的加工工艺；成品必须具有既符合健康卫生规范又不污染环境的包装。

"3T 原则"：产品最终质量还取决于在冷藏链中贮藏和流通的时间（Time）、温度（Temperature）、产品耐藏性（Tolerance）。"3T 原则"指出了冻结食品的品质保持所容许的时间和品温之间所存在的关系。

3. 遵循 HACCP 规范

HACCP 体系最早应用在出口水产品加工厂。1995 年 12 月，美国食品与药品监督管理局（FDA）在危害分析和关键控制点（HACCP）的基础上，提出海产品法规，并于 1997 年 12 月 18 日起强制实施，即凡进入美国市场消费的水产品必须按照

其 HACCP 法规要求，建立 HACCP 计划并通过其认可机构的评审。欧共体理事会（现欧盟理事会）在 1992 年的一个关于食品卫生的指令中，也明确要求食品工业从业者使用 HACCP。目前，我国各地的出口水产品加工厂，也在积极推行 HACCP 体系的建立和验证。面对人们近年来对水产品安全卫生要求的不断提高和国外水产品技术壁垒的设置，今后要全面加强水产品的安全卫生质量管理，结合水产品的养殖、加工环节及最终销售，建立符合我国国情的水产品 HACCP 安全控制体系。

11.5　水产品货架期预测技术

水产品货架寿命是指水产品的品质降低到不能被消费者接受的程度所需的时间。许多情况下，货架寿命是商品仍然可以出售的时间。某种产品的货架期依赖于许多因素，如加工方法、包装及贮藏条件等。随着消费者对食品新鲜度和货架期（Shelf life，SL）等要求的不断提高，如何有效监控和预测食品货架期成为人们关注的热点。

目前，对水产品的品质保障逐渐由传统的终端检测，转变为从生产到消费整个过程的关键参数监测、控制和记录等预防性措施。近年来，随着微生物学、数学、统计学、信息科学等多学科的交叉协同，特别是计算机的普及，用于表述影响食品的关键参数与剩余货架期（Remaining shelf life，RSL）关系的多种动力学模型被开发，如 Harri 模型、School - field 模型、Square - root 模型、Exponential 模型、Gompertz 模型、Logistic 模型和 Baranyi 模型等，但每种模型都具有不同的适用对象和范围，即使相同产品经历不同的履历，也没有一种模型能够覆盖所有类型的食品。因此，需要针对产品自身特点和腐败现象，从统计学角度采集大量数据和选择合适数学模型，并对其性能和适用性进行评价，才能保证所开发模型具有代表性和实用性。

水产品由于内在和外在因素的差异，导致产品有其自身特有的腐败菌群、腐败范围和腐败特征等，特别对新产品或改进型产品的腐败菌和腐败范围往往还未明确，需要进行一系列的相关研究，为理解腐败现象和构建可靠的货架期预测模型提供基础。同时，需要在温度与感官、生化和微生物变化间建立关联，探究温度与货架期间的相关性，温度对货架期的影响常用腐败速率（Rate of spoilage，RS），即货架期的倒数进行测定。相对腐败速率（Relative rate of spoilage，RRS）模型依据不同温度下的货架期开发的，包括 School - field 模型、Square - root 模型、Exponential 模型等，该类模型并未考虑不同温度下引起腐败的微生物差异，其优点是能在较大温度范围内应用，仅仅需要提供产品所经历的温度履历即可，不需了解产品的反应机理，是计算不同温度下货架期的有效且简单易用的工具。

11.5.1 水产品腐败及特定腐败菌

水产品腐败变质的主要原因是微生物的生长繁殖，但是在水产品腐败过程中，只有极少种类的特定腐败菌参与这一过程并产生不可接受的异味。在自然存放的水产品中，革兰氏阴性发酵菌是优势腐败菌，而冰藏后优势腐败菌则变为革兰氏阴性嗜冷菌。二氧化碳包装可以抑制需氧腐败菌的生长，但是磷发光杆菌和乳酸菌可以在这种环境生存。在水产品中添加微量盐、略微使其酸化和真空包装后冷藏（如冷熏鱼），可抑制革兰氏阴性需氧菌，而乳酸菌和革兰氏阴性发酵菌则成为产品的优势菌。干制或干腌可抑制水产品中大部分细菌的生长，这类产品的变质是丝状真菌或昆虫引起的。

1. 水产品特定腐败菌

20 世纪 90 年代中期，Dalgaard 提出了特定腐败菌（Specific spoilage organism, SSO）的概念。水产品在刚捕获时，会受到多种微生物的污染，但只有很少部分细菌参与腐败过程，这些适合生存、繁殖并产生腐败臭味代谢产物的菌群，就是该产品的特定腐败菌。贮藏初期特定腐败菌数量非常少，占菌落总数的比例也很小，但是其生长速度比其他细菌快，并且随着贮藏时间的增加菌落总数中的比例不断增加。

2. 冰鲜水产品中特定腐败菌种类

水产品种类、栖息水域、捕获方式、季节和贮藏条件等差异，决定了特定腐败菌种类的差异性。在水产品加工和包装过程中的差异，也会导致残存不同的腐败细菌，产生不同的腐败类型。水产鲜品在相同地理条件下，同类型产品中只有一种或几种微生物总是作为腐败菌出现，而且特定腐败菌可能只有一种。弧菌科（Vibrionaceae）等发酵型革兰氏阴性细菌，是未冷藏鲜鱼的特定腐败菌；如果水产品来自受污染的水体中，特定腐败菌是肠细菌（Enterobactericeae）；在有氧冷藏中，来源于不同水域的鱼、贝类和甲壳类的特定腐败菌多为假单胞菌（*Pseudomonas* spp.）或者腐败希瓦氏菌（*Shewanella putrefaciens*），且假单胞菌多为热带淡水鱼的特定腐败菌，腐败希瓦氏菌多为海洋温带水域鱼的特定腐败菌；冷藏真空或气调包装水产品的特定腐败菌多为磷发光杆菌（*Photobacterium phosphoreum*）、乳酸菌（*Lactobacillus*）和热杀索氏菌（*Brochothrix thermosphacta*）。

3. 温和加工品中特定腐败菌种类

多种不同的加工处理方式，诸如加热、腌制、发酵、干制等，导致温和加工品中残留不同种微生物，不同的贮藏方式也极大影响产品中微生物生长。所以温和加工品的特定腐败菌的情况较为复杂。

研究报道，在低盐、略降低水分活度、略酸化和真空包装的温和产品中，例如冷熏鱼冷藏过程中，特定腐败菌通常为乳酸菌，具体如乳杆菌（*Lactobacillus*）、肉食杆菌（Carnobacterium）以及发酵型革兰氏阴性细菌，具体如磷发光杆菌、适冷的肠杆菌（Enterobacteriaceae）等。在半保藏产品，如醋渍鱼或暴腌鱼中，乳酸菌和酵母菌居多。轻度加热处理制作的真空蒸煮袋产品在贮藏中，芽孢杆菌属（*Bacillus*）或梭菌属芽孢杆菌（*Clostridium*）多为优势腐败菌。淡腌大黄鱼5℃保藏，缺陷短波单胞菌（*Brevundimonas diminute*）所占比例较高（55.5%），而10℃和15℃贮藏时，微小球菌（*Micrococcus rose*）比例较高，分别为58.8%和58.1%。微球菌属好氧或兼性厌氧，嗜冷，能够耐高浓度的盐（10%～15%NaCl），具有分解蛋白质和脂肪的能力。微球菌可引起肉类、鱼类、水产制品、大豆制品等食品的腐败。由于水产品加工方式的多样化，水产品加工过程中的特定腐败菌差异也较大，今后还需要做大量的工作，研究水产品在加工过程中特定腐败菌的变化趋势，以便更好地保障水产品安全性。

11.5.2 基于特定腐败菌预测水产品货架期

特定腐败菌与产品剩余货架期之间存在密切关系，可以依据特定腐败菌初始数和生长模型来预测产品的剩余货架期。例如，欧盟项目"鱼类鲜度评定"中，建立了磷发光杆菌、腐败希瓦氏菌和假单胞菌属的生长动态模型，成功地用于预测有氧、真空和气调包装冷链水产鲜品的货架期，而且也已开发出相关的系统软件。

有研究以草鱼鱼整片为研究对象，检测其在5℃、10℃、15℃、20℃贮藏条件下感官、挥发性盐基氮、假单胞菌随时间延长的变化，并绘制了相应曲线。利用Gompertz模型和平方根模型，构建了假单胞菌的一级和二级预测模型。也有研究利用PCR-DGGE技术，系统地分析了冰温气调贮藏罗非鱼片腐败终点时的菌相组成及其优势腐败菌。其选择了3个不同批次的罗非鱼片样品，结果表明，不同批次产品腐败终点微生物群落具有良好一致性，共获得6种不同属的细菌：肉食杆菌属（*Canobacterium*）、乳杆菌属（*Lactobaeillus*）、乳球菌属（*Lactococcus*）、链球菌属（*Streptococeus*）、梭菌属（*Clostridium*）以及假单胞菌属（*Pseudomonas*），其中经

DGGE 图谱半定量分析发现肉食杆菌（*Carnobacterium*）的优势度最为丰富，主要由肉食杆菌所组成的乳酸菌群（LAB），可作为冰温气调贮藏罗非鱼片腐败终点时的优势腐败菌。进而采用 D–MRS 培养基定量分析了冰温气调贮藏罗非鱼片乳酸菌群的生长数据，应用修正的 GomPertz 函数非线性回归求解相应的动力学参数，从而构建了特定腐败菌的生长动力学模型，并以此推导出相应的货架期模型。

除基于水产品特定腐败菌之外，近年来还出现了以温度为基础的动力学预测模型，包括 Arrhenius 方程、WLF（Williams – Landel – Ferry）方程、Z 值模型法等，其中最常用的是 Arrhenius 方程。另外，还建立了低水分食品的防潮包装模型，对于低水分食品，预测货架期时需要建立吸湿等温模型。注意不同水分活度（A_w）的食品，要使用不同模型来描述各自的吸湿等温特性。如 BET（Brunauer – Emmett – Teller）模型适合 A_w 在 0.2 ~ 0.6 之间的食品；GAB 模型适合 A_w 在 0.1 ~ 0.9 之间的食品；直线模型适合 A_w 小于 0.8 的食品。

纵观近年来的研究，认为在水产品预测货架期模型中，应首先开展三方面的研究工作：①水产品中微生物及微生态研究，包括水产品中微生物种类、数量、消长、相互作用及腐败相关代谢等；②建立合适的微生物动力学生长模型，并将环境因子对微生物消长的影响整合到模型中加以试验和分析；③以微生物生长数据库为基础，开发便捷的货架期预测软件。

水产品货架期预测模型的建立，具体可以分为以下步骤：①以水产品本身为基础，鉴定特定的特定腐败菌，建立反映各环境因子（尤其是温度因素）的特定腐败菌生长模型，并在实际流通中对所建立的模型进行准确性方面的验证并进一步改良，最终建立微生物生长的模型数据库。②为企业开发软件、数据采集仪等，最终提供方便实用的信息专家系统。③在建立特定腐败菌生长数据库的基础上，开发交互式双界面的计算机软件系统对流通环境分析，从而根据数据库信息预测产品的货架期。

本章小结

1. 水产品常见杀菌技术包含高压蒸汽杀菌、高压水杀菌、超高压杀菌、高压脉冲电场杀菌、高压二氧化碳杀菌、辐照杀菌、臭氧杀菌、紫外线杀菌、脉冲强光杀菌和微波杀菌等。

2. 水产品生产过程中采用的常见栅栏因子，如水分活度、pH 值、乙醇浸泡、防腐剂、杀菌方式、包装及辐照等。

3. 水产品气调包装是将水产品密封于混合气体环境中，通过改变包装容器内的贮藏条件，从而抑制微生物生长繁殖，阻止酶促反应和减缓氧化速度，以达到延长产品货架期目标。

4. 水产品冷链贮运要素包含冷链加工、冷链储存、冷链运输与配送和冷链销售。冷链贮运过程中，需要各冷链条件互补、遵循3C、3P和3T原则以及HACCP规范等。

5. 水产品货架期受到所含特定腐败菌（SSO）、加工方法、包装及贮藏条件等因素的影响，其中SSO与产品剩余货架期最为密切，可依据SSO初始数和生长模型来预测产品的剩余货架期。

思考题

1. 水产品杀菌技术有哪些？各自的作用原理和优缺点是什么？

2. 如何有效地运输和贮藏水产品？简要介绍方法和依据。

3. 如何利用水产品栅栏因子延长水产品保质期？

4. 采用气调包装水产品的优势是什么？你认为应该如何更好地发挥气调包装在水产品保鲜方面的作用？

5. 预测某种水产品货架期，该从几个方面着手？你认为需要做哪些工作？

参考文献

杜存臣,颜惠庚.2005.高压脉冲电场非热杀菌技术研究进展[J].现代食品科技,21(3):151-154.

郭全友,王锡昌,杨宪时,等.2012.不同贮藏温度下养殖大黄鱼货架期预测模型的构建[J].农业工程学报,28(10):267-273.

郭燕茹,顾赛麒,王帅,等.2014.栅栏技术在水产品加工与贮藏中应用的研究进展[J].食品科学,11:065.

江天宝,曹玉兰,陆蒸,等.2007.脉冲强光对烤鳗的杀菌效果及感官品质的影响[J].农业工程学报,22(12):200-204.

李学鹏,励建荣,李婷婷,等.2011.冷杀菌技术在水产品贮藏与加工中的应用[J].食品研究与开发,32(6):173-179.

彭城宇.2010.罗非鱼片冰温气调保鲜工艺及其货架期预测模型研究[D].青岛:中国海洋大学.

谢慧明,张文成,潘见,等.2006.淡水小龙虾中金黄色葡萄球菌超高压杀菌模型建立[J].食品科学,27(11):214-216.

许钟,郭全友.2008.淡腌大黄鱼贮藏中的品质变化及腐败菌分析[J].食品科学,29(12):697-700.

章超桦,薛长湖.2010.水产食品学[M].北京:中国农业出版社.

周爱梅,龚翠,李来好,等.2010.半干蒸煮罗非鱼软罐头加工技术研究[J].现代食品科技,26(2):161-164.

朱松明,苏光明,王春芳,等.2014.水产品超高压加工技术研究与应用[J].农业机械学报,45(01):168-177.

Calik H, Morrissey M T, Reno P W, et al. 2002. Effect of High – Pressure Processing on Vibrio parahaemolyticus Strains in Pure Culture and Pacific Oysters[J]. Journal of food Science, 67(4):1506-1510.

Gómez – Estaca J, Montero P, Giménez B, et al. 2007. Effect of functional edible films and high pressure processing on microbial and oxidative spoilage in cold – smoked sardine (Sardina pilchardus)[J]. Food chemistry, 105(2):511-520.

Kural A G, Shearer A E H, Kingsley D H, et al. 2008. Conditions for high pressure inactivation of Vibrio parahaemolyticus in oysters[J]. International journal of food microbiology, 127(1):1-5.